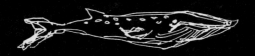

海棲哺乳類の
管理と保全のための
調査・解析手法

村瀬弘人

北門利英

服部　薫

田村　力

金治　佑

編著

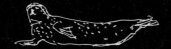

生物研究社

まえがき

　本書は生物研究社が発行していた雑誌「海洋と生物」において 2016 年から 2021 年にかけて「海棲哺乳類の保全・管理のための調査・解析手法」と題し計 15 回にわたり連載した解説文を一部改訂してとりまとめたものである。本書で扱っているように，海棲哺乳類の保全・管理に必要な調査・解析手法は多岐にわたっている。鯨類あるは鰭脚類の研究に長年かかわっている編者は，これらを有機的に結び付け保全・管理に役立てることに腐心してきた。このような経緯から，我々の経験を体系的に書物としてまとめることを思い立ち，各専門分野の一線で活躍している研究者に各章を執筆して頂くことにした。連載を開始してから本書の出版までに 8 年を要したのは，編者の責に帰する。

　書籍ではあらたにコラムを追加し，この間に進展したいくつかの手法を紹介することにより，最新の情報を含めるように心がけた。また，研究成果としては詳細な記録が残りにくい野外調査での経験などもコラムに収め，新手法の開発に挑む研究者の正直な喜怒哀楽をお伝えすることにした。海棲哺乳類はいまだ謎が多く，これに惹きつけられているのが本書の編者・著者である。一方で人間活動を規制し然るべき状態を目指すのが保全・管理であるため対象動物に加え人間も考慮する必要があり，研究者は時として厳しい判断を迫られる。我々が先達から多くを学んだように，本書が後進の研究者の足がかりとなり，今後，この分野の調査・解析がさらに発展していくことを期待したい。

　連載からはじまり本書の出版にいたるまで，ご理解またご支援を頂いた岡健司社長をはじめとする生物研究社の皆様にこの場をお借りして御礼いたします。また，編者・著者の活動を日頃から支えて頂いている各機関・大学の皆様，野外調査などでお世話になっている多くの皆様，ならびに研究費を提供して頂いている皆様にも御礼申し上げます。

　著者の一人である吉田英可博士が本年 5 月に急逝された。本書の刊行にあたり，吉田博士のご逝去に心からの追悼の意を表する。

2023 年 9 月

村瀬弘人, 北門利英, 服部　薫, 田村　力, 金治　佑

海棲哺乳類の
管理と保全のための
調査・解析手法

CONTENTS

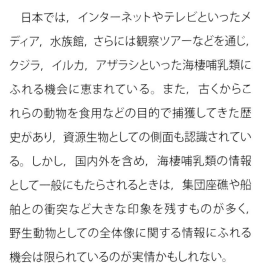

序章

海棲哺乳類の保全・管理のための調査・解析手法

村瀬弘人・北門利英・服部　薫・田村　力・金治　佑

日本では，インターネットやテレビといったメディア，水族館，さらには観察ツアーなどを通じ，クジラ，イルカ，アザラシといった海棲哺乳類にふれる機会に恵まれている。また，古くからこれらの動物を食用などの目的で捕獲してきた歴史があり，資源生物としての側面も認識されている。しかし，国内外を含め，海棲哺乳類の情報として一般にもたらされるときは，集団座礁や船舶との衝突など大きな印象を残すものが多く，野生動物としての全体像に関する情報にふれる機会は限られているのが実情かもしれない。

種によっては，人間の開発により絶滅，あるいは絶滅に瀕するまで追いつめられたという歴史がある[1]。これと並行するように生じた環境悪化も背景となり，海棲哺乳類はこれらの問題を代表する種（フラッグシップ種）として環境保護運動などに利用されるようになった。フラッグシップ種とは，種あるいは生態系の保護を啓蒙する際に使われる，注目を集めやすい生物種を

意味する[2]。1970年代から続き，いまだ解決の糸口の見えない捕鯨をめぐる国際的な対立において，鯨類はフラッグシップ種の役割を背負わされてきたが，人間による管理の結果，現在ではいくつかの鯨種で個体数の回復がみられている。また，近年になり日本周辺では保護していた鰭脚（ききゃく）類の個体数が増加してきており，結果として漁業対象種を捕食する鰭脚類と漁業との軋轢（あつれき）が社会問題になってきている。

国際条約の「生物多様性に関する条約」前文にうたわれている「保全」は「持続可能な利用」と大きな意味の相違はなく[3]，本書ではこの考えに準じることにする。ここでの利用とは社会，経済，科学，教育，文化，レクリエーション，芸術など広範なものを意味する。保全（conservation）を実現するためには，まず，対象種やその種が生息する生態系の現状を把握する必要がある。そのうえで人間が保護（protection）や捕獲数設定といった管理（management）を計画して，保

Survey and analysis methods for conservation and management of marine mammals: Introduction

Hiroto Murase, Toshihide Kitakado / Tokyo University of Marine Science and Technology（国立大学法人東京海洋大学）

Kaoru Hattori, Yu Kanaji / Fisheries Research Institute, Japan Fisheries Research and Education Agency（国立研究開発法人水産研究・教育機構水産資源研究所）

Tsutomu Tamura / Institute of Cetacean Research（一般財団法人日本鯨類研究所）

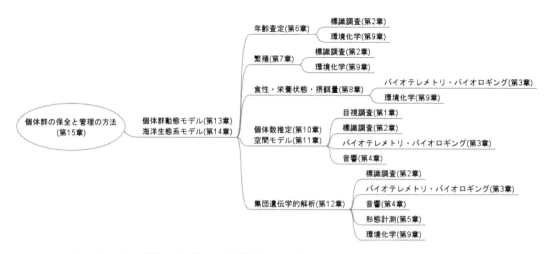

図1 　本書で扱う調査・解析手法および海棲哺乳類の保全・管理における各手法の関係を示した模式図

全に向けた取り組みを行うことになる。現在，地球上には120種を超える海棲哺乳類が知られているが，それぞれの種で置かれている状況は異る。これらを鯨類あるいは鰭脚類などと一括りにして保全・管理を考えることはできず，個々の状況をふまえた現実的な対応が必要となる。

　海棲哺乳類を対象とした調査・解析は，個体数，バイオロギング，食性，繁殖，集団遺伝などさまざまな分野で進められ，年を追うごとに高度化し，専門書が出版されるなど，それぞれが独立した学問分野として確立してきている。一方で，保全・管理のためには，各専門分野から得られる情報を個体群動態モデルや生態系モデルなどに取り込み，個体群の現状を総合的に把握する必要がある。専門分野を横断した研究という学問としてのおもしろさがある反面，広範かつ最新の知識が必要になるという難しさがあり，研究者であってもその全体像がなかなかつかみにくいところがある。

　これまで，日本では海棲哺乳類の保全・管理

に関わる調査や解析を扱う書籍がいくつか出版されている。例えば，鯨類では桜本ら[4]，加藤・大隅[5]，粕谷[6]，笠松[7]など，また，鰭脚類では大泰司・和田[8]，和田・伊藤[9]，服部[10]などがある。いずれも名著であり学ぶべきところも多いが，これらの書籍は事例研究を通じた調査や解析の解説が多く，それぞれの事例を深く知るためにはよいが，調査・解析技術の全体像をとらえるのが難しい面もあった。海外ではBoyd *et al.*[11] が調査・解析技術に焦点を当てた書籍を出版しており，本書でもおおいに参考としているが，内容は当然のことながら西欧の読者を念頭に執筆されている。

　このような背景を念頭に，本書は，海棲哺乳類のうち特に鯨類と鰭脚類の保全・管理に必要となる最新の調査・解析技術を平易に解説することを目的とした。本書の構成を模式図として示したのが図1である。本図は簡略図であり，実際には各専門分野の関係はさらに複雑であるが，それでも海棲哺乳類の保全・管理に向けた

それぞれのつながりとその全体像がご理解いただけると思う。本書は全15章から構成され，各専門分野で活躍する日本国内の研究者が執筆した。また，各章に収まらなかった野外調査での経験や踏み込んだ解析手法の解説などを12篇のコラムにまとめた。本書は，実際に海棲哺乳類の保全・管理に関わる実務者の参考書として，また，海棲哺乳類の研究を志す学生の教科書として活用されることを念頭に執筆者の実体験をふまえ，日本周辺海域における調査や解析に役立つような説明を心がけた。

本書では，海に棲む哺乳類という意味から海棲哺乳類を用いている。「棲」は常用外漢字であるため，海生哺乳類が使用されることもある。似た用語として海からとれる哺乳類という意味から海産哺乳類が用いられることもある。どちらも英訳するとmarine mammalsであり，使い分けに厳密な決まりはないが，前者は理学，後者は水産学で用いられる傾向があるかもしれない。一部の種は淡水に生息するが，一般的にこれらの種も海棲哺乳類あるいは海産哺乳類に含まれることが多い。水棲哺乳類（aquatic mammals）もあるが，鯨類と鰭脚類を指す用語として使われることは少ないかもしれない。

引用文献

1）　Duffield D. A.: Extinction, Specific. *In*: Encyclopedia of marine mammals（Perrin W. F., Würsig B and Thewissen J. G. M. eds）, Third Edition, Academic Press, Burlington, 2018, pp.344-345.

2）　Primak R. B.: Essentials of conservation biology, Sixth Edition, Sinauer Associates, Sunderland, 2014, 603 pp.

3）　西井正弘（編）：地球環境条約－生成・展開と国内実施, 有斐閣, 東京, 2005, 482 pp.

4）　桜本和美, 加藤秀弘, 田中昌一（編）：鯨類資源の研究と管理, 恒星社厚生閣, 東京, 1991, 273 pp.

5）　加藤秀弘・大隅清治（編）：鯨類生態学読本, 生物研究社, 東京, 2006, 219 pp.

6）　粕谷俊雄：イルカ－小型鯨類の保全生物学, 東京大学出版会, 東京, 2011, 640 pp.

7）　笠松不二男（田中栄次 補訂）：新版クジラの生態, 恒星社厚生閣, 東京, 2015, 237 pp.

8）　大泰司紀之, 和田一雄（編）：トドの回遊生態と保全, 東海大学出版会, 東京, 1999, 372 pp.

9）　和田一雄, 伊藤徹魯：鰭脚類－アシカ・アザラシの自然史－, 東京大学出版会, 東京, 1999, 284 pp.

10）　服部薫（編）：日本の鰭脚類 海に生きるアシカとアザラシ, 東京大学出版会, 東京, 2020, 278pp.

11）　Boyd I. L., Bowen W. D. and Iverson S. J.(eds)：Marine mammal ecology and conservation : a handbook of techniques, Oxford University Press, Oxford, 2010, 450pp.

目視調査

村瀬弘人・松岡耕二・服部　薫・磯野岳臣

1　はじめに

　海棲哺乳類の研究を行うためには，まず対象種を発見しなくてはならない。遠隔からでも記録できる鳴音（めいおん）による研究を除いて，すべての海棲哺乳類の研究は目視調査から始まることになる。特に，海上における種判定や個体数の計測は，呼吸のために水面に浮上してくる個体の確認が重要となる。多くの目視調査は，対象種の個体数（第10章）や生息地（第11章）を推定するためのデータ収集を目的に実施され，これらは保全・管理を行うにあたって最重要項目である。海棲哺乳類を対象とした目視調査は，船舶を用いる調査，有人航空機を用いる調査，および陸上からの調査の3種類に大別することができる。これらは文字どおり，人間の目による調査が前提となっている。一方，近年になり，自立型無人航空機（unmanned aerial vehicle：UAV）や人工衛星に搭載した観測機器から得られるデータを活用した目視調査も試みられるようになってきている。

　ある調査域に分布する個体数推定は，現場における個体数計測の結果に基づいて行う。ここでは，個体数推定の基本となるライントランセクト法に基づく目視調査について簡単に説明したのち，各調査手法の概要に移る。なお，個体数推定法の詳細は，第10章で紹介する。

Survey and analysis methods for conservation and management of marine mammals (1): Sighting survey

Hiroto Murase / Tokyo University of Marine Science and Technology（国立大学法人東京海洋大学）

Koji Matsuoka / Institute of Cetacean Research（一般財団法人日本鯨類研究所）

Kaoru Hattori, Takeomi Isono / Fisheries Research Institute, Japan Fisheries Research and Education Agency（国立研究開発法人水産研究・教育機構水産資源研究所）

Abstract：Methods for sighting survey of marine mammals are reviewed in this article. Sighting surveys play an important role in conservation and management of marine mammals because they provides data for abundance estimation as well as spatial modelling. There are 3 traditional sighting survey methods: (1) shipboard, (2) aerial and (3) land based surveys. Most of shipboard and aerial surveys are designed and conducted based on line transect sampling. Correct species identification, individual count, and measurements of angles and distances to sightings are key elements of these surveys. Applications of new technologies such as UAV (unmanned aerial vehicle) and satellite image are underway to count marine mammals.

Keywords：cetacean, dolphin, pinniped, seal, whale

2 ライントランセクト法に基づく 目視調査

　広範囲に分布する海棲哺乳類の全個体数を計測することは，不可能に近い。このため，標本抽出（サンプリング）の結果に基づき個体数推定を行う必要がある。その基礎的なサンプリング方法には，ストリップトランセクト法（strip transect sampling）とポイントカウント法（point counts）があげられる。これらは，対象海域を代表するものとして設定したある線（トランセクト）や点（ポイント）から一定の距離内にいるすべての個体数を計測し，個体数密度を求める調査法である。陸上から行う鰭脚類を対象とした調査では，ポイントカウント法が用いられることが多い。しかしながら，海上では線や点から距離が離れるにつれ発見が難しくなり，結果として発見個体数が少なくなる可能性が高い。この問題を補うため開発されたのがディスタンスサンプリング手法（distance sampling）[1]であり，その代表的なものとして，ライントランセクト法（line transect sampling）とポイントトランセクト法（point transect sampling）があげられる。両方ともトランセクトもしくはポイントから発見群・個体までの距離をサンプリングすることになるので，ディスタンスサンプリング手法として一括りに呼ばれる。得られた距離に基づいて有効な探索距離を計算するのだが，具体的な方法については第10章を参照されたい。ポイントトランセクト法では，対象とする調査域内に無作為にポイントを設定し，そのポイントから発見個体までの距離を記録する。一方，船舶と航空機か

ら実施する調査では，移動するトランセクトから連続的に目視を行うのが効率的であるため，ライントランセクト法に基づき調査が設計されることが主流となっている。そこで，以下，ライントランセクト法に関する説明を行う。国際捕鯨委員会（International Whaling Commission：IWC）では鯨類管理改訂管理方式（Revised Management Procedures：RMP）が開発されているが，これにともないRMPに用いる個体数推定のための目視調査のガイドラインも整備されている[2]。このガイドラインに準じて行われる調査を目視専門調査（dedicated sighting survey）と呼ばれるのに対し，他の水産資源調査などと並行して行われる調査は便乗（日和見）目視調査（platform of opportunity）と呼ばれる。目視専門調査と便乗目視調査では，調査デザインや観察員数などが大きく異なる場合が多く，得られたデータを同列に扱うことができない可能性がある点に留意する必要がある。

　ライントランセクト法では，（1）船舶や航空機から発見した動物までの距離が正確に記録されている，（2）トラックライン上にいる動物の見落としはない，（3）トラックラインは無作為（ランダム）に設計されている，（4）発見した動物は船舶や航空機に対し反応（接近や逃避）していない，（5）動物の発見はそれぞれ独立している，などの前提条件がある。これらの前提条件はポイントトランセクト法にも共通する。

　前提条件の（2）であるトラックライン上の発見確率は，$g(0)$（ジー・ゼロ，もしくはジー・ノウト（nought）と読む）と呼ばれ，見落としがなければ $g(0)=1$ とされる。しかしながら，その動物が潜水中であれば，見落とす可能性がある（可

用性バイアス）。また，観察者の経験により発見数に違いがでることも考えられる[3]（認識バイアス）。後者については観察者を2組に分け，この2組の発見状況の違いを記録し，そのデータをもとにトラックライン上の発見確率の推定が行われるが，この調査方法は船舶と航空機で異なる。

調査海域におけるトラックラインは，対象種の分布が多い場所（高密度域）に恣意的に配置することなく，無作為に設計することが重要である（前提条件の（3））。ただし，トラックラインの配置が無作為であることを前提に，調査海域内の発見数の偏りを低減するため，対象種の分布が多い場所と少ない場所に層化し，前者により多くのトラックラインを設計する場合もある。トラックラインの設計は，船舶や航空機の使用可能日数や天候により調査ができない日数および実験などに要する時間を勘案したうえで決定することになる。また，設計の際には回遊などによる決まった方角への動物の移動についても配慮する必要がある。航空機では，予想される個体数密度の勾配に対し，直角に横切るトラックラインを平行に並べる設計が多い。一方，船舶では調査効率の観点からジグザグのトラックラインを設計することが多い。

（4）と（5）は重要な前提条件であるものの，船舶による調査でそのような状態かどうかを判断するためのデータを収集するのは難しい。航空機による調査では，飛行スピードが速いため，（4）と（5）の影響は大きくないと考えられる。

このほか，前提条件には明示されていないものの，種判定と群内の個体数計測が正確に記録されている必要がある。

発見距離，種判定，ならびに個体数計測など

は目視記録と呼ばれる。これらの情報は，個体が水面上に出ている短時間のうちに目視により得るため，経験者と初心者で差が出る。このため，観察者を選出する際にはその配置に注意を払うとともに，調査経験（例えば，調査参加回数など）の記録を残しておくことも重要である。種判定については，複数の図鑑（例えば，Shirihai and Jarrett[4]，笠松ら[5]，Jefferson et al.[6] など）を参照し，事前に分布域や種判定の基準となる特徴を整理しておくと，実際の調査の際に役立つ。

目視を継続した調査距離は目視努力量と呼ばれ，目視調査の開始と終了の時間や位置（緯経度など）の記録が必要となる。これは努力量記録と呼ばれ，天候悪化などによって生じる調査の中断に関する情報についても記録する。調査距離は単位面積あたりの個体数を求めるために必要となる。また，目視は天気，海況，視界，海面反射などの状況に影響を受ける[7]ため，これらもあわせて記録するのが一般的である（天候記録）。これらの記録は個体数推定をする際に活用される。

調査速度は用いる船舶や航空機の性能にも依存するが，これまでの実験結果などに基づき船舶では11ノット（18 km/h）前後[8]で，また，航空機では90〜140ノット（167〜260 km/h）の範囲で調査を実施するのが一般的となっている。

3　船舶を用いた目視調査

船舶による目視調査は，主に鯨類を対象として実施される。鰭脚類は生活史に関連して季節的な分布の偏りが大きいため，上陸場の調査や

海面に浮上している個体が多い場合などに限られる。船舶を用いた調査の特徴として，発見した群の直近まで接近できることがあげられる。接近することにより，群内にいる個体の種や頭数の正確な把握が期待できる。また接近後に，個体識別に用いる自然標識の写真撮影（第2章），衛星標識の装着（第3章），遺伝的分析などに用いる皮脂標本採取（バイオプシー）（第12章）といった各種の実験を実施することもできる。さらに，必要に応じて捕獲を行うこともでき，このような調査を接近方式と呼ぶ。調査主目的と調査効率のバランスを勘案しつつ，接近はトラックラインからの正横距離を3海里（5.6 km）内の発見に限る，潜水時間の長い種には接近しない，各種実験を行う時間の上限を定める，といった条件を事前に取り決めておくと，調査を円滑に進めることができる。個体数推定の観点から，最初に発見した群は1次発見，接近中に発見された群は2次発見と区別して，2次発見は個体数推定に用いないのが原則である。目視調査を行う条件はビューフォート風力階級5（風速8.0〜10.7 m/s）以下，視界1.5海里（2.8 km）以上というのが1つの基準となるが，小型鯨類を主対象とする場合にはビューフォート風力階級4（同5.5〜7.9 m/s）以下にするなど，調査目的によって最適な条件を設定する必要がある。これは，風力階級が大きくなるにしたがい，白波が多くなり，また波も大きくなっていくため，小型鯨類などは発見が難しくなることへの配慮である。実際の調査では，目視条件が刻一刻と変化していくので，調査継続の可否を判断できるようになるまでに相応の経験が必要である。

また，対象種の高密度海域において接近方式による調査を行うと，接近および種判定作業に時間がかかり，調査距離が予定よりも短くなったり，2次発見が増える可能性が出てくる。このような問題を避けるため，発見があっても群には接近せず，船舶はトラックライン上を移動し調査を継続する場合があり，これは通過方式と呼ばれる。

先に述べたように，トラックライン上の発見確率を推定するため観察者を2組に分け，それぞれ独立に観察を行う場合がある。これは独立観察者実験と呼ばれる。船舶では，1組の観察者をトップマスト観察台に，もう1組を独立観察台に配置して実験を行う（図1）。発見した際は，別々の回線となっているインターホンを通じてアッパーブリッジ観察台にいる記録者に連絡を行う。お互いの発見がわからないように目視を行うことで観察者の見落とし頻度を記録するのが，実験の目的である。通常，2組の観察者は同倍率（7×10）の双眼鏡を用いて観察を行う。

図1　独立観察者実験を行うための調査船（昭南丸）
独立観察者実験中は，トップマスト観察台と独立観察台に配置した観察者はそれぞれ独立して目視を行う。発見があった場合には，インターホンでアッパーブリッジ観察台にいる記録者に連絡を行う。アッパーブリッジ観察台にいる記録者は，トップマスト観察台と独立観察台の観察者に，発見有無についての情報を知らせない。

独立観察者実験を応用したスキャンズ（Small Cetaceans in the North Sea and Adjacent Waters：SCANS）実験[9] が行われる場合がある。この実験は，2組の発見距離の範囲を変えたデータに基づいてトラックライン上の発見確率推定を行う際に実施する。組ごとに，低倍率もしくは高倍率の双眼鏡，あるいは，裸眼もしくは双眼鏡を用いる場合の2つの方法が用いられ，いずれの場合も発見までの距離が異なる組み合わせとなる。独立観察者実験やスキャンズ実験は通過方式で実施することを前提としているが，接近しないと確実に種判定ができないとき（例えば，頭部の形状が種判定の基準になるニタリクジラとイワシクジラなど）は，発見した群が船の正横に到達した時点で実験をいったん中断し，接近（正横後接近）を行う場合もある。

　船舶調査では，発見距離と船首からの角度を正確に推定するために，目盛入りの双眼鏡と角度盤を用いる（図2）。実際に記録したいのはトラックラインから発見群までの横距離であるが，横距離の推定は難しいため，発見距離と角度を組み合わせて横距離を計算する。また，観察者の推定した発見距離と角度の精度を調べるために，海上に鯨類の噴気（ブロー）に見立てたブイを浮かべ，観察者が発見距離と角度の推定をする実験（距離角度推定実験）を行う必要がある（図3）。ブイにはレーダー反射板と全地球測位システム（Global Positioning System：GPS）を取り付け，船からブイまでの距離と角度を正確に記録する。レーダー反射板とはレーダーからの電波を反射する板のことで，これをブイに装着することにより，ブイの位置を正確に把握することができる。観察者の推定値と実際の値に違

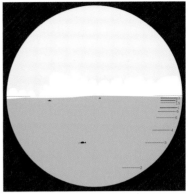

図2　目盛入り双眼鏡の目盛模式図（上）と観察台に設置した角度盤（下）
双眼鏡の視野の中央左右にある線を水平線に合わせ，右側目盛を読むことにより，距離が推定できる。また，観察者は発見時に角度盤の角度を読み取り，記録者に発見距離とともに報告を行う。

いがあれば解析の際に補正を行う。
　特に船舶による鯨類の個体数推定を目的とした目視調査手法は，1978年から2010年にかけて30年以上IWCが南極海で実施した国際鯨類調査10ヵ年計画（International Decade of Cetacean Research：IDCR）と南大洋鯨類生態調査（Southern Ocean Whale and Ecosystem Research：SOWER）の中で行われた，さまざまな実験とそのデータ解析を経て確立されてきた[8,10]。

2011年以降，IWCによる鯨類目視調査は海域を北太平洋に移し，IWC／日本共同北太平洋鯨類目視調査（Pacific Ocean Whale and Ecosystem Research：IWC/POWER）という名称で実施されている。毎年，専門家による調査内容と結果についての検討が行われ，現在も目視調査手法の改善が行われている。従来，これら調査の各種記録は記録用紙に手書きしていたため，記入や入力データの確認に多大な時間がかかることが問題となっていた。近年では，気象や位置情報などの観測機器情報を直接コンピュータに取り入れる装置が調査船に導入され，洋上で正確なデータベースが作成できるようになり，個体

図3　距離角度推定実験
ブイ（上）の水面に浮かんでいる部分が浮子，先端部分はレーダー反射板である。視認性を高めるため，浮子と反射板の間には白布が取り付けられている。観察台からは写真下のように見える。

数推定がすみやかに行える環境も整ってきた[11]。IDCR，SOWER，およびPOWERの調査要領はIWC事務局より入手が可能である。ただし，IWCによる目視調査手法は厳密に決められた条件下で行われているため，ほかの調査では同じ内容で実施することが困難な場合がある。そのようなときは，条件を緩めることが必要となる。

4　有人航空機を用いた目視調査

　有人航空機を用いた目視調査は，船舶による調査と比べると，短時間で広範囲の調査が可能，船舶での調査が困難な海岸線が複雑な海域や海氷域での調査が可能，陸上に分布する鰭脚類の調査が可能，などの利点がある。一方で船舶に比べ，天候の制約を受けやすい，移動速度が速く見落としが多くなりやすいことが欠点としてあげられる。

　調査には通常，セスナなどの小型飛行機（**図4**）が用いられる。低速で飛行でき，側面に位置した窓から前方や下方の視界が良い機体が適している。高翼機は視界を妨げず，さらに観察窓がバブルウィンドウ（**図5**）となっていれば真下の観察も容易となる。また，胴体下部に窓がある機体は，トラックライン上の観察や写真撮影に適している。機体の両側に観察者が位置し，進行方向に対して真横を向いて裸眼で海面を探索する。バブルウインドウではなく，通常の横向きの窓から観察する場合，機体の真下は死角となるため，個体数推定を行う際は，この部分を考慮しないようにする。航空機による目視調査は一定の飛行高度から実施する。飛行高度は対象種の見やすさによって決定される。高度が低ければ生物

図4 航空機調査に用いる小型飛行機（セスナ172型）（上）と
機内の様子（下）
　観察者は真横を向き，後部の窓から観察する。手前は
　記録者。

図5 バブルウインドウを備えた飛行機
　ほかの窓と異なり機体の側壁から大きく突き出して
　いるため，真下までのぞき込むことができる。

は大きく見え判別は容易となるが，視界が狭い
ため確認時間は短くなる。小型鯨類や鰭脚類で
は高度120～180m，大型鯨類は300m程度が目
安となる。飛行高度が一定なので，観察者は発
見群がトラックラインの正横になった際の傾斜角
を記録すれば，発見群までの距離が計算できる。
傾斜角は，傾斜角計や，発見位置を窓に記録す
る[12]などの方法で得られる。正確な情報を得る
ためには調査を中断し，発見群の上空に戻り個
体数や種を確認する場合もある。確認終了後，
中断した地点から調査を再開する。航空機で観
察者による見落としを推定するためにデータを
収集する場合は，2組に分けた観察者を航空機
の前方と後方に配置する。2組をカーテンなどで
間仕切りをしたうえ，お互いの声が聞こえないよ
うに別々の回線となっているヘッドセットを通じ
て記録者に発見報告を行う。航空機調査では海
況条件が個体の発見確率を大きく左右するた
め，海面に白波のたたないビューフォート風力
階級2（風速1.6～3.3m/s）以下での調査が望ま
しい。

　日本周辺の海上・海氷域では，スナメリなど
の鯨類を対象とした調査[13]やトド，ゴマフアザ
ラシ，クラカケアザラシなどの鰭脚類を対象とし
た調査[14, 15]が行われている。鰭脚類が上陸する
海岸線や岩礁の上空で，航空機によるポイント
カウント法に基づいて調査を行う場合もある[16]。
上陸個体をカウントする全数調査では，陸上か
らの目視調査と同様に，対象生物の生活史に応
じた適切な調査時期の選択が重要である。上陸
個体は密集していることがしばしばある。正確
なカウントを行うために，目視ではなくデジタル
写真撮影に主眼が置かれる。氷域における鰭

脚類を対象とした調査では，赤外線センサーも対象生物の探索に有効である。海上を対象とした航空機調査同様，高度200〜300m，速度100ノット前後で対象生物が上陸する陸域および氷域を飛行し，機体側面の窓もしくは胴体下部の垂直窓から撮影を行う。上陸個体を攪乱しないよう，十分な高度をとる必要がある。撮影した画像からは，種，個体数だけでなく性別，齢級などの情報を得ることも可能である。

5 　陸上からの目視調査

　鯨類では，繁殖海域などが陸上に近く定着性がある場合や回遊経路が陸上に近い場合は，分布の変化や通過個体数といった情報を陸上からの目視調査により得ることができる。また，岩礁等の上陸場を利用する鰭脚類では，数週間もしくは数ヵ月間，上陸個体の観察を集中して行うことができる。しかしながら，陸上からの調査は個体群の一部が対象となるため，観察の結果が資源全体を代表するデータとなるかどうかの精査が必要となる。観察対象が遊泳個体か上陸個体かでは調査手法が異なるため，以下に分けて示す。

　陸上からの目視観察による遊泳個体数推定には，ポイントトランセクト法が用いられる。広く海を見わたせる高台もしくは高い建造物などを選定し，対象海域を考慮して1ヵ所もしくは複数ヵ所から目視調査を行う。通常，複数人で観察を行い，観察の偏りを考慮する場合，調査員同士は独立した観察を行う必要がある。ポイントトランセクト法は，観察場所から発見群までの距離を正確に推定する必要があり，陸上調査では，経緯儀（セオドライト）などの測量用の機器を用

いることもある。陸上からの調査においても目視，天候，努力量の記録を行う。

　大西洋カナリア諸島では，ポイントトランセクト法を応用した解析法を用いて，アカボウクジラおよびコブハクジラが多く見られる海域の水深と摂餌（せつじ）との関係に関する研究が行われている[17]。アメリカ北西岸では，陸上に赤外線カメラを設置し，繁殖海域から摂餌海域に回遊するコククジラの回遊率の推定が行われている[18]。この調査では，陸上から2km程度までの範囲を移動するコククジラの個体数をすべて計測している。近年では，自動画像判別装置が導入され，調査の自動化が試みられている[19]。陸上からの遊泳個体を対象とした目視調査の範囲は限られるが，航空機および船舶を用いた調査と比べ，陸上観察は比較的安価に行うことができ，対象個体の行動に与える影響が少ないなどの利点がある。

　鰭脚類を対象とした陸上からの目視調査として，北海道沿岸におけるトドを対象とした調査[20]やゼニガタアザラシを対象とした調査[21]が行われている。これらの調査は，ポイントカウント法に基づき実施されている。ただし，計測によって得られる個体数は，上陸最盛期であってもすべての個体が上陸しているわけではないので，過小評価となる点に留意が必要である。このため，得られた情報は最小推定個体数として扱われる。鰭脚類を対象とした陸上からの目視調査においても，個体同士が重なって見えることを避けるため，上陸場全体を見下ろせる高台などから行う。実施時期は，もっとも上陸場への集中がみられる繁殖期が中心であり，このほか換毛期や越冬期に行う。陸上で縄張りを維持し一夫多妻制の繁殖形態をとるトドなどでは，

繁殖期に成獣（成熟個体）の多くが上陸しており，出産のピークを過ぎ新生仔が遊泳を始める前が最小推定個体数を得るのに適している。一方，ゼニガタアザラシなどでは，繁殖期より換毛期に上陸数が最大となることが多い。また，生活史以外にも時間帯，気象，餌条件，攪乱，潮汐などによっても上陸は左右される。特にアザラシ科では潮汐の影響を受けて上陸場面積が変わり，上陸数がその影響を受けやすいため，大潮の干潮時前後に調査を行う。個体数は，新生仔および新生仔以外に分けて計数する。新生仔は体サイズ，体色または行動などによって容易に見分けられる。また，性的二型が顕著であるアシカ科では，性・発育段階毎にカテゴリー分けを行う。例えば，トドの場合，雄成獣（成熟雄）および亜成獣（仔を除く未成熟個体），雌成獣（成熟雌），幼獣（仔）に分けて計数する。性的二型が顕著ではないアザラシ科においても，生殖孔の位置によって性判別を行い，体サイズによって幼獣と成獣（成熟個体）程度のカテゴリー分けを行う。いずれにおいても，双眼鏡やフィールドスコープでの観察の際，一脚もしくは三脚を用いると視野を固定しやすいため，計測誤差を小さくすることにつながる。また，頭数が数十頭を超えるような場合には数取機（カウンター）を用いる。

6 自律型航空機や人工衛星による目視調査

　近年になり，UAVや人工衛星による海棲哺乳類を対象とした目視調査が試みられるようになってきた。UAVはUAS（unmanned aerial system）やドローンとも呼ばれる。UAVは無人の航空機であり，プログラムによってその飛行が自動制御されている。信号の届く範囲であれば，遠隔操作が可能な機体もある。UAVは，固定翼型，ヘリコプター型およびマルチコプター型などいくつかの種類があり，手のひらサイズから実機サイズまで大きさも多様である。UAVによる目視調査は，搭載したカメラで撮影した画像を用いる。現在までのところ，海外において固定翼型UAVを使った目視調査の予備実験[22]やジュゴンを対象とした目視調査[23]，また，マルチコプター型UAVを使った鰭脚類の上陸個体を対象にした目視調査の予備実験などの報告がある[24]。また，国内においても予備的な検討が行われている[25, 26]。比較的容易に飛行させることができるマルチコプター型UAVによる鰭脚類の上陸個体を対象にした調査は，日本周辺でも実施できる見込みがあると思われる。一方，固定翼型UAVに適したライントランセクト法の開発はこれからであり，また，日本周辺で本格的な調査を行うには，飛行可能空域，飛行距離，安全確保など運用面でも解決すべき点があり，実現にはしばらく時間が必要となるであろう。しかしながら，近い将来，UAVを用いた商用サービスがより活発になり，そのようなサービスを利用したさまざまな形態の目視調査が行われるようになる可能性は十分にある。

　人工衛星から得られる画像を用いた目視調査の可能性についても検討されるようになってきている。Larue and Knight[27]は南極に分布する鰭脚類を対象とした人工衛星を用いた調査について解説している。また，アルゼンチン，バルデス半島の水深の浅い海域を繁殖海域とするミ

ナミセクジラの個体数計測を試みた結果が報告
されている[28]。本事例は分布がある程度予測で
きている海域での検討で，人工衛星画像による
個体数計測ができる可能性が示された。しかし
ながら，現段階では研究者が入手できる画像の
解像度が限られており，また，事前に分布を把
握しにくい外洋域では多くの画像で対象種が
写っていない可能性が高いため，画像購入のコ
ストに見合う結果が得られるかどうかが未知数
なところもある。

7 おわりに

　ここまで，海棲哺乳類を対象とした目視調査
手法の概要について説明してきた。船舶，有人
航空機，陸上からの目視調査手法の根幹はすで
に確立されており，これらの手法を用いて定期
的な調査を行うことにより，対象種の分布範囲
や個体数の経年的な変化を把握するためのデー
タを得ることができる。一方，近年になり，
UAVや人工衛星といった新しい測器を用いた目
視調査への取り組みも行われている。

　新しい調査手法や実験を取り入れることで，
個体数推定精度の向上などが期待できるが，一
方で，従来の手法で得られたデータとの比較が
難しくなることも予想される。個体数などの経年
変化を調べる場合には，過去から一貫した手法
で調査を継続するのが望ましい。新しい調査手
法・実験を導入する際には，試験的に導入し，
その実用性を調べる必要がある。また，仮に新
しい手法・実験を導入する場合でも，既存の手
法と併用するなどして，過去のデータとの一貫
性を確保することが重要である。

引用文献

1)　Buckland S. T., Rexstad E. A., Marques T. A. and Oedekoven C. S.: Distance sampling: Methods and applications, Springer, Chem, 2015, 277 pp.

2)　IWC: Requirements and guidelines for conducting surveys and analysing data within the revised management scheme, J. Cetacean Res. Manage., 13 (Suppl.) : 509-517, 2012.

3)　Mori M., Butterworth D. S., Brandao A., Rademeyer-Rebecca A., Okamura H. and Matsuda H.: Observer experience and Antarctic minke whale sighting ability in IWC/IDCR－SOWER surveys, J. Cetacean Res. Manage., 5: 1-11, 2003.

4)　Shirihai H. and Jarrett B.: Whales, dolphins and other marine mammal of the world, Princeton University Press, Princeton, 2006, 384 pp.

5)　笠松不二男, 宮下富夫, 吉岡　基: 新版 鯨とイルカのフィールドガイド, 東京大学出版会, 2009, 148 pp.

6)　Jefferson T. A., Webber M. A. and Pitman R. L.: Marine mammals of the world: A Comprehensive guide to their identification, Second Edition, Academic Press, London, 2015, 616 pp.

7)　Murase H., Matsuoka K., Nishiwaki S., Hakamada T. and Mori M.: Effects of observed covariates (school size, sighting cue, latetude and sea state) on the Antarctic minke whale sbundance estimation parameters in the IWC/IDCR－SOWER surveys., J. Cetacean Res. Manage., 6: 283-292, 2004.

8)　Matsuoka K., Ensor P., Hakamada T., Shimada H., Nishiwaki S., Kasamatsu F. and Kato H.: Overview of minke whale sightings surveys conducted on IWC/IDCR and SOWER Antarctic cruises from 1978/79 to 2000/01, J. Cetacean Res. Manage., 5: 173-201, 2003.

9)　Hammond P. S., Berggren P., Benke H., Borchers D. L., Collet A., Heide J.-M.-P., Heimlich S., Hiby A. R., Leopold M. F. and Oien N.: Abundance of harbour porpoise and other cetaceans in the North Sea and adjacent waters, J. Appl. Ecol., 39: 361-376, 2002.

10) 笠松不二男（田中栄次 補訂）：新版クジラの生態, 恒星社厚生閣, 東京, 2015, 237 pp.

11) 木和田広司：日本鯨類研究所が進めている調査手法の紹介（V）−鯨類捕獲調査情報収集装置, 鯨研通信, 434: 9-17, 2007.

12) 吉田英可：鯨類の資源量推定のための飛行機目視調査−スナメリに対する調査−, 海洋と生物, 141: 335-340, 2002.

13) Yoshida H., Shirakihara K., Kishino H., Shirakihara M. and Takemura A.: Finless porpoise abundance in Omura Bay, Japan: estimation from aerial sighting surveys, J. Wildl. Manage., 62: 286-291, 1998.

14) Mizuno A. W., Wada A., Ishinazaka T., Hattori K., Watanabe Y. and Ohtaishi N.: Distribution and abundance of spotted seals Phoca largha and ribbon seals Phoca fasciata in the southern Sea of Okhotsk, Ecol. Res., 17: 79-96, 2002.

15) 服部 薫, 磯野武臣, 山村織生：北海道日本海におけるトドの来遊頭数推定. In: 日本哺乳類学会2008年度大会プログラム・講演要旨集, pp. 93

16) Fritz L., Sweeney K., Johnson D., Lynn M., Gelatt T. and Gilpatrick J.: Aerial and ship-based surveys of steller sea lions (Eumetopias jubatus) conducted in Alaska in June-July 2008 through 2012, and an update on the status and trend of the western distinct population segment in Alaska, NOAA Technical Memorandum NMFS-AFSC-2512013, 91pp.

17) Arranz P., Borchers D. L., de Soto N. A., Johnson M. P. and Cox M. J.: A new method to study inshore whale cue distribution from land-based observations, Mar. Mamm. Sci., 30: 810-818, 2014.

18) Perryman W. L., Donahue M. A., Laake J. L. and Martin T. E.: Diel variation in migration rates of eastern Pacific gray whales measured with thermal imaging sensors, Mar. Mamm. Sci., 15: 426-445, 1999.

19) NOAA: Automatic Whale Detector, Version 1.0. http://www.fisheries.noaa.gov/stories/2015/02/gray_whale_survey_thermal_imaging.html, accessed on 12 December 2015.

20) Isono T., Burkanov V. N., Ueda N., Hattori K. and Yamamura O.: Resightings of branded Steller sea lions at wintering haul-out sites in Hokkaido, Japan 2003-2006, Mar. Mamm. Sci., 26: 698-706, 2010.

21) Kobayashi Y., Kariya T., Chishima J., Fujii K., Wada K., Baba S., Itoo T., Nakaoka T., Kawashima M., Saito S., Aoki N., Hayama S., Osa Y., Osada H., Niizuma A., Suzuki M., Uekane Y., Hayashi K., Kobayashi M., Ohtaishi N. and Sakurai Y.: Population trends of the Kuril harbour seal Phoca vitulina stejnegeri from 1974 to 2010 in southeastern Hokkaido, Japan, Endanger. Species Res., 24: 61-72, 2014.

22) Koski W. R., Allen T., Ireland D., Buck G., Smith P. R., Macrander A. M., Halick M. A., Rushing C., Sliwa D. J. and McDonald T. L.: Evaluation of an unmanned airborne system for monitoring marine mammals, Aquat. Mamm., 35: 347-357, 2009.

23) Hodgson A., Kelly N. and Peel D.: Unmanned aerial vehicles (UAVs) for surveying marine fauna: A dugong case study, PLoS ONE, 8: e79556, 2013.

24) Goebel M., Perryman W., Hinke J., Krause D., Hann N., Gardner S. and LeRoi D.: A small unmanned aerial system for estimating abundance and size of Antarctic predators, Polar Biol.: 1-12, 2015.

25) Kobayashi M.: The size structure of hauled-out seals using an Unmanned Helicopter (UAV). In: Abstract of Vth International Wildlife Management Congress, Sapporo, Japan, 2015.

26) 船木 實, 平沢尚彦, 伊村 智, 森脇喜一, 野木義史, 石沢賢二, 東野伸一郎, 村瀬弘人, 酒井英男：南極観測用小型無人航空機Ant-Planeの開発−その可能性と課題, 南極資料, 50: 212-230, 2006.

27) Larue M. A. and Knight J.: Applications of very high-resolution imagery in the study and conservation of large predators in the Southern Ocean, Conserv. Biol., 28: 1731-1735, 2014.

28) Fretwell P. T., Staniland I. J. and Forcada J.: Whales from space: counting southern right whales by satellite, PLoS ONE, 9: e88655, 2014.

Column.01

幻のクジラを探す

松岡耕二
日本鯨類研究所

「とうとう見つけることができた。サンキュー・ジャパン!」。2017年8月,ベーリング海ブリストル湾奥で実施した国際捕鯨委員会/日本共同北太平洋鯨類目視調　査(International Whaling Commission–Pacific Ocean Whale and Ecosystem Research : IWC-POWER)において,北太平洋東部で約30頭しか生息しないといわれるセミクジラ1群2頭の鯨体を確認した時にアメリカの音響調査員が発した言葉である。彼女はアメリカの海洋大気庁(National Oceanic and Atmospheric Administration : NOAA)が実施した過去3シーズンの音響調査で,セミクジラの鳴音からその個体の位置を特定したものの,最終的にそれらの個体を見つけられなかったらしい。

音響調査によって船から約30km(東京から横浜までの距離)離れて鳴くセミクジラの位置を特定して現場に急行,日本の目視観察技術によって多数のザトウクジラやナガスクジラが混在する海域で,そのセミクジラを見つけ出し「個体識別写真(第2章)」,「鳴音(第4章)」,「バイオプシー標本(第12章)」の3点セットを収集する高度なミッションが成功した瞬間であった[1]。

IWC-POWERは2010年から毎年北太平洋で実施されており,国際捕鯨委員会科学委員会(IWC Scientific CommitteeI : IWC/SC)の優先研究課題に沿って計画され,調査要領や記録項目などが細かく定められている。日本では水産庁委託事業として(一財)日本鯨類研究所が乗組員を含め調査船を用船し,国際調査員4名が参加し調査を実施してきた。筆者は2010～2021年まで毎年参加してきた。

2017年と2018年の夏季は,調査船1隻により,ベーリング海東部・中央部における大型鯨類の個体数推定を主目的とした目視調査に加えて,アメリカ製ソノブイで鯨類鳴音をモニターする計画が立案された。同海を広域に目視調査する絶好の機会であるため,アメリカも本腰を入れ,自国200海里内の調査許可を発給し,目視と音響を担当する2名の調査員を派遣した。日本も初めて同海で調査を行うにあたり,過去の目視や捕獲記録はもちろん,海気象,海流,水温,海底地形などの把握,NOAAの調査員立ち合

いの下で日本のドッグでのソノブイ用船外アンテナ設置や補給港の選定など，準備に万全を期した。

調査海域内にライントランセクト法（第1章，第10章）に基づいて設定した調査コースを航走し，目視調査を実施しつつ，これと並行して調査船よりソノブイを投入した。ソノブイからの電波を調査船で常時確認し，セミクジラの方位と距離が特定できた場合にのみ目視調査を一時中断して，その個体に接近を試みた（図1）。セミクジラは「ガンショット」と呼ばれる特徴的な鳴音で特定可能である[2]。

目視での探索範囲が調査コース両側3浬以内（約5.4 km）であるのに対し，ソノブイの場合は全周20浬（約36km）以上モニター可能である。1990年代後半に南極海シロナガスクジラ調査でNOAAの調査員が使用した手法であるが，当時よりも分析時間が驚くほど短

図1　船内では音響調査員が終日鳴音をモニターする。クジラの他に船舶，地震，アザラシなどの鳴音も捉える。潜水艦の音は「ノーコメント」。

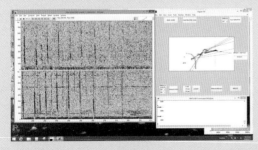

図2　音響調査員のパソコン画面。複数のソノブイによる鳴音モニタリング（左）と，鳴音方位解析ソフトの一例（右）。

く，音源解析ソフトが相当進歩していると感じた（図2）。

一方で，（1）遠距離のセミクジラに接近した場合，そのクジラが突然鳴かなくなると遭遇確率が大幅に下がる，（2）調査コースを大きく逸脱して当該クジラに向けるため，往復の移動時間，現場での探索および実験時間で少なくとも1回につき4~6時間程度かかり，その日の調査コース上の目視調査は諦めなければならないなど，資源量推定データとセミクジラ個体情報収集の両立が課題であった。

NOAAの調査員からは事前に「セミクジラはすばしっこく，あっという間にいなくなる（見失う）から注意して」，「群れの場合はそれぞれが正反対の方向へ逃げるから要注意」と聞いていた。私も乗組員も「NOAAの調査船と違って，我々はそう簡単に見失わない」と思っていたが，実際にはNOAAの調査員の言う通りであった。

体型はずんぐりしているが，潜水時間は15~20分と長く，海面下で船から遠ざかるべく高速に移動する個体が多かった。1群6頭の群れを見つけた際は，四方八方へばらばらに逃げ，1個体を対象に写真撮影とバイオプシー採取を行った後，「では次の個体へ」となったときは相当遠くに移動しており，最終的に3頭を見失った。過去の大規模な捕鯨を生き抜き，さらに近年ではアメリカの調査において衛星標識を打込まれるなど経験していることも影響してか，船の回避行動に慣れていると感じた（図3，4）。比較的接近が容易な南極海に分布するミナミセミクジラとは行動が大きく異なる。

POWER調査では，東部北太平洋で約30頭とされるセミクジラ[3]を，日米の調査技術を駆使して合計16頭発見することができた。その後のアメリカのデータベースとの照合結果は，9頭はカタログに登録済個体，7頭は新規個体であった。また，バイオプシー標本を採取した6個体は，カタログ登録済個体を含めて全て性別不明であり，その性別判定は大きな成果となった。NOAAは，今回のセミクジラ発見海域は，従来の想定と異なったため同種の生息海域更新を検討している

という。これらの結果は，アメリカでも高く評価されている[4,5]。

　今回，希少種のセミクジラを事例として，日本とアメリカそれぞれの強みを組み合わせた調査・解析手法の事例を紹介した。本種の保全や管理が一層加速することを期待したい。

図3　セミクジラ1群2頭。この日は風が強く接近が難しい中，鳴音，写真，バイオプシー標本採取に成功。

図4　トップマスト観察台からの実験風景。熟練した観察員（手前）が船首前方で浮上したクジラを驚かさないように，操船指示を出しながらゆっくりと接近しているところ。船首台では観察員2名がバイオプシー器具を構え，調査員1名が写真撮影を行っている。この日は海況が良い。

引用文献

1) Matsuoka, K., Crance, J. L., Taylor, J. K. D., Yoshimura, I., James, A., & An, Y.R.: North Pacific right whale (Eubalaena japonica) sightings in the Gulf of Alaska and the Bering Sea during IWC-Pacific Ocean Whale and Ecosystem Research (IWC-POWER) surveys, Mar. Mamm. Sci., doi: 10.1111/mms.12889, 2021.

2) Crance, J. L., Berchok, C. L. and Keating, J. L.: Gunshot call production by the North Pacific right whale Eubalaena japonica in the southeastern Bering Sea, Endang. Species Res., 34: 251-267, 2017.

3) Wade, P. R., A. Kennedy, R. LeDuc, J. Barlow, J. Carretta, K. Shelden, W. Perryman, R. Pitman, K. Robertson, B. Rone, J. Salinas, C., Zerbini, A., Brownell, R. L. Jr., and Clapham, P., The world's smallest whale population, Biol. Lett. 7:83-85, 2011.

4) Alaska Fisheries Science Center, Signs of Hope For The World's Most Endangered Great Whale Population, NOAA NEWS, https://www.fisheries.noaa.gov/feature-story/signs-hope-worlds-most-endangered-great-whale-population, 2021.

5) National Marine Fisheries Service Office of Protected Resources Alaska Region: 2017. North Pacific Right Whale (Eubalaena japonica) Five-Year Review: Summary and Evaluation, 2017, 37pp.

第2章

標識調査

服部 薫・木白俊哉・小林万里

1 はじめに

標識調査は，個体を標識によって識別し，個体レベルの情報を収集する手法であり，これによって，個体の移動，回遊，行動，繁殖履歴や成長など，対象生物の生態の解明や保全管理などに有益な多くの情報を得ることができる。このため，海棲哺乳類についても昔からさまざまな標識調査が行われてきた。

用いられてきた標識は，その特性からおおむね，（1）個体が本来有する模様や自然にできた傷を用いる自然標識，（2）人工物を装着する装着型の標識，（3）皮膚に直接印字する焼印・凍結標識の3つに大別できる。（1）は特別な施術を必要とせず個体の観察によって得られるが，

（2）および（3）は拘束や施術など個体の負担を伴う。それぞれの方法には一長一短があり，目的とする調査・研究に適した方法を選択する必要がある。例えば，個体の負担を伴う（2）もしくは（3）を選択する場合，それがその後の動物の行動に影響を与えないよう，また，動物倫理の観点からも，個体に過度なストレスをかけないための配慮が必要とされる。加えて，動物のみならず拘束や施術を行う人間側の安全も十分に配慮しなければならない。本章では，（1）～（3）の3つの標識タイプについて，それぞれの特徴を説明したのち，鯨類と鰭脚類に分け標識調査手法を解説する。

Survey and analysis methods for conservation and management of marine mammals（2）: Marking survey

Kaoru Hattori / Toshiya Kishiro / Fisheries Resources Instiute, Japan Fisheries Research and Education Agency（国立研究開発法人水産研究・教育機構水産資源研究所）

Mari Kobayashi / Tokyo University of Agriculture（学校法人東京農業大学）

Abstract : Identification of individual animals based on marking is important for conservation and management studies of marine mammals because it provides the valuable biological information such as the life-history parameters, behaviors, movements and population size. This paper summarized three marking methods applied to marine mammals: (1) natural marking, (2) tagging and (3) branding. Because of each method has both advantage and disadvantage, such as durability, visibility and effect of marks on animals, careful considerations on methods and objectives of the studies will be needed when applying these methods for respective species or populations.

Keywords : natural mark, photo-identification, tag, brand

2　自然標識

　動物の体表面にみられる個体に特徴的な模様や自然にできた傷などは，自然標識として個体識別に利用できる。対象種によって識別ポイントは異なるが，通常は野生下において1頭1頭を写真に撮影して識別する方法（写真個体識別，Photo-ID）がとられる。

　自然標識の利点は，装着に伴う保定やハンドリング，施術による生体への影響がない点にある。また，個体が生来有している特徴を用いるため（後天的に生じる特徴を用いる場合もある），脱落や消失の心配がなく，ほぼ恒久的かつ継続的に個体を観察できる点でも優れている。さらに，鯨類の白斑など比較的大きな特徴は，遠方からの視認性にも優れており，傷や鰭脚類の斑紋など小さな特徴でも，撮影した写真をコンピュータ上で拡大して，写真個体識別により比較照合することが可能である。しかし，識別の手がかりとなる特徴自体が乏しい種や，非常に個体数が多く，その中から再発見できる見込みの少ない種，外洋域に広範囲で低密度に分布し，対象個体に頻繁に接近，遭遇できない種などに適用しても成果を得ることは難しい。

　自然標識個体の比較照合については，経験者や第三者による確認などを含め，慎重に行う必要がある。不確かな情報に基づく誤った照合は，誤った結論を導きかねない。特に，自然標識個体に標識再捕法を適用して個体数推定などを行う際は，標識として用いた形質の特徴に加え，撮影された写真の質（構図，ピント，明るさ，波などの障害物の写り込みなど）についても十分

考慮することや，用いる統計モデルへの正しい理解が必要とされる[1]。フィルム式カメラを用いていた時代は，高度な撮影技術と撮影機材選定の知識が求められ，さらにフィルム代や現像・焼付にかかる費用負担，また，写真の整理や比較照合に多くの時間を必要とした。しかし，デジタルカメラ技術の発展と普及に伴い，これらの問題が解消され，近年，写真個体識別法は急速に進展した。さらに，コンピュータや保存メディアの性能向上により，高速に写真を処理し，比較照合することも可能となり，本手法は今後さらに活用の場が広がっていくことが期待される。

2.1.　鯨類

　鯨類の自然標識としてもっともよく知られているのは，ザトウクジラの尾鰭腹面にみられる白斑であろう。この白斑の形状や大きさは個体によって異なり，尾鰭後縁の切れ込みや凸凹の形状なども併用することにより，比較的容易に個体を識別できる。ザトウクジラは潜水時にしばしば尾鰭を海面上に高く上げるため，その観察も容易である。このほかに，セミクジラの上顎吻端と下唇に見られるこぶ（callosity）や，シャチの背鰭基部後方に見られる鞍型の白斑の形状なども個体を識別できる形質として有名である（図1）。鯨類では，これらの形質に着目し，写真個体識別でその出現履歴を追跡することによって，個体の移動回遊や繁殖履歴，頭数などを調べる個体識別調査が1970年代ごろから精力的に行われてきた[2~5]。また，先天的な識別形質を有しない種についても，Wursig and Wursig[6]が，ハンドウイルカの背鰭に後天的に生じた欠刻や体表の傷などの特徴を用いた長

図1　鯨類の自然標識として利用される個体識別形質の例
　①ザトウクジラの尾鰭，②セミクジラの頭部，③シャチの白斑，④ニタリクジラの後天的な傷（撮影：①〜③野路滋，④木白俊哉：国際水産資源研究所／水産庁の鯨類目視調査航海より）。

期識別の有効性を報告して以来，ほかの小型鯨類[7]や，シロナガスクジラ[8]，コククジラ[9]などの大型鯨類にも広く応用されるようになった。最近では，鯨類の個体識別を目的とした標識といえば，このような自然標識の利用が主流となっており，日本でも，ザトウクジラやミナミハンドウイルカ，沿岸性のニタリクジラなどで本法を用いた精力的な調査が行われている[10~12]。国内で撮影されたザトウクジラの情報は，北太平洋における本種の移動や系群に関する研究に用いられている[13]。

　寿命の長い鯨類について，個体群の動向を把握するためには，長期にわたるデータの収集と蓄積も必要とされる。それゆえに，調査の継続のみならず，蓄積されていく膨大な量の画像などをカタログに整備し，比較照合していく必要があり，その作業量も必然的に多く，煩雑となる。ザトウクジラなどいくつかの種では，これらの作業を補助するソフトウエアなどが開発利用されている（例えば，Kniest *et al.*[14]など）。ただし，このような調査は，比較的小さな海域や

研究機関で個別に行われていることが多く，広く海域間の情報を統合して解析するためには，個々の個体識別カタログの交換方法・条件に関する取り決めや国際協力，さらには，それぞれのカタログの品質管理も重要な課題となる。

　このような制約もあるが，前述のように，自然標識は標識個体への物理的影響がなく，長期にわたる継続観察を通して繁殖履歴に基づく繁殖率などの生物学的情報や個体数に関する情報も得られ，海域間の移動についても直接的な証拠が得られるという点で利点は大きく，今後も鯨類の個体識別法の主流となっていくであろう。

2.2.　鰭脚類

　鰭脚類のなかでも毛皮に模様のあるアザラシ科においては，主に毛皮の模様（個々の斑紋の形状とその配置）を自然標識とし，デジタル写真をコンピュータでパターン認識する写真個体識別が，ヒョウアザラシやハイイロアザラシなどで長年行われている[15]。一方，毛皮に模様のないセイウチ科やアシカ科のトドなどでは，自然にできた傷や真菌症によってできた模様（fungal patch）や鰭後縁の形状などが自然標識として利用されている[16]。

　日本では，ゼニガタアザラシ（図2①）やゴマフアザラシ（図2②）において，毛皮に見られる特徴的な斑紋や，傷や体色などの特徴を組み合わせた写真個体識別が行われている。特にゼニガタアザラシは，周年，特定の岩礁に集団で上陸し，出生時より個体変異に富む斑紋が全身に散在しており，換毛を経ても変化しないため，古くから写真個体識別が盛んに行われてきた[17]。ゼニガタアザラシでは，さらに写真をデ

ジタル化し，複数の研究者間のデータ共有を可能にするインターネット上のデジタルデータベースシステムが構築されている[18]。自然標識を活用した写真個体識別により，これまでに，成熟雌の出産時期や育仔期間[19]，上陸場の利用パターン[20~22]などが報告されてきた。

写真個体識別を標識再捕法に応用する場合は，体の特定の部位を対象とすることが一般的である。同一個体判定を確実にするためには，全身をさまざまな角度から撮影した写真を得ることが有効である。しかし，特定の上陸場で撮影される上陸個体の写真を用いる場合，撮影者の位置に制約があり，また個体は同一の位置に同一の角度で上陸していることが多いため，多面的な撮影が困難である。複数の上陸場で標識再捕法を適用する場合は，多面的な写真の有無

が同一個体判定の確実性に大きく影響する。また，同じ条件下でも発見されやすい個体とそうでない個体がいることにも注意が必要であり，標識再捕法で得た発見率が個体の視認性による影響を排除できているかを常に意識しておく必要がある。

上陸場を対象とした写真個体識別においては，近年めざましく発展している自立型無人航空機（unmanned aerial vehicle：UAV）や定点に設置した自動カメラなどにより，従来，人間が行っていた撮影における制限から解放され，高解像度で継続的に複数回写真を撮影することが可能となってきた。今後，これらの技術は自然標識を用いた鰭脚類の個体識別をより促進させることだろう。

3　装着型標識

装着型標識は，識別記号が印字された標識を個体に装着するものである。対象種によって適する標識は異なるが，（1）ウシやヒツジなどの家畜で使われる耳標や（2）鯨類で開発されたディスカバリータグなどの標識が主に利用されており，ほかに（3）魚類で開発された埋め込み式トランスポンダー（passive integrated transponder：PITタグ）などもある。（1）は主に外部からの識別を目的とするのに対し，（2）および（3）は再捕による確認を前提としている。

装着型標識は，その多くが個体の捕獲・保定・施術を必要とし，生体への負担を伴う。また，外部装着標識にかかる水の抵抗や張力によって，装着部位の損傷や個体の活動への影響も潜在する。装着に必要な機材や作業は，4節で紹

①

2007.6.2　大黒島トッカリ岩

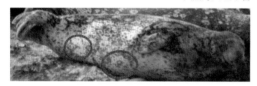

2010.5.30　大黒島トッカリ岩

②

右体側識別ポイント
腹側識別ポイント

2012.4.8
礼文島ベンサシ

2009.5.10
礼文島トド島

図2　鰭脚類の自然標識として利用される特徴的な斑紋の例
　①ゼニガタアザラシの斑紋，②ゴマフアザラシの斑紋。

介する焼印・凍結標識に比べて簡易・安価であるが，標識の脱落や破損によって長期的な追跡が望めない場合も多い。装着型標識においては脱落率の推定を目的に，複数の標識が併用されることもある。また，装着作業においては，動物に与える痛みとストレスを最小限にすべきであり，さらに装着された標識が与える個体の活動への潜在的な影響を最小限にすべきである[23]。装着型の標識は，簡単に装着でき，野外での視認性が高く，研究期間を通して十分に維持されることが望ましい。標識によって維持期間や視認性が異なるため，研究目的に応じた標識の選択が必要である。

このほかに，近年技術発展の著しい衛星標識などを用いたバイオテレメトリやポップアップアーカイバルタグ，自動水深記録計などによるバイオロギングも装着型標識調査の範疇に入る。これらの解説については，第3章にて述べる。

3.1. 鯨類

ヒゲクジラ類など大型鯨類の装着型標識といえば，1920年代中ごろに英国ディスカバリー委員会が開発し，以降，南極海を含む世界各洋で延べ数万頭におよぶ鯨類に施されてきたディスカバリータグがもっとも有名である[24]。これはID番号の刻印された直径約1.5 cm，長さ約26 cmの金属製の標識銛（**図3**，のちに鯨体の小さなミンククジラ用に直径8 mm，長さ約15 cmの小型銛も用いられた）を，遊泳中の鯨体に銃を使って撃ち込み，後日，捕鯨で獲られた個体の体内から発見回収することによって，標識と再捕の2点間の日時場所の情報により，

図3　大型鯨類に用いられたディスカバリータグ
　　　下の小さいものはミンククジラ用。

個体の移動回遊に関する直接的な証拠を得るものである。この標識は戦後も日本，アメリカ，ソ連など世界各国で，商業捕鯨モラトリアムとなる前の1985年ごろまで精力的に行われ，鯨類の分布回遊に関する多くの基礎知見が蓄積された。現在は行われていないが，商業捕鯨時代に蓄積された膨大な標識再捕の記録は貴重であり，現在でも国際捕鯨委員会科学委員会（International Whaling Commission's Scientific Committee：IWC/SC）における各種鯨類の資源評価などで系群構造の検証などに活用されている[25]。個体数についても標識再捕法による推定が行われたが，標識装着の判定（標識銛が有効に命中したか否か）の困難さや，標識の脱落率，鯨の死亡率などが不明といった不確実な要素があることから，次第に用いられなくなった。近年，個体数については目視調査による推定がもっとも有効とされている[26]。

一方，小型鯨類については，1960年代から1980年代にかけて，背鰭や体表に外部から視認できる標識を装着する試みが国内外で盛んに行われた[27~30]。用いられた標識は，（1）プラスチック製の円盤などを背鰭に孔を開けてボルト

で固定するもの，（2）家畜などに利用されるロト
タグと呼ばれる小さなプラスチックタグを専用の
プライヤーを用いて背鰭に装着するもの，（3）マ
グロなどの魚類の調査で利用されるスパゲティ
タグとよばれる鉤のついたビニール製チューブ
を体表に突き刺すものなどである（**図4**）。（1）
および（2）は，個体を捕縛して背鰭に施術する
必要があるが，（3）スパゲティタグは遊泳中の
個体に竿などを用いて刺して装着できるという
利点がある。これらの標識は，ハワイ沖のマダ
ライルカやカリフォルニア沖のハンドウイルカ，
東部熱帯太平洋のスジイルカ，ハドソン湾のシ
ロイルカなどで装着放流され，ときには数年後
に再発見される事例もあったが，総じて装着期
間は短く，水流の抵抗，組織の拒絶反応，個体
が外そうとする動きなどにより，タグの脱落と背
鰭など装着部位の損傷を引き起こすものと考え
られた。日本でも1966年にNishiwaki *et al.*[27]
が，スパゲティタグについてハンドウイルカやシ
ワハイルカの水族館における飼育実験を行い，
脱落の多さから標識として有効ではないと報
告している。円盤型標識についても，田中・高
尾[30]が，1980年代にハンドウイルカやカマイル
カについて装着放流や飼育実験を行い，長期目
視による移動追跡や個体識別には不向きである

との結論に至っている。これらの結果から，近
年では前節で述べた自然標識の利用が主流とな
り，装着型の標識はあまり行われていない。な
お，近年，日本では，和歌山県太地追い込み
漁で捕獲され放流される小型鯨類の移動回遊を
把握するなどを目的に，ロトタグの一種である
マルチフレックスP型タグやプレマフレックスタ
グなどの背鰭への装着実験と放流などが試みら
れている[31]。

3.2. 鰭脚類

鰭脚類では，個体識別においてプラスチック
や金属のタグの装着が一般的におこなわれてき
た。タグ表面には番号や文字を刻印しておき，
プラスチックタグでは，多様な色によっても識別
可能である。いずれも家畜に使用される耳標が
活用されている。一般的に，アシカ科は前鰭の
腋窩後端に，アザラシ科は後鰭の指間の水かき
に装着する。タグは通常，鰭を突き抜けるピン
のついた「オス札」とそのピンが入る穴をもつ「メ
ス札」で構成され，専用の装着器具（アプリケー
タ）を用いて装着される。タグを装着する鰭の厚
さに応じてピンの長さや直径を選択することは，
その後のタグの維持に影響する。また，材質の
選択も重要である。プラスチックタグはその色
によって離れた場所からでも識別が容易である
一方で，色あせが早く，文字が消失しやすい。
また，寒冷環境においては割れやすい。脱落率
は，プラスチックタグのほうが金属タグより年率
で10%低い傾向があるが，長期的な耐久性は
金属タグのほうが高いとされている[32]。

日本では，遠方からの視認性を重視し，アザ
ラシに対しプラスチックタグを後鰭に装着してい

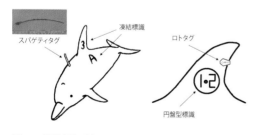

図4　小型鯨類に試みられた人為標識の模式図

図5　アザラシ類に装着された標識
　①後鰭指間の水かきに装着されたプラスチックタグ，②頭部や背部に装着された「ワッペン」（頭の丸い「ワッペン」の色で雌雄判別，背中後方の楕円の「ワッペン」で個体識別を行う）。

る（図5①）。装着するタグの色や大きさ，それらの組み合わせを変え，遠方から刻印が読めない場合でも，種・雌雄・装着地域の判別を可能にしている。しかし，後鰭が閉じているときはタグ自体が視認できないことが多いため，野生下で再確認されることが少ない。一方で，漁網への混獲や再捕獲の場合に，これらのタグが役に立ち，個体の移動や成長の情報を得ることができる。

　近年，再捕獲の際の長期的な個体識別を補う目的で，プラスチックタグに加え，PITタグの併用も行われている（小林，未発表資料）。PITタグは最大でも1.0mまで接近して識別する必要があるが，装着が容易で安価なうえ，維持期間

も長く，長期的な追跡が可能である。

　さらに，プラスチックタグに加え，頭部や背部にウエットスーツの生地を切断した「ワッペン」をエポキシ樹脂などで接着する（図5②）ことにより，遠方からの視認性を高め，より多くの情報を集中的に得ることが可能である。Hall *et al.*[33] は，ハイイロアザラシの新生仔の頭に浮力体材質であるスチレンの「帽子」タグを接着し，50mより遠方でタグ上の数字を読むことが可能であったと報告した。このような毛皮もしくは皮膚への接着標識は，換毛時や接着度合いによって脱落するため，短期的な識別の目的で使用されている。

4　焼印および凍結標識

　体表面に直接印字する標識として，焼印標識（hot-iron branding），凍結標識（凍結いれずみ，freeze- もしくは cryo-branding）がある。一般に金属製のコテを焼印標識では高温に熱し，凍結標識ではドライアイスや液体窒素で冷却し，皮下の色素産生細胞および毛包を損傷し露出した痕跡を残す。

　焼印および凍結標識は，装着型標識と異なり比較的長期間持続する，遠くからでも識別できる，行動に影響を与えないなどの利点がある。そのため，生存率や繁殖率など保全・管理に重要な個体群動態パラメータの取得に適しているほか，季節移動や分散などの研究にも活用される。標識作業には個体の捕獲・保定・施術が必須で，苦痛やストレスなど生体への負担を伴う。適切な温度，接触時間や強さで行われた場合，標識としての痕跡は残るが，数週間で施術

後の損傷や炎症などの生理学的反応は治癒もしくは消失し[34]，生存率にも影響しないことが報告されている[35, 36]。適切な保定も，標識の質を向上させ損傷の治癒を早める効果がある。

4.1. 鯨類

焼印標識は個体を捕縛して施術する必要があるため，大型鯨類への適用は難しく，鯨類では，もっぱら小型鯨類を対象に凍結標識（凍結いれずみ，freeze-もしくはcryo-branding）の手法が試みられてきた。これは，一時的に皮膚を凍傷させて体表に印字する方法であり，1970年代にEvans et al.[28]やIrvine et al.[29]が，カリフォルニア沖のハンドウイルカを対象に，ドライアイス・アルコールの混合物や液体窒素で冷却した銅製のコテを15〜30秒間，体表面に押しつけて数字などの文字を印字し，放流を行った（図4）。凍傷させた部分の皮膚は白色化し，印字後約30m離れたところから明瞭に読み取ることができ，装着型の標識よりも有効であると報告されている。しかし恒久性という点では不安定であり，表皮の色に対してカラーコントラストが悪くなって識別困難となるケースや，個体によっては数年の間に印字が読み取れなくなるケースも同時に報告された。

日本では，1980年代に田中・高尾[30]が，飼育下のハンドウイルカを用いて，凍結標識の有効性を検討した事例がある。このときには，現場での作業性と安全性をふまえ，数字や文字を切り抜いた型（5mm厚のネオプレンゴム製）を体表面に押し当てて，型をなぞるように冷凍ガスを噴射する方法がとられた。冷凍ガスを30〜90秒間吹き付けた場合，数日後に皮膚が脱落

して筋肉が露出し，それが原因であったかどうかは不明だが，実験個体は施術16日後に敗血症で死亡している。同じく15〜25秒間吹き付けた場合，一時的に，文字が薄く白色に浮かび上がることもあったが，全般的に，印字部分が周囲の体色よりやや黒みがかる程度で文字型も不明瞭であり，標識の視認性という観点からは不十分であった。また，田中らは，凍結標識を印字したとき，確実に標識できたかどうか明らかでないといった不確実性もあるとし，これらの問題が解決できれば有効な手法になり得るであろうと述べている。

いずれにしても，凍結標識は，潜在的に装着型標識より有効とされるものの，最適な冷却剤や烙印時間，コテ式かスプレー式かなど，手法に未解決の部分が残されており，標識の耐久性についても不明である。さらに，このような標識は，生体を捕獲して施術する必要があるため，近年，野性下の鯨類の調査研究には，あまり利用されていない。

4.2. 鰭脚類

鰭脚類における焼印標識の歴史は古く，1914年より現在まで，トドやゾウアザラシなどさまざまな種に広く適用されている（例えば，Merrick et al.[35]，McMahon et al.[36]など）。適切に印字された焼印標識は非常に視認性が高く，生涯にわたり識別できることが期待される。一方，凍結標識ではメラニン細胞が再生し，標識が数年で消失する場合があり，長期追跡に成功した例はゼニガタアザラシに適用したHarkonen et al.[37]など数少ない。また，標識作業は対象種が生息する遠隔地で行われることが多く，加熱

装置が冷却装置に比べ確保が容易なうえ，短時間で施術可能なため，鰭脚類ではもっぱら焼印標識が適用されている。

　焼印標識には直径1cmの鉄製の丸棒でできた幅5cm，高さ5〜10cm程度のコテを使用する（図6）。トドではロシア海域の繁殖場などで，出生地を表すアルファベット1文字とアラビア数字1〜3文字の組み合わせで標識される（図7）。加熱炉でプロパンガスの火によりコテを鮮紅色になるまで熱し（約900℃），肩部から臀部までの体側に3〜4秒間軽く押し当てる。施術後の損傷の治癒や標識の質は，コテの温度，接触時間および強さ，動物の保定具合などに左右され，作業者が十分習熟している必要がある。コテを当てることによって生じる火傷は痛みを伴うため，イソフルレンなどの吸入麻酔を使用し，2名ないし3名で適切に動物を保定する。施術後は速やかに放逐し，自然治癒を促す。離乳前後の幼獣（仔）に行うのが効果的で，個体の成長とともに標識も大きくなり，遠方からの観察が容易となる（図7）。また，年齢既知個体として初回繁殖齢や，年齢別生存率などの情報を得ることが可能であり（例えば，Altukhov *et al.*[38]など），さらに歯牙などを用いた年齢査定法のキャリブレーションとしても利用できる。国内で実際に標識を行った例はないが，国外で標識されたトドやゴマフアザラシが観察され，標識個体を利用した上陸場利用や移動などの研究が進められている[39]。トドでは繁殖場を有するロシアと越冬場所である日本との間でデータベースを共有し，両国をまたがって移動する個体の追跡を容易にしている。

　焼印標識は生涯にわたって識別できるため，

図6　トドの焼印標識に用いられるコテ

図7　焼印標識されたトド
ロシアの繁殖場では，出生地を表すアルファベット1文字とアラビア数字1〜3文字の組み合わせで標識される。標識も個体とともに成長し，遠方からの視認が容易となる。

装着型標識のような脱落率の推定を必要としない。また，施術には苦痛を伴うが，治癒後は個体の行動に与える影響も少なく，長期追跡のために再捕獲・再施術を必要としない点で，個体への影響は少なく，鰭脚類の長期追跡に適した標識手法であるといえよう。一方で，適切な施術が行われず損傷からの治癒が十分でない場合，痛みや感染症などのリスクが継続することに注意が必要である。

本章では，標識調査で使用される標識のタイプやその識別・取り付け方法について主に解説してきた。標識調査においては，いったん標識された個体の観察および照合も重要な作業である。標識の維持期間に応じた研究体制の構築が必要であり，また広い海域もしくは多国間にわたって移動する種を対象とする場合には，複数・多国籍の研究チーム間で標識情報を共有し，重複を避けるなどのコミュニケーションも求められる。近年では，デジタル技術やインターネットの普及により，リモート撮影や個体の比較照合，データの共有がより容易となってきている。標識調査は装着・観察・照合などに多大な労力を必要とするが，得られる研究成果も多岐にわたり，今後も技術の発展とともに継続・発展していく分野であろう。

引用文献

1）　Hammond P. S.: Estimating the size of naturally marked whale populations using capture-recapture techniques, Rep. Int. Whal. Commn., Special issue 8: 253-282, 1986.

2）　Katona S. K., Baxter B., Kraus O., Perkins J. and Whitehead H.: Identification of humpback whales by fluke photographs. *In*: Behavior of marine animals. Vol.3. Cetaceans.（Winn H. E. and Olla B. L., eds.），Plenum Press, New York, 1979, pp.33-44.

3）　Payne R., Brazier O., Dorsey E. M., Perkins J. S., Rowntree V. J. and Titus A.: External features in southern right whales（*Eubalaena australis*）and their use in identifying individuals. *In*: Communication and behavior of whales.（Payne R., ed.），AAAS Selected Symposiun 76, Westview Press, Boulder, Co., 1983, pp. 371-445.

4）　Bigg M. A., Olesiuk P. F., Ellis G. M., Ford J. K. B. and Balcomb K. C.: Social organization and genealogy of resident killer whales（*Orcinus orca*）in the coastal waters of British Columbia and Washington State, Rep. Int. Whal. Commn., Special issue 12: 383-405, 1990.

5）　IWC: Report of the workshop on individual recognition and estimation of cetacean population parameters. Rep. Int. Whal. Commn., Special issue 12: 3-40, 1990.

6）　Wursig B.W. and Wursig M.: The photographic determination of group size, composition, and stability of coastal porpoises（*Tursiops truncates*），Science, 198: 755-756, 1977.

7）　Tyne J. A., Pollock K. H., Johnston D. W. and Bejder L.: Abundance and survival rates of the Hawaii Island associated spinner dolphin（*Stenella longirostris*）stock, PLoS ONE, 9: e86132, 2014.

8）　Gendron D. and Ugalde De La Cruz A.: A new classification method to simplify blue whale photo-identification technique, J. Cetacean Res. Manage., 12: 79-84, 2012.

9）　Weller D. W., Klimek A., Bradford A. L., Calambokidis J., Lang A. R., Gisborne B., Burdin A. M., Szaniszlo W., Urban J., Unzueta A. G-G., Swartz S. and Brownell R. L. Jr.: Movements of gray whales between the western and eastern North Pacific. Endanger. Species Res., 18: 193-199, 2012.

10）　小笠原海洋センター: 辞典「クジラの尾ビレ」－小笠原・沖縄－, 2000, 139pp.

11）　吉岡　基・森阪匡通: シンポジウム「ミナミハンドウイルカの生態」. 月刊海洋, 45巻5号: 207-209, 2013.

12)　木白俊哉: 西部北太平洋，特に南西部日本沿岸におけるニタリクジラの資源生態学的研究, 東京海洋大学博士学位論文, 2012, 260 pp.

13)　Calambokidis J., Steiger G. H., Straley J. M., Herman L. M., Cerchio S., Salden D. R., Urban J., Jacobsen J. K., von Ziegesar O., Balcomb K. C., Gabriele C. M., Dahlheim M. E., Uchida S., Ellis G., Sato F., Mizroch S. A., Schlender L., Rasmussen K., Barlow J. and Quinn T. J.: Movements and population structure of humpback whales in the North Pacific. Mar. Mamm. Sci., 17: 769-794, 2001.

14)　Kniest E., Burns D. and Harrison P.: Fluke Matcher: A computer-aided matching system for humpback whale (Megaptera novaeangliae) flukes. Mar. Mamm. Sci., 26: 744-756, 2010.

15)　Cunningham L.: Using computer-assisted photo-identification and capture-recapture techniques to monitor the conservation status of harbor seals (Phoca vitulina). Aquatic Mamm., 35: 319-329, 2009.

16)　Kaplan C. C., White G. C. and Noon B. R.: Neonatal survival of Steller sea lions (Eumetopias jubatus). Mar. Mamm. Science, 24: 443-461, 2008.

17)　新妻昭夫: ゼニガタアザラシの社会生態と繁殖戦略. In: ゼニガタアザラシの生態と保護(和田一雄, 伊藤徹魯, 新妻昭夫, 羽山伸一, 鈴木正嗣, 編), 東海大学出版会, 東京, 1986, pp.59-102.

18)　藪田慎司, 中田兼介, 千嶋　淳, 藤井　啓, 石川慎也, 刈屋達也, 川島美生, 小林万里, 小林由美: ゼニガタアザラシの写真及び個体情報デジタルデータベース: 野生哺乳類の長期野外研究を支援する試み. 哺乳類科学, 50: 195-208, 2010.

19)　山下純奈: 厚岸・大黒島におけるゼニガタアザラシ Phoca vitulina stejnegeri の生活史と上陸頻度の関係. 2007年度東京農業大学卒業論文, 2008, 36pp.

20)　深津佳歩: 個体識別を利用した野付湾内のアザラシの生態解明. 2013年度東京農業大学卒業論文, 2014, 49pp.

21)　土橋　睦: 野付湾におけるゴマフアザラシの個体識別による毎年の利用頻度の推定. 2014年度東京農業大学卒業論文, 2015, 65pp.

22)　Shibuya M., Kobayashi M., Shitamichi Y., Miyamoto S. and Murakami K.: Changes in haul-out use by spotted seals (Phoca largha) on Rebun Island, Hokkaido, Japan, in response to controls on harmful-animals. Russian J. Mar. Biol., 42: 341-350, 2016.

23)　Murray D. L. and Fuller M. R.: A critical review of the effects of marking on the biology of vertebrates. In: Research Techniques in Animal Ecology: Controversies and Consequences (Boitani L. and Fuller T. K., eds.), Columbia University Press, New York, 2000, pp.15-65.

24)　Rayner G. W.: Whale marking, progress and results to December 1939. Discovery Rep., Vol. XIX: 245-284, 1940.

25)　IWC: Report of the Scientific Committee. Rep. Int. Whal. Commn., 46: 51-236, 1996.

26)　宮下富夫: 資源の動向を探る－鯨類目視調査. In: 日本の哺乳類学.3 水生哺乳類(大泰司紀之, 三浦信吾, 監修, 加藤秀弘, 編), 東京大学出版会, 2008, pp.177-202.

27)　Nishiwaki M., Nakajima M. and Tobayama T.: Preliminary experiments for dolphin marking. Sei. Res. Whales Inst. Tokyo., 20: 101-107, 1966.

28)　Evans W. E., Hall J. D., Irvine A. B. and Leatherwood J. S.: Methods for tagging small cetaceans. Fish. Bull., 70: 61-65, 1972.

29)　Irvine A. B., Wells R. S. and Scott M. D.: An evaluation of techniques for tagging small Odontocete cetaceans. Fish. Bull., 80: 135-143, 1982.

30)　田中　彰, 高尾宏一: イルカ類標識調査技術の開発 3.目視標識. In: 漁業公害(有害生物駆除)対策調査委託事業調査報告書(昭和56～60年度), 昭和61年3月水産庁漁業公害(有害生物駆除)対策調査検討委員会, 1986, pp.149-160.

31)　船坂徳子, 桐畑哲雄, 松本修一, 木白俊哉: ハンドウイルカの背びれに装着した簡易標識の有効性, 平成28年度日本水産学会春季大会講演要旨, 2016.

32)　Wells R. S.: Identification methods. In: Encyclopedia of Marine Mammals (Perrin W. F., Wureig B. and Thewissen J. G. M., eds), Academic Press, San Diego, CA. 2002, pp.601-608.

33) Hall A. J., Moss S. and McConnell B. J.: A new tag for identifying seals. Mar. Mamm. Sci., 16: 254-257, 2000.

34) Mellish J., Hennen D., Thomton J., Petrauskas L., Atkinson S. and Calkins D.: Permanent marking in an endangered species: physiological response to hot branding in Steller sea lions (*Eumetopias jubatus*). Wildlife Res., 34: 43-47, 2007.

35) Merrick R. L., Loughlin T. R. and Calkins D. G.: Hot branding: a technique for long term marking of pinnipeds. NOAA Technical Memorandum NMFS-AFSC-68, US Department of Commerce, 1996, 21pp.

36) McMahon C. R., Burton H. R., Van den Hoff J., Woods R. and Bradshaw C. J. A.: Assessing hot-iron and cryo-branding for permanently marking southern elephant seals. J. Wildlife Manag., 70: 1484-1489, 2006.

37) Harkonen T. J., Hading K. C. and Lunneryd S. G.: Age- and sex-specific behavior in harbor seals *Phoca vitulina* leads to biased estimates in vital population parameters. J. Appl. Ecol., 36: 825-841, 1999.

38) Altukhov A. V., Andrews R. D., Calkins D. G., Gelatt T. S., Gurarie E. D., Loughlin T. R., Mamaev E. G., Nikulin V. S., Permyakov P. A., Ryazanov S. D., Vertyankin V. V. and Burkanov V. N.: Age specific survival rates of Steller sea lions at rookeries with divergent population trends in the Russian Far East. PLOS ONE, 10: e0127292.DOI: 10.1371/journal.pone.0127292, 2015.

39) Isono T., Burkanov V. N., Ueda N., Hattori K. and Yamamura O.: Resightings of branded Steller sea lions at wintering haul-out sites in Hokkaido, Japan 2003-2006. Mar. Mamm. Sci., 26: 698-706, 2010.

Column.02

測るために運ぶ

堀本高矩

北海道立総合研究機構
水産研究本部稚内水産試験場

海棲哺乳類の死体を，さまざまな方法で分析することで多くの情報が得られることは本文中で述べられている通りである。一部の種については調査や商業目的の採捕が実施されており，得られた死体の計測・採材は設備の整った環境で行うことができる。一方，海棲哺乳類の研究では混獲や漂着といった偶発的に得られる死体を扱うことも多い。筆者はこれまで北海道周辺海域で混獲・漂着・採捕されたキタオットセイを中心とする鰭脚類の研究を行ってきた。ここでは標本をどのように手に入れてきたかを簡単に紹介する。

筆者が主なフィールドとしてきた北海道は，長大な海岸線を有する巨大な島である。分布や生活史が精力的に調べられている種であっても，混獲・漂着を予見することは難しく，幅広く情報を収集することが不可欠である。筆者の場合，漁業協同組合や市町村役場，研究機関に依頼して情報収集を行ってきた。混獲・漂着から得られる標本は貴重であることには違いないが，発見時の状況や死体の大きさ，状態によって取りうる対応が変わる。調査項目をもっとも大きく左右するのが，死体を研究室に持って帰ることができるか否かである。キタオットセイは最大で体長200㎝程度，体重250kg程度であり，通常は150kg以下の死体を扱うことが多い。これくらいのサイズであれば，大人数人で車両へ積載できる。汚れや臭気をいとわなければ乗用車での運搬も可能だが，軽トラックなどの利用が適している。

混獲の場合，漁港や船揚げ場など車両がアプローチしやすい場所で作業できる場合が多い。また，漁業者や漁業協同組合職員の協力のもと，漁船に搭載されているクレーンや荷揚げ用のフォークリフトを利用することができれば，車両への積載も容易に行うことができる。一般向けのレンタカーショップでも車両積載型クレーン付きトラックをレンタルできるが，クレーンの使用には労働安全衛生法に定められている玉掛け技能講習を修了している必要があるため，適切な資格と知識を有しない場合は使用できないので注意が必要だ。

漂着の場合，死体への接近は混獲と比べて困難な

場合が多い。近年はスマートフォンで位置情報を正確に知ることもできるが，一般市民から提供された情報を役場などから伝聞形式で受ける場合などは，詳細な位置がわからないことも多い。「○○川の河口から向かって右にちょっと歩いたところ」や「△△さん宅の裏手」などの手がかりをもとに探し回った挙句，死体が波にさらわれて流出してしまっていた，ということも珍しくない。運よく死体を発見した場合でも，必ずしも車両で接近できるわけではない。筆者が死体回収の際によく用いていたのが，ジャンボスレーと呼ばれる大型のそりである(図1)。雪遊び用というよりは除雪や農作物の運搬などに用いられるもので，サイズのわりに軽量で，かつ頑丈なつくりとなっているため，重量物を載せてもそり自体がたわみにくい。そのため，砂浜や砂利浜のほか，比較的大きな石からなるゴロタ浜といった不整地での死体運搬にも重宝した。適度な太さの丸太を現地調達し，そりの下に並べて「ころ」として利用したりもした。当時，死体運搬に使用していた自家用車の荷台にもちょうど収まるサイズであり，死体をそりに載せたまま積み込むことができたのも筆者が多用した理由の一つであった。

図1　運搬に用いるジャンボスレー。ここでは例としてキタオットセイ（亜成獣雄）生体の写真を示す。

　研究室まで運搬できないほど死体が大きい場合は，現場で調査を完結する，もしくは運搬可能な大きさになるまで解体するという対応が考えられる。漂着の場合，天候や潮汐によって調査にあてられる時間が限られることが多いため，安全面に十分配慮して調査方法を決める必要があるだろう。なお，死体の漂着地点の

管理を公共機関が担っている場合，産業廃棄物として処分場などに移送する場合がある(写真2)。関係機関と事前に調整を行い，協力が得られれば移送先で調査を行うことも可能である。

図2　産業廃棄物処分場に移送するために運搬中のトド（成熟雄）の死体。

　研究に用いる標本をどのように手に入れたかは論文に記載されることも少なく，日の目を見ない部分であろう。しかし，どんなに優れた分析を行いたいと思っていても，標本がないことには始まらない。筆者は自らの研究に使用する死体をそれなりに大変な思いをして集めたつもりであるが，同様の調査を実施した先行研究などと比べるとその数は決して多くない。標本の数が研究の良し悪しを決めるものではないが，論文に記された標本数を見るにつけ，それらを集める努力に思いを馳せると，単なる数字が違った意味を持つように感じられる。

第3章 バイオテレメトリ・バイオロギング

南川真吾・村瀬弘人・三谷曜子

1 はじめに

　海棲哺乳類はその大半の時間を水面下で過ごすため，上陸している鰭脚類を除き，目視で観察できる行動は，呼吸やジャンプのために水面に近づいた一瞬に限られる。水面下の観察にスキューバ器材も用いられることがあるが，長時間は難しい。また，広域に移動する海棲哺乳類を目視により連続的に観察することも困難である。近年，電子工学の発展にともない，各種の電子標識（タグ）を動物に装着してさまざまな情報を取得することが可能となり，これまで不可能であった観察ができるようになってきた。

　動物に電子標識を装着して情報を得る手法は，バイオテレメトリ・バイオロギングと呼ばれる。広域かつ水中に分布する海棲哺乳類の場合，この手法はとりわけ有用であり，1980年代以降多くの種を対象に調査・解析が展開されるようになってきた。

　バイオテレメトリもバイオロギングも動物の行動や生理情報，環境情報などを動物自身が計測するという点では同じであるが，情報の収集の仕方で呼び分けている。バイオテレメトリとは，動物に装着した発信機によって発せられた電波や音波のシグナルを受信機が受け取ることで情報を得る手法を指す。バイオテレメトリで

Survey and analysis methods for conservation and management of marine mammals (3) : Biotelemetry and biologging

Shingo Minamikawa / Fisheries Research Institute, Japan Fisheries Research and Education Agency（国立研究開発法人水産研究・教育機構水産資源研究所）

Hiroto Murase / Tokyo University of Marine Science and Technology（国立大学法人東京海洋大学）

Yoko Mitani / Wildlife Research Center, Kyoto University（京都大学野生動物研究センター）

Abstract : Method of biotelemetry and biologging has become widely used for marine mammals with the recent advance in electronic technology. These methods provide new insight into the habitat, behavior, and physiology of marine mammals and are very useful for their conservation and management of them. In this article, various methods of localization and sensors are reviewed first. Then, methods of attachment of electronic tags to cetaceans and pinnipeds are presented. Finally, some case studies for analysis of migration path, abundance estimation, analysis of metabolism and foraging, and the reduction of unexpected human contact are reviewed. Because the technology of biotelemetry and biologging is still under development, it is expected that new insight into ecology of marine mammals will be obtained using new devices. However, attachment of the device is still difficult, especially for cetaceans and most electronic tags are expensive. Careful consideration of these constraints and objectives of the research is necessary to select appropriate devices.

Keywords : archival tag, data logger, sensor, monitoring, behavior, migration, metabolism

は，遠隔で情報を得られるという利点がある一方で，シグナルに載せることのできる情報量が限られているため，詳細なデータを得ることは困難である。また，シグナルに電波を使用する場合，発信は水面に浮上した場合に限られる。一方，バイオロギングとは，各種センサーからの情報が動物に装着した電子標識に記録され（記録型の電子標識をデータロガーやアーカイバルタグと呼ぶ），標識を回収してダウンロードすることでデータを得るという手法である。バイオテレメトリに比べ大量のデータを得ることが可能となるが，回収が難しいという欠点もある。機器の小型化に伴い，バイオテレメトリとバイオロギングの2つの技術を組み合わせ，情報を機器内に記録し，動物から離脱した際や動物が水面に浮上した際など送信が可能になったときにまとめてデータを発信する標識（ハイブリッドタグ）が広く利用されるようになってきている。

バイオテレメトリとバイオロギングによって得られた情報は，移動経路，空間分布，代謝，摂餌生態など広い研究分野で活用され，海棲哺乳類の保全・管理のために重要な調査・研究手法になりつつある。本章では，各種の機器とその装着方法を説明したのち，保全・管理の観点からのデータ解析事例を簡単に紹介する。なお，解析手法については，第8章，第10章，第11章にも記述があるので参考にされたい。

現在，多種多様な電子標識が多くの会社から販

表1　バイオテレメトリとバイオロギングで使用される各種機器のメーカーと国内代理店

メーカー	機器の種類（センサーの種類）
日本	
アクアサウンド	音波発信器，データロガー（音響）
Biologging Solutions	データロガー（深度，温度，遊泳速度，加速度，地磁気，カメラ，照度，角速度）
Little Leonardo	データロガー（深度，温度，遊泳速度，塩分濃度，加速度，地磁気，GPS，カメラ，心拍など）
MMT（Marine Micro Technology）	データロガー（音波）
ノマドサイエンス	衛星発信器，電波発信器，アルゴス方向探知機
海外	
ATS（Advanced Telemetry Systems）	電波発信器（温度，加速度）
Biotrack	データロガー（照度）
Cefas Technology	データロガー（深度，温度）
Desert star	ポップアップ（深度，水温，加速度，地磁気）
Lotek Technology	電波発信器，音波発信器，データロガー（深度，温度，照度）
Sirtrack	衛星発信器（温度，GPSなど），電波発信器，音波発信器，データロガー（深度，水温，照度）
SMRU（Sea Mammal Research Unit）	衛星発信器（アルゴス，携帯（GSM）通信）（深度，温度，GPS，塩分濃度），注：GSMは日本では使用できない
Star-oddi	データロガー（深度，温度，塩分）
Telonics	衛星発信器（深度，温度，GPSなど）
Vemco	音響発信器（深度，温度，加速度）
Wildlife computers	衛星発信器・ポップアップタグ（深度，温度，GPS，照度，溶存酸素濃度など），データロガー（深度，温度，遊泳速度，光量，加速度，地磁気など）
LKARTS-Norway	標識装着システム，方向探知機

売されていることから, これらを表1にまとめた。

　空間分布や移動経路, また潜水深度を把握することを目的に水平・鉛直方向の位置を測定（定位）するための電子標識が各種開発されている。ここでは, 衛星標識, VHF（Very High Frequency）標識, GPS（Global Positioning System : 全地球測位システム）標識, 音響標識について説明する。また, 照度センサーを利用した定位法についても述べる。

2.1.　衛星標識

　海棲哺乳類の個体の水平方向における定位は, 現在, アルゴスシステムという人工衛星を利用した手法が主流となっている。これは, 1970年代にフランスとアメリカが協力して開発したシステムで, フランスのCLS社が運用実務を行っており, 日本では（株）キュービック・アイが総代理店となっている。アルゴスシステムは, 衛星標識（発信機）からの401 MHz帯域の極超短波（Ultra High Frequency : UHF）を人工衛星で感知するため, 全球的に測位を行うことが可能であり, 周波数のドップラーシフトを用いて位置を特定する。測位誤差の程度によって, アルゴスロケーションクラス（LC）がZ, A, B, 0, 1, 2, 3の7段階に定められている。もっとも精度の高いLC3ではその誤差が150 m以下, LC2が150〜350 m, LC1が350〜1,000 m, LC0が1,000 m以上, 誤差範囲を計算できない場合, 信頼度の高い順にLCA, LCBとされており, 位置算出ができない場合はLCZとなる。

発信機の発信間隔は最低40秒間となっており, 人工衛星の1回の通過中に視界範囲にある時間は平均で約10分間である。位置特定の精度は1回の衛星通過中の受信回数に依存しており, LC0〜LC3では4回以上の受信が必要とされる。海棲哺乳類の場合, 水面に浮上するのは限られた時間であり, 潜水時間が長い場合などに1回のパスで複数回受信が困難であるため, LC3といった精度の高い受信は少ないのが普通である。このため, 研究者が実験を行い, 独自に精度を見積もる研究も行われている[1]。電波は水中から送信することができないため, 製品のほとんどは発信器が海水に触れている間は発信せず, 空気中に現れた瞬間に発信を行うように通電センサーを備えている。なお, アルゴスシステムを日本国内で用いる場合には, 電波法により無線局免許状の取得の手続きが必要となる。

2.2.　VHF標識

　位置の特定に周波数30〜300 MHzのVHF（超短波）もよく使われる。VHF標識（発信機）は通常1分間に数十回のパルスを発信し, 船上, 陸上, あるいは航空機から八木アンテナのような指向性アンテナを用いることで発信源の方向がわかる。指向性アンテナを4本組み合わせた方向探知機を用いれば, アンテナを回すことなくただちに発信源の方向を知ることが可能である。また, 2ヵ所の受信ベースで同時受信できれば, 三角測量によって発信源の位置を推定することができる。電波の受信距離は発信機の出力と受信機の性能・設置の高さ, 障害物の有無に依存するが, 見通しの良い海上で受信機の性能が十分であれば最大受信距離は水平線まで

の距離となる。そのため，航空機を用いることで受信距離は飛躍的に向上する。動物を追跡する際，基本的に船での追跡が必須となるが，沿岸に生息する小型鯨類であれば陸から受信することが可能である。VHF発信機はアルゴス発信機に比べてはるかに安価（アルゴス発信機が数十万円であるのに対して，数万円）であるため，限られた予算で数多くの動物に装着することが可能である。また，VHF発信機は小型のため，同時装着しやすく，これによって動物の追跡やロガーの回収が容易になる。外国製のVHF発信機を日本国内で使用することは，法令による周波数帯の制限により困難であるが，電波法に適合した国産のVHF発信機も販売されている。

2.3. GPS標識

近年ではGPSを用いて数mの誤差精度で位置情報が得られるようになっている。GPSはGPS衛星からの信号をGPS受信機が受け取り，受信機側が自身の現在位置を知るシステムである。データロガーにGPSを搭載することで，動物の移動追跡を高い精度で行うことが可能となった。通常GPS標識が衛星から位置情報を得るためには，センサーが海面上にある状態が30秒間以上持続して衛星の軌道情報を得ることが必要であり，そのままでは海棲哺乳類に使用することが困難であった。しかしながら，近年Wildtrack Telemetry Systems社によって開発されたFastloc GPSは，軌道情報を用いた位置推定の計算処理を受信機で行わずにサーバーで処理を行うことで100ミリ秒未満での受信が可能となっている。

2.4. 音響標識

水中での定位手段として，超音波（おおむね20 kHz以上）を利用する手法がある。これは超音波を発する機器（ピンガー）を動物に装着し，受信機を搭載した船で追跡してリアルタイムで定位する，あるいは海底に受信機を設置し，動物が受信範囲に入ると，装着したピンガーの固有のIDと時刻を記録するという手法である。また，受信機を複数台設置し，深度センサー搭載の発信器を動物に装着することで，3次元での位置を定位する手法も用いられている。海棲哺乳類は音に敏感な種が多く，ピンガーを用いる場合には，対象動物の可聴域外の周波数のものを用いるか，可聴域であっても影響の少ない周波数のものを使用するなどの配慮が必要である。

2.5. 照度を利用した位置推定

これまで紹介した手法は，いずれも動物に取り付けた標識によるシグナルの送受信に基づいて位置を知るものだが，センサーが検知する情報を利用して位置を推定する手法もある。照度センサーによって水中でも照度の情報から日出と日没の時刻を推定し，日照時間から緯度を，正午時刻から経度を計算することができる。ただし，この手法で位置推定できるのは1日1点に限られ，緯度の誤差も数百kmに及ぶ。照度を利用した位置推定を行うための機器として，例えば一定時間後に動物から離脱・浮上してアルゴスシステムを利用してデータを送信するポップアップタグ（Pop-up satelite archival tag：PSAT）（図1）や回収が必要なジオロケーター（図2）などが市販されている。CLS社では

PASTで同時に取得した水温データや深度データを用いて，海面水温，海底地形，行動モデルによって照度センサー位置データをフィルタリング・補正するサービスを提供している。

図2　ナンキョクオットセイの前鰭に装着されたジオロケーター（写真：Iain Staniland）

図1　鯨類への標識装着例
　　上段：PASTを装着したスジイルカ（写真：野路滋）。中段と下段：カーボンポールによるマッコウクジラへのタグの装着。長い棒の先端には，データロガーやカメラを搭載した吸盤タグが取り付けられている。小型のボートでマッコウクジラのうしろからそっと忍び寄り，タイミングを見はからって長い棒を振り下ろしペタンと吸盤タグを取り付ける。

3　動物の生息環境や行動を検知するセンサー

　動物の生息環境（水温など）や行動（潜水深度など）を記録する各種のセンサーを搭載した標識（データロガー，アーカイバルタグ）が開発されている。また，動物に装着できるカメラも開発されており，現在では複数のセンサーを備えたマルチチャンネルのデータロガーが販売されている。ここでは，搭載されるセンサーやカメラの説明を行う。

3.1. センサー

　海棲哺乳類の研究においては古くから圧力セ
ンサーを用いて潜水深度の記録が行われてきて
おり[2]，潜水行動の2次元（深度と時間）的プ
ロファイルが得られてきた。しかし，これでわか
るのは動物の動きの鉛直成分のみであり，これ
に加えてタービンや加速度計などによって遊泳
速度や移動距離がわかれば，潜水時の体軸の
角度など，より詳細な動きを知ることが可能とな
る。加速度計は高周波（数十Hz）でのサンプ
リングを必要とするため，電池，データともに
大容量を必要とするが，近年の大容量かつ小型
のメモリ開発により，3軸での加速度の記録が
容易になった。3軸の加速度計は3軸地磁気セ
ンサー（装着した軸が向いている方位がわかる）
と組み合わせて動物の3次元的な動きを再現で
きる[3]。さらに，これらと鳴音記録（エコーロ
ケーションに使用される）や胃内温度計（餌を
食べたときに温度が下がる）と同時に使用する
事で採餌行動を調べることもできる。

3.2. カメラ

　動物にカメラを装着してその視界を記録する
ことが可能である。静止画では餌の分布や遭遇
率などを定量化することができるが，動画を記
録することで餌の捕獲の様子がわかる[4]。この
ような映像記録をほかの行動データや環境デー
タと組み合わせることで，動物の採餌行動を詳
細に知ることが可能となった。また，カメラを
後ろ向きに装着すれば尾鰭の動きが録画され，
動物が潜水中にいつ運動しているかを知ること
ができる[5]。

4　装着方法

　主に上陸個体を対象とする鰭脚類と遊泳中の
個体を対象とする鯨類とでは電子標識の装着方
法が大きく異なるため，ここではそれぞれに分
けて説明する。

4.1. 鰭脚類

　鰭脚類への機器装着は，上陸個体を対象に
麻酔薬[6]や保定器具[7]によって化学的，物理
的に不動化させたのちに行う。幼獣（仔）など
の小型の個体であれば，背中にまたがり，手で
頭を押さえることでも保定可能だが，不必要に
押さえつけることで窒息死させてしまう危険性が
あるため，注意が必要である。また，鰭脚類は
潜水反射が発達しており，麻酔によって反射が
より亢進することで，徐脈や無呼吸，低換気に
よって死亡してしまうという事故が起きやすい。
よって，不動化しているときには，呼吸数をモ
ニタリングするなどの措置が必要である。

　個体への機器装着方法として，初期はハーネ
スなどが用いられていたが[8]，遊泳しているう
ちに可動部が擦れてしまうことなどが問題となっ
ていた。その後，Fedak *et al.*によってエポキシ
樹脂などの接着剤を用いて毛皮に装着する手法
が開発され[9]，以降この手法が主流である
（図3）。本手法では，装着部分の毛皮をアセト
ンなどで拭いて水分や油分を取り除き，発信器
や記録計に直接，またはメッシュなどに取り付
けた状態で接着剤を塗り，毛皮に装着する。そ
のまま手などで毛皮に押さえつけ，15分ほど経
つと接着剤が硬化する。この際，化学反応で発

熱し，皮膚が火傷してしまうことがあるため，あまり接着剤をつけすぎないこと，水などで冷やすことも重要である。

この手法は簡便かつ強固に接着できる一方で，換毛によって脱落してしまうため，1年以上追跡することは難しい。そこで長期追跡を行うために，鰭に穴をあけて装着したり，記録計を腹腔内に入れるといった手法[10]が用いられる場合もある。鰭に装着する機器には大きさの制限があるため，フリッパータグに付けたジオロケーター（図2）[11]や，小型衛星発信器[12]が用いられる。

図3　ゼニガタアザラシの背中にエポキシ樹脂で装着した音響発信器

4.2.　鯨類

鯨類の場合，体毛がないため，鰭脚類で説明したように接着剤を用いて電子標識を装着することができない。特に，移動経路の解明を目的とする衛星発信機は長期間にわたる装着が望まれるため，試行錯誤のなか，さまざまな装着方法が試されてきた[13]。衛星発信機が十分小型化されていなかった時代，大型鯨類では，遊泳中の個体に対し，発信機本体に備えた複数の

アンカーを突き刺して固定していた。その後，発信機の小型化が実現し，細い円筒形の発信機の先端に銛状のアンカーを取り付け，発信機自体を体表に貫入させて固定することができるようになった。発信機をしっかりと固定するため，銛先の長さは大型鯨類の厚い脂肪層の下にある結合組織に届くよう設計されていることが多い。長期間の装着を期待する場合にはこの手法が適しているが，組織にダメージを与えるため，細菌による感染予防を期待してアンカーや標識本体に抗生物質などをコーティングする場合がある。この手法による発信機装着個体への影響については，ミナミセミクジラで長期にわたる再発見記録から回復過程が記述されている[14]。より小型の鯨類では脂肪層が薄いため，大型鯨類と同様の装着方法を用いることができない。そのためこれに代わり，本体の外側において2本の短い銛先で固定するようなデザインが考案され，そのような標識はLIMPET（Low Impact Minimally Percutaneous Electronic Transmitter）タグと呼ばれている[15]。

回収を前提としているデータロガーを銛先により鯨体に固定する場合には，一定時間が経過したのち，銛先とデータロガーが切り離されるようにする必要がある。この目的のため，一定時間，海水にさらすと腐食することで切れる金属（Galvanic Time Release：GTR）が使用されたり，自動切り離し装置（リトルレオナルド社など）が開発されたりしてきた。また，大型の吸盤によって機器を鯨体に固定する方法も試みられている[16]。この方法は，鯨体に与えるダメージが銛先を用いるよりも低いと考えられるが，装着時間が比較的短いという欠点がある。加速度計

を備えたデータロガーやカメラを備えたデータ
ロガーには，ほとんどの場合で吸盤が用いられ
ている。遊泳速度や加速度のデータロガーを取
り付ける場合にはセンサーの向きを整えるため，
フィンを備えることもある[17]。

　洋上の鯨類に吸盤により電子標識を装着する
場合，浮上位置が予測しやすく，なおかつ船で
の接近が容易な種（ザトウクジラやマッコウクジ
ラなど）では，長いポールを用いてデバイスを
装着することが可能である[18]（図1）。しかし，
高速で遊泳し，船での接近が困難なナガスクジ
ラ属の場合には，クロスボウや空気銃（図4）
などで電子標識を発射して装着する必要がある。
この場合，発射時の衝撃から電子標識を保護す
るための筐体や，装着に失敗した場合に回収で
きるよう十分な浮力体の準備が必要となる。ク
ロスボウと空気銃の所持は，銃砲刀剣類所持等
取締法に従う必要がある。船首波にのる小型の
鯨類では，突きん棒を用いて小さなアンカーを
鯨体に突き刺したり，吸盤を押し付けたりして
デバイスを装着することができる。この方法で
PASTを装着すれば，離脱・浮上したタグを回
収することで深度・温度・照度の時系列データ
を得ることが可能である[19]。

　小型の鯨類においては，捕獲して電子標識を
背鰭に固定することで長期的な装着が期待でき
る。かつては，背鰭に複数箇所穴をあけて電子
標識を固定する手法がとられることが多かっ
た[20]が，近年は背鰭の後端に1ヵ所穴をあけ
てピンやチューブを通してボルトで固定する手
法がとられることが多くなっており，その取り付
け位置について詳細な検討がなされている[21]。
そのほか，テグスを用いて背鰭に固定する方法

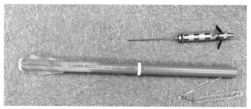

図4　標識装着システム
上段：大型鯨類への電子標識装着のために開発された
ARTS：Aerial Rocket Transmitter System
（LKARTS–Norway）。圧縮空気によって先端に標識
を装着した弾体を発射する。標識の大きさに応じて肩当
てや銃身，照準器が変えられる。下段：貫入装着型の
ARGOS発信機（上）と発信機をARTSで発射するた
めのキャリア（下）。先端に発信機を差し込んだ状態で
発射する。キャリアが浮力を確保し，発信機とはGTR
を介してつながれる。

もある[22]。船上から捕獲するには，船首波に
乗った小型の鯨類が水面上にジャンプしたとこ
ろを船首からフープネットを用いて捕える手法も
ある[23]。ただし，船首波にのらない種や用心深
い性質の種では困難である。

5 **データ解析と保全・管理への適用**

　この分野，とりわけバイオロギングでは水中
の動物の行動を詳細に記録できることから，主
に動物行動学の観点から水中の動物の生態解
明を目的に研究が展開されてきており，近年そ
の方面での研究紹介書も多く出版されるように

なってきている[18,24]。そして，バイオテレメトリやバイオロギングによって得られる情報は海棲哺乳類の保全・管理においても有用である。ここでは，保全・管理に向けた代表的な解析や適用の事例を示すことにする。

5.1.　移動経路の解明

海棲哺乳類のうち，多くは繁殖域と摂餌域の間を大きく移動する高度回遊性動物である。資源管理では系群の識別が重要であり，特に摂餌域で複数の系群が混在するヒゲクジラ類では繁殖域の特定が重要となってくる。このような背景もあり，ほとんどの種に衛星標識が装着されているが（Murase *et al.*[25]のTable 6に近年の事例がまとめられている），装着期間が短いものが多く，繁殖域の特定が行われている種は少ない。人工衛星から得られる環境データとバイオテレメトリデータを組み合わせ，移動個体が移動時に選択する環境条件に関する研究も行われている[26]。また，バイオテレメトリデータに状態空間モデルを適用し，移動と摂餌の2つの行動を判別することも試みられている[27]。

5.2.　個体数推定での活用

鯨類の個体数は，目視調査データを用いてライントランセクト法に基づいて推定されることが多いが，潜水個体の見落としにより，資源量が過小推定される可能性がある。この問題に対応するため，データロガーで得られたデータが活用されてきている。例えば，Okamura *et al.*はツチクジラに装着したデータロガーで得られた潜水／浮上パターンを取り入れたハザード確率を用いたシミュレーションにより，見落とし率を

考慮した個体数推定法を開発している[28]。

5.3.　空間分布推定での活用

保全・管理において，対象種の空間分布は重要な基礎情報の1つである。バイオテレメトリやバイオロギングで得られた位置データを用いることにより，対象種の空間分布範囲を把握することができる。伝統的な方法としては，地球統計学の解析手法である外郭法[29]やカーネル密度推定[30]などを利用した，個体の行動圏や主要な利用海域の特定などがある。近年では，種分布モデルの1種であるMaxEntを用い，環境要因を考慮した空間分布推定も試みられるようになってきている[31]。

5.4.　代謝・摂餌解析での活用

代謝と摂餌は個体の生存と密接に関係し，対象種の生活史を解明するうえで重要な情報となる。これらの情報を活用した個体ベースモデル型の生態系モデルの開発も検討されるようになってきた[32]。ここでは鯨類と鰭脚類に分け，関連の解析について紹介する。

5.4.1.　鰭脚類

海棲哺乳類は摂餌でエネルギーを得るため，採餌域・深度への移動，探索，追跡，捕獲の際に遊泳，潜水を行う。対象種の摂餌生態を明らかにするためには，このエネルギー収支を求める必要があることから，鰭脚類を対象に遊泳効率に関する一連の研究が行われている。最近の知見では，長期回遊中のキタゾウアザラシは，餌を食べるにしたがい脂肪を蓄え，中性浮力に近づく結果，採餌する深度帯への往復に費やす

コスト，つまり鰭を動かした回数が減少し，採餌深度に滞在する時間を長くすることが可能になることが明らかになってきている[33]。

加速度データからは鰭の動きだけでなく，動物の姿勢や動きなど，さまざまな情報を得ることができる。Sakamoto et al.は，加速度データを周波数などによって分類するEthographerというプログラムを開発した[34]。これにより，キタオットセイの採餌回遊中のグルーミング（毛繕い）や身震い[35]，回転，休息[36]などの行動を分類することが可能となった。このような採餌中の行動時間配分と，各行動にかかるエネルギーを明らかにすることができれば，採餌にかかるコストについても推算できるようになることが期待される。

次に明らかにしなければならないのは，摂餌で得られるエネルギーである。まず，摂餌イベントを記録できるものとしてビデオロガーがあるが[37]，容量や光源の問題があり十分な情報を得ることができない。そこで，餌である魚類の体温が水温に等しいことから，餌を食べると海棲哺乳類の胃内温度が急激に下がるという現象に着目し，温度センサー搭載の発信器を胃内に入れて背中に装着した受信器に胃内温度を記録していくという手法が開発された[38,39]。しかし，短期間のうちに発信器が吐き出されてしまうという問題があった。そこで用いられるようになってきたのが，加速度ロガーを下顎に装着するという手法である[40,41]。これは動物が餌を食べる際の顎の動きから摂餌イベントを探知するという手法である。この手法では，5秒ごとに顎の動いた回数をロガーに記録することにより，長期回遊中の摂餌イベントをモニタリングすること

が可能である[42]。

5.4.2. 鯨類

鯨類を対象に，バイオテレメトリやバイオロギングによって得られた情報を用い，代謝や摂餌生態に関するさまざまな解析が行われている。これらの解析では，餌生物の水平・鉛直分布との関係を調べることを目的として，計量魚探のデータ収集や網を用いた生物標本採集が同時に実施されることが多い。例えばIshii et al.は，ピンガーで収集したイワシクジラの潜水行動データと計量魚探データを用いて本種の摂餌行動の日周性を明らかにしている[43]。

また，バイオロギングによって得られたデータから摂餌量を推定する試みも行われている。Goldbogen et al.は，シロナガスクジラに装着したデータロガー（圧力センサー，2軸加速度センサー，ハイドロフォン）で得られたデータから潜水深度，遊泳速度（ハイドロフォンで得られた水流音によって求められる），体の向き，鰭の動きを，口の形態データから1回の飲み込み量を求め，流体力学モデルによってエネルギーコストを，さらに餌密度データから摂餌量を計算することで採餌効率を計算している[44]。

5.5. 意図しない人間との接触の低減

世界各地で海棲哺乳類と漁業の競合に関する問題が取り上げられるようになってきている。特に問題となるのが，海棲哺乳類による漁具被害，あるいは，希少種の混獲といった直接的な関係である。これらの問題を減じるために，バイオテレメトリやバイオロギングを用いた海棲哺乳類の移動や空間利用の解析は有効であり，海棲

哺乳類の分布と漁場との重複を明らかにするための研究などが行われている [45, 46, 47]。

大型鯨類と船舶の衝突も問題となっており，船舶の安全航行の確保，ならびに意図しない鯨類の死亡を低減するための検討が必要とされている。例えば，南カリフォルニア沖の商船航路においてシロナガスクジラにデータロガーを装着し，得られたデータをもとに鯨類が安全に船を避けるための距離に関する解析が行われている [48]。このような解析結果は衝突を低減する船速の検討などに活用される可能性がある。

6 おわりに

バイオテレメトリやバイオロギングを用いた調査とその解析手法の発展により，従来の手法では困難であった海棲哺乳類の空間分布や行動に関する知見を得ることができるようになってきた。現在もその開発が進んでおり，さらに新たな知見が得られることが期待できるほか，保全管理に必要な情報など，社会的に求められる課題などにも役に立つと考えられる。強制力はないが，例えば鯨類では専門家によるガイドライン [49] が作成されており，装着の際の参考になるだろう。現状，多くの電子標識は高価であり，特に，鯨類では装着や回収が困難であるため，標本数を増やすことは容易でない。電子標識の装着は，装着が容易な個体が優先されるため，解析の際，装着個体の行動が，その種や個体群全てに当てはまるような普遍的な行動であると言えないことに注意をはらう必要がある。また，装着できる電子標識の種類は，対象種の体の大きさや接近のしやすさなどにより制限され

るため，すべての電子標識がすべての種に装着できるわけではない。これらの制約や調査・解析の目的を吟味したうえで，電子標識の選定を行う必要があるだろう。

引用文献

1)　Costa D. P., Robinson P. W., Arnould J. P. Y., Harrison A.-L., Simmons S. E., Hassrick J. L., Hoskins A. J., Kirkman S. P., Oosthuizen H., Villegas-Amtmann S. and Crocker D. E.: Accuracy of ARGOS locations of pinnipeds at-sea estimated using Fastloc GPS, PLoS ONE, 5: e8677, 2010.

2)　Kooyman G. L.: Diverse divers: physiology and behavior (Zoophysiology Vol. 23) Springer-Verlag Berlin Heidelberg. 1989, 200 pp.

3)　Mitani Y., Sato K., Ito S., Cameron M. F., Siniff D. B. and Naito Y.: A method for reconstructing three-dimensional dive profiles of marine mammals using geomagnetic intensity data: results from two lactating Weddell seals. Polar Biol., 26: 311-317, 2003.

4)　Calambokidis J., Schorr G. S., Steiger G. H., Francis J., Bakhtiari M., Marshall G., Oleson E. M., Gendron D. and Robertson K.: Insights into the underwater diving, feeding, and calling behavior of blue whales from a suction-cup-attached video-imaging tag (CRITTERCAM), Mar. Technol. Soc. J., 41: 19-29, 2007.

5)　Williams T. M., Davis R. W., Fuiman L. A., Francis J., Le Boeuf J., Horning, M., Calambokidis, J. and Croll, D. A.: Sink or swim: strategies for cost-efficient diving by marine mammals. Science, 288 : 133-136, 2000.

6)　Gales N. J.: Chemical restraint and anesthesia of pinnipeds: a review. Mar. Mamm. Sci., 5: 228-256, 1989.

7) Gentry R. L and Holt J. R.: Equipment and techniques for handling northern fur seals. NOAA Tech. Rep. NMFS SSRF-758. National Marine Fisheries Service (USA), 1982.

8) Kooyman G. L. Gentry R. L. and Urquhart D. L. Northern fur seal diving behavior: a new approach to its study. Science, 193: 411-412, 1976.

9) Fedak M. A., Anderson S. S. and Curry M. G.: Attachment of a radio tag to the fur of seals. J. Zool. 200: 298-300, 1983.

10) Horning M., Haulena M., Tuomi P. A. and Mellish J. A. E. Intraperitoneal implantation of life-long telemetry transmitters in otariids. BMC Vet. Res. 4: 51, 2008.

11) Staniland I. J., Robinson S. L., Silk J. R. D., Warren N. and Trathan P. N.: Winter distribution and haul-out behaviour of female Antarctic fur seals from South Georgia. Mar. Biol.159: 291-301, 2012.

12) Martinez-Bakker M. E., Sell S. K., Swanson B. J., Kelly B. P. and Tallmon D. A.: Combined genetic and telemetry data reveal high rates of gene flow, migration, and long-distance dispersal potential in Arctic Ringed Seals (*Pusa hispida*). PLoS ONE, 8: e77125, 2013.

13) Mate B., Mesecar R. and Lagerquist B.: The evolution of satellite-monitored radio tags for large whales: One laboratory's experience. Deep-Sea Res. II Top. Stud. Oceanogr. 54: 224-247, 2007.

14) Best P. B., Mate B. and Lagerquist B.: Tag retention, wound healing, and subsequent reproductive history of southern right whales following satellite-tagging. Mar. Mamm. Sci., 31: 520-539, 2015.

15) Andrews R. D., Pitman R. L. and Ballance L. T.: Satellite tracking reveals distinct movement patterns for Type B and Type C killer whales in the southern Ross Sea, Antarctica. Polar Biol., 31: 1461-1468, 2008.

16) Lerczak, J. A., Shelden, K. E. W. and Hobbs, R. C.: Application of suction-cup-attached VHF transmitters to the study of beluga, *Delphinapterus leucas*, surfacing behavior in Cook Inlet, Alaska. Mar. Fish. Rev., 62: 99-111. 2000.

17) Aoki K., Amano M., Mori K., Kourogi A., Kubodera T. and Miyazaki N.: Active hunting by deep-diving sperm whales: 3D dive profiles and maneuvers during bursts of speed. Mar. Ecol. Prog. Ser., 444: 289-301, 2012.

18) 佐藤克文, 青木かがり, 中村乙水, 渡辺伸一.: 野生動物は何を見ているのか－バイオロギング奮闘記（キヤノン財団ライブラリー）, 丸善プラネット, 東京, 2015, 197 pp.

19) Minamikawa S., Watanabe H. and Iwasaki T.: Diving behavior of a false killer whale, *Pseudorca crassidens*, in the Kuroshio-Oyashio transition region and the Kuroshio front region of the western North Pacific. Mar. Mamm. Sci., 29: 177-185, 2013.

20) Mate B. R., Rossbach K. A., Nieukirk S. L., Wells R. S., Blair Irvine A., Scott M. D. and Read A. J.: Satellite-monitored movements and dive behavior of a bottlenose dolphin (*Tursiops truncatus*) in Tampa Bay, Florida. Mar. Mamm. Sci., 11: 452-463, 1995.

21) Balmer B. C., Wells R. S., Howle L. E., Barleycorn A. A., McLellan W. A., Ann Pabst D., Rowles T. K. Schwacke L. H. Townsend F. I. Westgate A. J. and Zolman E. S.: Advances in cetacean telemetry: A review of single-pin transmitter attachment techniques on small cetaceans and development of a new satellite-linked transmitter design. Mar. Mamm. Sci., 30: 656-673, 2014.

22) Chilvers, B. L., Corkeron, P. J., Glnashard, W. H., Long, T. R. and Martin, A. R.: A new VHF tag and attachment technique for small cetaceans. Aquat. Mamm., 27: 11-15, 2001.

23) Nachtigall P. E., Mooney T. A., Taylor K. A., Miller L. A., Rasmussen M. H., Akamatsu T. Teilmann J., Linnenschmidt M. and Vikingsson, G. A.: Shipboard measurements of the hearing of the white-beaked dolphin *Lagenorhynchus albirostris*. J. Exp. Biol., 211: 642-647, 2008.

24) 渡辺佑基: ペンギンが教えてくれた物理の話, 河出書房新社, 東京, 2014, 246 pp.

25) Murase H., Tamura T., Otani S. and Nishiwaki S.: Satellite tracking of Bryde's whales *Balaenoptera edeni* in the offshore western North Pacific in summer 2006 and 2008. Fish. Sci., 82: 35-45, 2016.

26) Ream R.R., Sterling J.T. and Loughlin T.R.: Oceanographic features related to northern fur seal migratory movements. Deep-Sea Res. II Top. Stud. Oceanogr., 52: 823-843, 2005.

27) Bailey H., Mate B. R., Palacios D. M., Irvine L., Bograd S. J. and Costa D. P.: Behavioural estimation of blue whale movements in the Northeast Pacific from state-space model analysis of satellite tracks. Endanger. Species Res., 10: 93-106, 2009.

28) Okamura H., Minamikawa S., Skaug H. J. and Kishiro T.: Abundance estimation of long-diving animals using line transect methods. Biometrics, 68: 504-513. 2012.

29) Thompson P. M., Miller D., Cooper R. and Hammond P.S.: Changes in the distribution and activity of female harbour seals during the breeding season: implications for their lactation strategy and mating patterns. J. Anim. Ecol., 63: 24-30, 1994.

30) Sveegaard S., Nabe-Nielsen J., Stæhr K. J., Jensen T. F., Mouritsen K. N. and Teilmann J.: Spatial interactions between marine predators and their prey: herring abundance as a driver for the distributions of mackerel and harbour porpoise. Mar. Ecol. Prog. Ser., 468: 245-253, 2012.

31) Friedlaender A. S., Johnston D. W., Fraser W. R., Burns J., Patrick N H. and Costa D. P.: Ecological niche modeling of sympatric krill predators around Marguerite Bay, Western Antarctic Peninsula. Deep-Sea Res. II Top. Stud. Oceanogr., 58: 1729-1740, 2011.

32) IWC: Report of the fourth intersessional workshop on the review of maximum sustainable yield rates（MSYR）in baleen whales. J. Cetacean Res. Mnage., 15（suppl.）: 509-518, 2014.

33) Adachi T., Maresh J. L., Robinson P. W., Peterson S. H., Costa D. P., Naito Y., Watanabe Y.Y. and Takahashi A.: The foraging benefits of being fat in a highly migratory marine mammal. Proc. R. Soc. B., 281: 20142120,2014.

34) Sakamoto K. Q., Sato K., Ishizuka M., Watanuki Y., Takahashi A., Daunt F. and Wanless S.: Can ethograms be automatically generated using body acceleration data from free-ranging birds? PLoS ONE, 4: e5379, 2009.

35) Iwata T., Yonezaki S., Kohyama K. and Mitani Y.: Detection of grooming behaviours with an acceleration data logger in a captive northern fur seal（*Callorhinus ursinus*）. Aquat. Mamm., 39: 378-384, 2013.

36) Battaile B. C., Sakamoto K. Q., Nordstrom C. A., Rosen D. A. S. and Trites A. W.: Accelerometers identify new behaviors and show little difference in the activity budgets of lactating northern fur seals（*Callorhinus ursinus*）between breeding islands and foraging habitats in the Eastern Bering Sea. PLoS ONE, 10: e0118761, 2015.

37) Davis R. W., Fuiman L. A., Williams T. M., Collier S. O., Hagey W. P., Kanatous S. B., Kohin S. and Horning M.: Hunting behavior of a marine mammal beneath the Antarctic fast ice. Science, 283: 993-996, 1999.

38) Austin D., Bowen W. D., Mcmillan J. I. and Boness D. J.: Stomach temperature telemetry reveals temporal patterns of foraging success in a free-ranging marine mammal. J. Anim. Ecol., 75: 408-420, 2006.

39) Kuhn C. E. and Costa D. P.: Identifying and quantifying prey consumption using stomach temperature change in pinnipeds. J. Exp. Biol., 209: 4524-4532, 2006.

40) Suzuki I., Naito Y., Folkow L. P., Miyazaki N. and Blix A. S.: Validation of a device for accurate timing of feeding events in marine animals. Polar Biol. 32: 667-671, 2009.

41) Naito Y., Bornemann H., Takahashi A., McIntyre T. and Plötz J.: Fine-scale feeding behavior of Weddell seals revealed by a mandible accelerometer. Polar Sci., 4: 309-316, 2010.

42) Naito Y., Costa D. P., Adachi T., Robinson P. W., Fowler M. and Takahashi A.: Unravelling the mysteries of a mesopelagic diet: a large apex predator specializes on small prey. Funct. Ecol., 27: 710-717, 2013.

43) Ishii M., Murase H., Fukuda Y., Sawada K., Sasakura T., Tamura T., Bando T., Matsuoka K., Shinohara A., Nakatsuka S., Katsumata N., Miyashita K. and Mitani Y.: A short note on feeding behavior of sei whales observed in JARPNII. IWC/SC JARPNII special permit expert panel review workshop, Paper SC/F16/JR22, 2016.

44) Goldbogen J. A., Calambokidis J., Oleson E., Potvin J., Pyenson N. D., Schorr G. and Shadwick R. E.: Mechanics, hydrodynamics and energetics of blue whale lunge feeding: efficiency dependence on krill density. J. Exp. Biol. 214: 131-146, 2011.

45) Sveegaard S., Teilmann J., Tougaard J., Dietz R., Mouritsen K. N., Desportes G. and Siebert U.: High-density areas for harbor porpoises (*Phocoena phocoena*) identified by satellite tracking. Mar. Mamm. Sci., 27: 230-246, 2010

46) Riet-Sapriza F. G., Costa D. P., Franco-Trecu V., Marín Y., Chocca J., González B., Beathyate G., Chilvers B. L. and Hückstadt L. A.: Foraging behavior of lactating South American sea lions (*Otaria flavescens*) and spatial-temporal resource overlap with the Uruguayan fisheries. Deep Sea Res. Part II Top. Stud. Oceanogr., 88: 106-119, 2013.

47) Sepúlveda M., Newsome S. D., Pavez G., Oliva D., Costa D. P. and Hückstadt L. A.: Using satellite tracking and isotopic information to characterize the impact of South American sea lions on salmonid aquaculture in Southern Chile. PLoS ONE, 10: e0134926, 2015.

48) McKenna, M. F., Calambokidis, J., Oleson, E. M., Laist, D. W. and Goldbogen, J. A.: Simultaneous tracking of blue whales and large ships demonstrates limited behavioral responses for avoiding collision. Endanger Species Res., 27: 219-232, 2015.

49) Andrews R., Baird R., Calambokidis J., Goertz C., Gulland F., Heide-Jørgensen M. P., Hooker S., Johnson M., Mate B., Mitani Y., Nowacek D., Owen K., Quakenbush L., Raverty S., Robbins J., Schorr G., Shpak O., Jr F., Uhart M. and Zerbini A.: Best practice guidelines for cetacean tagging, J. Cetacean Res. Manage., 20:27-66, 2019.

第4章

音響

赤松友成・木村里子

1 はじめに

　生物音響学は，生物が音を発する仕組みや個体発達を解き明かしたり，その機能や系統発生について説明したりする基礎学問として始まった。いわゆるティンバーゲンの４つの「なぜ」[1]に答えることが目的であった。近年，生物が発する音を遠隔的に観測する技術が発達したため，その応用範囲が，動物の種類や行動，さらに分布や個体数計測に広がってきた。また，生物が音波にさらされたときの反応や影響も，保全・管理の観点から注目されている。

　光が遠くまで透過しない水中では，生物間の情報伝達にしばしば音が使われる。音は水中で減衰が少なく，伝搬速度も速いため，多くの水棲生物が進化の過程で音を受信・発信する器官や能力を発達させてきた。海棲哺乳類のなかでも，特に一生を水中で過ごす鯨類は，コミュニケーション，捕食者回避，環境認知，繁殖や摂餌など，ほぼすべての行動において音を用いている。反響定位（エコーロケーション）能力をもつハクジラ類は，クリックスと呼ばれる超音波パルス列を発し，対象からの反射音で餌や他個体の位置を知ることができる。ハクジラ類が出すホイッスルや大型ヒゲクジラ類のソングと呼ばれる低周波音は，回遊や繁殖における個体や個体群の識別に用いられていると考えられている。

　音響による調査・解析手法では，生物が発する音を行動や生態の観察に利用する。ただし，

Survey and analysis methods for conservation and management of marine mammals (4) : Acoustics

Tomonari Akamatsu / Ocean Policy Research Institute, the Sasakawa Peace Foundation（公益財団法人笹川平和財団海洋政策研究所）

Satoko Soen Kimura / Center for Southeast Asian Studies, Kyoto University（京都大学東南アジア地域研究研究所）

Abstract : Passive acoustic monitoring has been widely used for marine mammal surveys these days. Fixed acoustic monitoring is suitable for long-term continuous observation. It is applicable for nocturnal and/or foggy conditions when visual observation is limited. For the low frequency sounds of baleen whales, detection range reaches several tens of kilometres using seismic cable observatories or low frequency recorders. Towed acoustic monitoring is suitable for wide-range surveys. An underwater glider is used in recent years as a silent moving platform. Wearable acoustic monitoring i.e. Acoustic biologging technique provided sensing behavior of odontocetes as well as the basic information for density estimation of fixed and towed acoustic distance sampling. Although acoustic monitoring has been used to obtain absence-presence information previously, it also provides quantitative information of population such as location and animal density. Sound production rate is an important factor for quantitative acoustic monitoring.

Keywords : passive acoustic monitoring, underwater sound, acoustic detection, classification

音響による調査・解析手法は万能ではない。本章では主に鯨類を対象として，音を使ってわかることと同時に，適用限界についても紹介したい。ちなみに鰭脚類は，鯨類よりも水中生活への依存が低く，しばしば上陸するため，目視観察が可能な状況が多い。このため，音響調査・解析の適用例が鯨類に比べ少ないが，鰭脚類も種特異的な音を発しており，以下に述べる音響調査・解析手法は応用可能と思われる。鰭脚類の研究として，南極海のヒョウアザラシの年齢別分布を音響調査で調べた例[2]や，オホーツク海のクラカケアザラシの鳴音が地理的に異なることを調べた例[3]などがある。

2 音の大きさと伝わり方

海棲哺乳類は，17 Hzという極低周波を発するシロナガスクジラから，130,000 Hzの超音波を発するスナメリまで，人間の可聴域をはるかに超える周波数帯域の音波を利用している。ただし，どのような周波数を利用しようとも，音波が従う2つの簡単な法則がある[4]。1つめは，遠くなるほど音の大きさが小さくなること。2つめは，周りがうるさいと音が聞こえないことだ。

海棲哺乳類が発した音は，その個体からの距離が離れると小さくなる（図1）。大きさ1,000で発せられた音は，距離10 mでは100に，距離1,000 mでは1になる[注1]。これが1つめの法則である。使用する装置が1の大きさの音まで測ることができれば，この音は動物から1 km離れていても受信できる。しかし，音はどこまでも届くわけではない。例えば，受信する場所で，波のくだける音やテッポウエビがはさみを打ち鳴らす音の大きさが100であったとすると，対象種の音が受信できるのは10 mまでということになる。それ以上遠くで受信しようとしても，信号が雑音にまぎれてしまう。すなわち，2つめの法則である[注2]。

この2つの法則を組み合わせると，ある音響装置がどのくらいの範囲を観測できるのかがわかる。具体的には，音源から1 mの距離で測った音源音圧と受信点の背景雑音の大きさで決まる。動物の発する音の音源音圧は一定ではなく，個体ごと，あるいは場所や時によって変化するため[5]受信可能範囲は音によって異なるが，音源音圧の分布がわかれば受信確率分布を描くことができる[6]。

この状況は目視調査と非常によく似ている。大きな動物や噴気であるほど遠距離からでも見つけやすい。基本的には近いほうが見つけやすく，遠くになるほど見つけにくい。霧や逆光は，さしずめ背景雑音に相当するだろう。ただし，目視調査と異なる音響調査の利点は，検出可能距離を物理法則から計算できることだ。実際に計算してみると，小型のハクジラ類や鰭脚類では300 mから1 kmくらい，ヒゲクジラ類では10 km以上で，状況によっては100 kmを超えることがわかる。目視による検出距離は，水平線までが限界（大型の調査船でも10 km程度）であり，特に，ヒゲクジラ類の場合，音響の検出距離は目視に比べ広大である。また，音響調査の利点として，観察者の調査経験や疲労を考慮しなくてよいところがあげられる。同じ音響装置でも微妙に感度が異なる場合が多いが，すべての装置が校正されていれば，同一検出閾値を設定することは容易だ。さらに，夜間や雨天時で

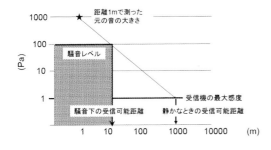

図1 音源音圧レベル（音源から距離1mで測った音の大きさ）と到達距離の関係

到達距離は受信機の最大感度だけでなく，騒音レベルによっても限定される。

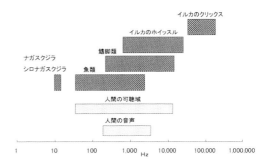

図2 海洋生物の発する音の周波数と，人間が聞こえる周波数範囲

超長距離コミュニケーション用の低周波から探索用の超音波まで，海洋生物は人間が知覚できない周波数範囲も利用している。

も調査を実施することができる点も強みであろう。なにより，データが記録されていれば，検出条件をあとから変化させて解析しなおすことができる。

3　録音の方式

水中マイクロホンと録音機があれば音響調査は可能だ。音は水の圧力振動であり，水面近くなら大気圧との平衡点からどれだけ圧力が上下したかを，水中マイクロホンを用いて電圧の上下に変換する。これを録音機で記録してやればよい。

調査の対象となる動物が出す音によって，周波数帯域が異なる（**図2**）。超音波であるハクジ

ラ類のエコーロケーション音（クリックス），人間の可聴域にあるヒゲクジラ類のソングや小型ハクジラ類のホイッスル，鰭脚類の出す音，人間の可聴音より低い大型ヒゲクジラ類の音などに大別でき（**表1**），対象とする音をきちんと録音できる装置を選ぶ必要がある。

次に，その装置をブイなどに固定するのか（定点式），船から曳くのか（曳航式），あるいは動物の体に直接装着するのか（装着式，バイオロギングと呼ばれる）という観察状況が重要である。あとは，予算次第で安価なものから高性能のものまで，豊富なラインナップから選べばよい。Sousa-Lima *et al.*[7] の総説に示されているように，市販でも多くの水中音響観察装置が出まわっている。選択基準はほかの商品選択と

注1）音のもともとの大きさを音源音圧と呼び，仮想的に音源から1mのところで測った音圧のことをいう。ここでは，イルカの音源とされる鼻道の奥の発音源（MLDB complex）から1mのところで測った音の大きさを単位なしで1,000と表示した。音圧の物理単位はPaで，単位面積あたりにかかる力つまり圧力の単位である。1,000Paは，ハンドウイルカのホイッスルでよくみられる音源音圧レベルである。ちなみに，地表の大気圧は1,000hPa，すなわち10万Paである。

注2）雑音レベルより信号の受信レベルが小さくても，それを検出するフィルタを設計できる。もっとも簡単なものは周波数フィルタである。音の高さが違えば，雑音の除去を行うことができる。音源の音波の特性が十分にわかっていれば，整合フィルタを設計することができる。これはもとの音を鋳型にして，受信音波にその鋳型に合う波形が含まれているかどうかを畳み込み，積分を行うことで抽出する手法である。ただし，第一に重要なのは雑音混入をできるだけ抑えることで，それなしで解析ソフトを動かしても雑音に紛れて対象となる音の性質が調べられない。

表1　海棲哺乳類が発する音の名前と特徴

鰭脚類，ヒゲクジラ類が出す音には，今のところ一概に名前がついていない。
また，シャチのコール，マッコウクジラのコーダのように，種や地域によって個別の名前がつけられている場合も多い。

動物	典型的な音の名前	特徴
ハクジラ類	クリックス （エコーロケーション音）	超音波であり，対象や環境から跳ね返ってきた音の反響でそれらを認知するために用いる。大型のハクジラ類は深海で主に使用し，人間の可聴域を含む音をだす。
小型 ハクジラ類	ホイッスル	人間の可聴域との重複が大きく，主にコミュニケーションに使用される。周波数変調が大きく，種間・種内でパターンも豊富である。ネズミイルカ科など一部は発しない。
鰭脚類	―	主にコミュニケーションに使用される音。種によって特徴的な音はおのおの名前がついている。とくに，繁殖期のオスは音響的に活発になる。
ヒゲクジラ類	ソング	繁殖期に主にオスが発し，求愛目的と考えられている。人間の唄のようにフレーズなどがある。地理的変異も大きい。
ヒゲクジラ類	―	長距離コミュニケーションに用いられると考えられている音。人間の可聴域と重複する周波数帯からそれを下まわる音で，とくに大型の種が出す音は極低周波である。

同じで，何を目的に，どのような状況で使うのかと，利用できる予算を天秤にかけて決める。長い曳航ケーブルを用いる場合には，船舶の差異（例えば，小型ボートなのか大型調査船なのかなど）や設備によっても選択できる装置が制限される。

3.1.　定点式

音響調査がもっとも威力を発揮するのは，定点式調査法である（図3）。装置を定点に設置しておけば，人間の限界をはるかに超える連続24時間調査を何日間も行うことができる。例えば，背鰭がない小さなハクジラ類であるスナメリは船舶からの目視が難しい鯨類の1つだが，生息海域で1ヵ月程度の音響調査を行うと，その間に数回から数千回の音を確認することができる[6]。ただし，定点型は，長期調査に優れているものの，前述の2つの法則により観察可能距離が限られる。目視調査によるポイントトランセクト法と同様，遠方になるほど音の確認が難

しくなる。

定点式調査でもっとも重要なのは，安全かつ確実に装置を取り付けて回収できる場所の確保だ。海上構造物やブイにつけるだけでなく，潜水士による海底への設置なども行われている。漁業や海上交通の状況を，調査者側が把握するとともに，地元の漁業協同組合や海上保安庁な

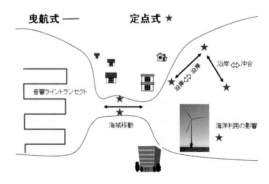

図3　定点式音響調査と曳航式音響調査の装置運用

定点式では観察したい対象に応じて装置の配置を決定する。ただし安全に装置を設置できることが最優先である。個体数推定が目的であれば，曳航式で，ライントランセクト法に基づき調査線を設計する必要がある。曳航速度は雑音低減のため遅いほうがよい。時速10 kmを超えないことが普通である。

どの行政への連絡，陸上からの設置であれば岸壁使用許可申請などの手続きを行う必要がある。

定点式調査に対応している装置は，仕様によるが，1台おおむね数十万円である。例えば，国内では高周波のA-tagシリーズを（株）MMT社が，また，中・低周波のAUSOMSシリーズを（株）アクアサウンド社がそれぞれ開発・販売している。海外では，Ocean Instruments NZ社のSoundTrapや，turblent research社のTRシリーズなどがある。なお，上述の国内二社ではそれぞれ次項に紹介する曳航式の装置も取り扱っている。

3.2. 曳航式

広範囲を調査できるのが曳航式の利点である（図3）。センサーを，船から曳航したり水中グライダーに装着したりすれば，広範囲を一度に走査できる。この方法でもっとも多く用いられているのは，船舶から長いケーブルやロープを用いて水中マイクロホンを曳航するもので[8]，次に多いのが独立型録音機を移動体に固定するものである[9]。

船からの曳航式音響調査は目視調査との相性が良く，対象動物の方位や距離のデータを目視と独立に収集できる。ソフトウエアも整備されており，例えばPAMGUARAD（http://www.pamguard.org/［アクセス日：2023年2月1日］）は，曳航式の音響解析で広く用いられている。それにもかかわらず，曳航式音響調査は定点式ほど普及していない。その理由としては，実際の運用にあたって曳航による流体雑音のほかに電源系からの雑音混入があり，それらの除去に経験者

の手助けが必要といった技術面，また，曳航中に発見個体への接近が困難になるといった実施面に関わる問題があげられる。

3.3. 装着式

動物装着式の音響調査は，音響バイオギングとも呼ばれる。小型の録音機を動物の体に装着し，個体ごとの発音行動を追跡する。この方式に適応した装置は少なく，生物ソナー音については水中で実用的に研究に用いられてきたのはDTAG，Acousonde（旧名B-porbe）およびA-tagの3つである。主として水中での音響探索行動の解明に用いられてきた。そこで得られた発音頻度が音響的発見確率算出のモデル化に用いられ，個体数密度の推定を可能にした[6]。発音頻度の情報は，目視調査でいうところの浮上頻度と似ている。

音響バイオギングの実際の運用は，装置の準備だけでなく動物の取り扱い，装着と回収方法，解析まで一連の技術が必要であり，初めての場合は，経験のあるチームとの共同研究から始めるのが賢明だ。

3.4. 雑音対策

実は，音響調査でもっとも気を付けなければならないのは，対象生物の出す音の録音ではない。雑音を排除することだ。対象生物の音の特性は，解析をすすめれば，ある範囲に収まることがわかる。一方，雑音はその名のとおり予測不可能な特性をもち，これが録音に混入してくる。音響調査の成否は，雑音をいかに減らすかの一点にかかっていると言っても過言ではない。装置の取り付け方や水中マイクロホンの方向，

人工・生物雑音源の分布，供給電力の質など，多くの要因が効いてくる。

手に持って水中にぶら下げるマイクロホンと録音機というもっとも単純な構成でも，システムを電源コンセントにつないだ瞬間に激しい雑音に見舞われることがある。いわゆる電源雑音で，ブーンという低い連続音ですべてがかき消されてしまう。これは，システムの筐体の金属部分かアース端子に電線をつなぎ，もう一方を水槽の中や海中に垂らすことで収まることが多い。感電を防止するため，ゴム手袋を装着するか乾いた手指で作業すると安全である。

定点式でやっかいな雑音は，装置をブイなどにつけたときに，いろいろなものがこすれたり波がくだけたりする音だ。ある程度避けられないが，ブイ全体を海面下に沈めると，雑音を相当抑えることができる。しかし，設置水深を深くして装置が海底に近づくと，海底に生息する生物が出す音が雑音として入りやすくなるため，定点を設置する海域の状況によって設置水深を決めなければならない。避けなければならないのは，海表面近くに設置することだ。水面から完全な逆位相音が反射されるので，水面直下は，ちょうどノイズキャンセルヘッドホンと同じ原理で雑音も信号もすべてが抑制されてしまう。多くの場合，水深の半分程度に録音機を置くのがよい。

曳航式では，水中マイクロホンの周りの水の流れによる雑音と，曳航している船舶から放射されるエンジン音などの雑音，スクリューで生成された泡がはじけるときに出る雑音の3つが主要な源だ。エンジンやプロペラがある船の真後ろから装置をずらし，船からできるだけ離して曳航することが単純だがもっとも効果的である。

装着式の場合，完全に独立型のシステムであるため，電気的な雑音対策の余地は小さい。可能な限り流体雑音を減らす浮力体の形状を採用し，装着位置を音源にできるだけ近づけるようにすることが効果的である。

4　音の解析

音の解析では，コンピュータによる自動認識が必要不可欠となっている。なぜなら，観察時間が1ヵ月間や1年間ということが普通で，人によるマニュアル解析では時間がかかりすぎるためだ。もちろん，最初に種別の真の音響特性を把握しなければならず，地道なマニュアル作業は，いまでも必須である。ただし，それが特定された暁には，できるだけ早くコンピュータによる自動解析に移行することが望ましい。目安としてデータ量が1ヵ月間（720時間）を超えたあたりが手作業による解析の限界点だ。

録音を確認するのによく使われているのは，Adobe Auditionという音楽の編集用に作られたソフトウエアだ。数十分程度の録音ファイルであれば，その波形を見たり，周波数成分の時間変化を示すスペクトログラムに変換したりという可視化がワンクリックでできる。一度読み込むと，二度目からは読み込み速度が大幅に改善される。音響調査の初期段階や，データ確認に重宝するソフトウエアである。無料のものでは，Audacityというソフトウエアもある。波形やスペクトログラムなど基本的な表示機能は整っているので，最初に試用するのによいだろう。

本格的な解析のためには，生録音から目的と

する音を抽出し，個々の検出結果をスプレッドシートに展開してから解析を行う。大量のデータから効率よく音を抽出するためには，対象音の特性にあったフィルタ設計や条件設定を柔軟に行うことができるプログラミングが必須となる。音が個々のイベントとして記載されれば，従来の目視調査や行動観察結果に適用してきた，さまざまな解析手法を用いることができる。時系列で整理された行動イベント解析と考えれば，生物学者には違和感ないだろう。

5　生物資源の保全・管理における音響調査手法の適用事例

個体群の保全と管理のためには，注目する種の存在確認だけでなく，系群判別や個体数といった定量的な情報が求められる。かつては存在しかわからないと思われていた音響調査の定量性は，このところだいぶ改善されてきた。本節では生物音を受信することで，何が明らかになるのかをまとめる。

5.1.　種・存在・系群

バードウォッチャーは，声だけでも鳥の種を推定することができる。同様に，海棲哺乳類の出す音についても種ごとに差異があることが明らかになってきた。なかでもナガスクジラの音はよく研究されており，北太平洋全域で冬季に頻繁に受信できる[10]。まぎらわしいのはシロナガスクジラの音くらいで，ほかに数十Hzで繰り返し鳴く海洋生物は見当たらない。同じ海域に生息するザトウクジラやホッキョククジラとは，使う周波数がまったく異なっている。現状では，

種判定の基準となる音の情報が整っていない種もあるが，今後，このようなデータベースの整理が進めば，音から遠隔的に種識別を行うことができるようになるだろう。

音を受信すれば，その種がそのときそこに存在していた証拠になる。ここで注意しなければならないのは，生物がいたとしても鳴かなければ記録できないことだ。すなわち，音響調査では在データのみが得られる。音が録れなかったからといって不在証明をしたことにはならない。例えば，ナガスクジラの場合，冬によく鳴くことがわかっているので，1年間連続で録音を行えば冬季にそこにナガスクジラが来ていたかどうかは検証できる。しかし，ほかの季節に音が録られなかったとしても，クジラがいなかったのか，いたけれど鳴かなかったのか，音データだけで判別することは困難だ。

目視での見逃しは，観察者の見逃しによる認識バイアス（perception bias）と，潜水個体の見逃しによる目視の可用性バイアス（availability bias）の2つに分けられる。音響調査の場合，認識バイアスより，鳴かない個体を見逃す可用性バイアスの影響が大きいと考えられる。目視と音響の特性を考慮して，ある条件で見逃し率が小さい手法を選ぶことにより，調査の効率を上げることができる。例えば，日本周辺で冬の目視調査は悪天候のため極めて難しいが，音響調査によれば，ナガスクジラは10月から3月ころまで釧路沖で頻繁に鳴いているとの報告がある[11]。

水産学的，あるいは保全生物学的な応用を考えたときに，その調査手法が個体群管理にどれだけ役立つかが重要であり，種判別からさらに

もう一歩踏み込んで，音による系群判別に関する研究も行われている。例えば，ザトウクジラは，インド洋と太平洋で異なったパターンのソングを歌う[12,13]。すなわち，音の特徴が系群の違いを反映している。ナガスクジラにおいては，北大西洋で音の特徴に地理的な変異があると報告されているが[14]，季節によって音響特性が少しずつ変化することもわかっており[15]，安定的な系群指標になりうるかはまだわからない。系群内変異が系群間変異より小さいことを検証する必要がある。音は1つの指標であり，実際には遺伝や形態といったほかの指標を組み合わせ，総合的に系群判別の検討を行う。

5.2. 空間分布推定

音響調査・解析手法は，上述のような集団構造の把握（種，系群の判別）だけでなく，空間分布推定や個体数推定に応用されるようになった。例えば，航路用ブイなどを利用した定点での音響観察を複数地点で実施すれば，密度勾配を知ることができる[16,17]。この方法では，広い範囲をカバーするために多数の装置を投入する必要がある。例えば，SAMBAH（Static Acoustic Monitoring of the Baltic Sea Harbour Porpoise）という9ヵ国合同プロジェクトでは，300もの音響装置を用意し，2年間かけてバルト海全域のネズミイルカを観察している（http://www.sambah.org/［アクセス日：2023年2月1日]）。これにより，ネズミイルカの分布とその季節変化を示すとともに，混獲や騒音など影響を与えうる人為的要因を明確にし，保全管理の指針を示している。また，POAWRS（Passive Ocean Acoustic Waveguide Remote Sensing）

というプロジェクトでは，海棲哺乳類の重要な秋季摂餌場である北大西洋北西海域10万km²において，8種以上の海棲哺乳類種を観察し，種ごとに特異的な動態を報告している[18]。海棲哺乳類のなかでも，特にシロナガスクジラ，ナガスクジラ，ザトウクジラ，ミンククジラの4種のヒゲクジラ類は，夜間に産卵場でニシンの密度が高くなるのに合わせて，発音数を多くしていた。

複数の音響装置を設置することが困難な場合は，音響装置そのものを移動させる曳航式を適用し，広い範囲を観察する。例えば，中国揚子江では，近年個体数が激減し，絶滅が危惧されるヨウスコウスナメリに対して，主要生息域1,700kmで目視と音響を併用した調査が実施されている[8,19]。同一の調査船の前方で目視を行い，後方で音響装置を曳航し両者の比較を行ったところ，経験豊かな目視チームと同等の密度勾配の傾向を音響でも得られることが示された。ヨウスコウスナメリは目視が非常に難しい種であり，揚子江では密度が低くなっていたので，音響調査手法の発見確率が目視を大きく上まわった[8]。この結果は，目視が困難だったり密度が低くなってしまったりした場合に，音響調査手法が有用であることを示している。

5.3. 個体数計測

マイクロホンが1つの場合，いくつかの音が録れても，それが同一個体から発せられたのか，複数個体が1回ずつ鳴いたのか，答えを出すことができない。そこで，近年では2つのマイクロホンを搭載したステレオ式の装置が開発されている。2つのマイクロホンに同一の音が記録

されるわずかな時刻の差から，音源の相対方位を算出する。異なる個体の音は異なる方向から到来するので，互いに離れて鳴いている個体の数を直接知ることができる。

ただし，群れサイズが大きくなってしまうと同時に定位を行うことが難しい[17]。個体間距離が短く，音響的に音源の方位を十分に分離できないためだ。個体数の定量性が失われ「音がたくさん録れた」としか言えなくなる。対策として，ステレオマイクロホン間の距離を長くして分解能を高めたり，2つ以上のマイクロホンを用いて定位を行ったり[20]，音波による水粒子の変位量（水の振動方向）から方位を推定[21]する方法がある。

5.4. 個体数推定

定位ができるということは，つまり，音源（動物）までの距離や角度を知ることができるということだ。種判別，個体数計数もでき，距離も角度もわかれば，目視調査で得られる情報にほぼ等しい。つまり，音響調査にも，目視調査と同様，ディスタンスサンプリング手法が適用でき，調査点（ポイント）や線（ライン）から個体数を推定できる。

目視において天候（海況，視界，海面反射など）が観察に影響するように，音響では水域における騒音レベルが検出効率に影響する。このため，前述したとおり雑音除去が最大の難所となる。音響装置を使った個体数密度推定法では，水域ごとの雑音レベルや検出力の違いが小さい定点におけるポイントトランセクトの事例が多い。総説として Marques *et al.*[22] があり，さまざまな状況における音響的密度推定法について論

じられている。

季節や性別によって発音頻度に偏りがある音（ヒゲクジラ類や鰭脚類が繁殖時に発する音など）や，深度帯で異なる音（大型ヒゲクジラ類が発する音など）を対象にすると，推定される個体数密度に偏りが生じるおそれがある点に留意が必要だ。

5.5　海中騒音の影響

近年，海中騒音の生物への影響が懸念されている。動力船からの騒音は増加傾向にある。この半世紀をみても，カリフォルニアのかなり沖合の太平洋ですら貨物船が原因と思われる騒音レベルが3倍にもなっている[23]。背景の騒音レベルが3倍になったということは，その騒音の周波数帯域での通信距離が3分の1に，通信可能面積は9分の1になったことを示している。貨物船の騒音帯域は，多くのヒゲクジラ類や魚類の音と一致しており，繁殖への影響が懸念される。これに加えて海底の石油探査のために低周波パルス音を発するエアガンや，洋上風力発電をはじめとする海洋再生エネルギー開発も新たな騒音源として着目されている。また，聴覚感度の一次的な低下などの生理的な影響が生じる暴露音圧レベルは，上述の背景雑音レベルよりはるかに高いが，海洋開発騒音の鯨類の繁殖への影響が直接検証されているわけではない。国 際 海 事 機 構（International Maritime Organization：IMO）の第66回海洋環境保護委員会（MEPC66）では，水中騒音低減のためのガイドライン（MEPC.1/Circ.833）が承認され，生物多様性条約締約国会議（Conference of the Parties to the Convention on Biological

Diversity：CBD COP）の作業部会（UNEP/CBD/SBSTTA/20/5）では，対象種や騒音源を考慮した影響基準の検討が行われている。また，国際捕鯨委員会（International Whaling Commission：IWC）においても同様の検討が進められている[24]。騒音が鯨類に与える影響については，このような国際情勢のなか，国内においてもしっかりしたデータ収集ならびに論理を組み立てることが必要だ。

6 おわりに

　ここまで，海棲哺乳類，特に鯨類を対象とした音響調査・解析手法の概要について記してきた。音響手法は万能ではないが，非常に有用である。現状では，個体数密度が低い水域では音響調査が有利だが，密度が高くなると目視調査が有利になる。種判別においては目視調査ができればという条件つきであるが，目視調査のほうが確度は高い。音響調査では，誤識別は一定の割合で起こる（特にマイルカ科の音など）。いつ，どこに，どの種がやってきたのかについても音響手法が適用されるようになってきた。また，系群判別の指標としても利用されている。音響手法とほかの手法を組み合わせることで，海棲哺乳類に関する知見をより多く得ることができる。調査と解析の精度をさらに高めるためには，海棲哺乳類の音響情報のデータベース構築が重要となる。

引用文献

1)　長谷川眞理子：生き物をめぐる4つの「なぜ」，集英社新書，221 pp, 2002.

2)　Rogers T. L., Ciaglia M. B., Klinck H., and Southwell C.: Density can be misleading for low-density species: Benefits of Passive Acoustic Monitoring, PLoS One, 8 (1)：e52542, 2013.

3)　Mizuguchi D., Mitani M., and Kohshima S.: Geographically specific underwater vocalizations of ribbon seals (*Histriophoca fasciata*) in the Okhotsk Sea suggest a discrete population, Mar. Mamm. Sci., 32 (3) 1138-1151, 2016.

4)　Urick R. J. (翻訳 三好章夫, 監修 新家富雄)：改訂 水中音響学, 京都通信社, 248 pp, 2013[注3].

5)　Villadsgaard A., Wahlberg M., and Tougaard J.: Echolocation signals of wild harbor porpoises, *Phocoena phocoena*, J. Exp. Biol., 210: 56-64, 2007.

6)　Kimura S., Akamatsu T., Li S., Dong S., Dong L., Wang K., Wang D., and Arai N.: Density estimation of Yangtze finless porpoises using passive acoustic sensors and automated click train detection, J. Acoust. Soc. Am., 128: 1435-1445, 2010.

7)　Sousa-Lima R. S., Norris T. F., Oswald J. N., and Fernandes D. P.: A review and inventory of fixed autonomous recorders for passive acoustic monitoring of marine mammals, Aquat. Mamm., 39: 23-53, 2013.

8)　Akamatsu T., D. Wang, K. Wang, Li S., Dong S., Zhao X., Barlow J., Stewart B. S., and Richlen, M.: Estimation of the detection probability for Yangtze finless porpoises (*Neophocaena phocaenoides asiaeorientalis*) with a passive acoustic method, J. Acoust. Soc. Am., 123: 4403-4411, 2008.

9)　Klinck H., Mellinger D. K., Klinck K., Bogue N. M., Luby J. C., Jump W. A., Shilling G. B., Litchendorf T., Wood A. S., Schorr G. S., and Baird R. W.: Near-Real-Time Acoustic Monitoring of Beaked Whales and Other Cetaceans Using a Seaglider, PLoS ONE, 7 (5)：e36128, 2012.

10） Hatch L.T., and Clark C.W.: Acoustic differentiation between fin whales in both the North Atlantic and North Pacific Oceans, and integration with genetic estimates of divergence, Paper SC/56/SD6 presented to the IWC Scientific Committee, Sorrento, Italy, July 37 pp, 2004.

11） 松尾行雄, 赤松友成, 岩瀬良一, 川口勝義：北海道釧路・十勝沖の海底ケーブル型観測システムを用いたナガスクジラの鳴音の季節依存性, 海洋音響学会誌, 44: 13-22, 2017.

12） Cato D.: Songs of Humpback whales: The Australian perspective. Mem. Qeensl. Mus., 30: 277-290, 1991.

13） Winn H. E., Thompson T. J., Cummings W. C., Hain J., Hudnall J., Hays H. and Steiner W. W.: Song of Humpback whale population comparison, Behav. Ecol. Sociobiol., 8: 41-46, 1981.

14） Delarue J., Todd S. K., Van Parijs S. M., and Di Iorio L.: Geographic variation in Northwest Atlantic fin whale (*Balaenoptera physalus*) song: implications for stock structure assessment, J. Acoust. Soc. Am., 125: 1774-1782, 2009.

15） Morano J. L., Salisbury D. P., Rice A. N., Conklin K. L., Falk K. L., and Clark C. W.: Seasonal and geographical patterns of fin whale song in the western North Atlantic Ocean, J. Acoust. Soc. Am., 132: 1207-1212, 2012.

16） Verfuß U. K., Honnef C. G., Meding A., Dähne M., Mundry R., and Benke H.: Geographical and seasonal variation of harbour porpoise *Phocoena phocoena* presence in the German Baltic Sea revealed by passive acoustic monitoring, J. Mar. Biol. Assoc. U. K., 87: 165-176, 2007.

17） Kimura S., Akamatsu T., Wang K., Wang D., Li S., Dong S., and Arai N.: Comparison of stationary acoustic monitoring and visual observation of finless porpoises, J. Acoust. Soc. Am., 125: 547-553, 2009.

18） Wang D., Garcia H., Huang W., Tran D. D., Jain A. D., Yi D. H., Gong Z., Jech J. M., Godo O. R., Makris N. C., and Ratilal P.: Vast assembly of vocal marine mammals from diverse species on fish spawning ground, Nature, 531: 366-370, 2016.

19） Zhao X., Wang D., Turvey S., Taylor B., and Akamatsu T.: Distribution patterns of Yangtze finless porpoises in the Yangtze River: Implications for reserve management, Anim. Conserv., 16: 1-10, 2013.

20） Gassmann, M, Wiggins, S.M., and Hildebrand, J.A.: Three-dimensional tracking of Cuvier's beaked whales' echolocation sounds using nested hydrophone arrays, J. Acoust. Soc. Am., 138: 2483-2494, 2015.

21） McDonald M.A.: DIFAR hydrophone usage in whale research, Can. Acoust. 32: 155-160, 2004.

22） Marques T. A., Thomas L., Martin S. W., Mellinger D. K., Ward J. A., Moretti D.J., Harris D., and Tyack, P. L.: Estimating animal population density using passive acoustics, Biol. Rev., 88: 287-309, 2013.

23） Andrew R. K., Howe B. M., Mercer J. A., and Dzieciuch M. A.: Ocean ambient sound: Comparing the 1960's with the 1990s for a receiver off the California coast, Acoust. Res. Lett. Online, 3（2）: 65-70, 2002.

24） IWC. Report of the Standing Working Group on Environmental Concerns, J. Cetacean Res. Manage., 17（suppl.）: 307-343, 2015.

注3） 原著はUrick（1983）Principles of Underwater Sound 3rd Edition, McGraw-Hillである。引用としてこの文献をあげるのは内容が広範すぎるが, 水中音の伝搬や吸収, 海中雑音についての総合的な参考文献として有用である。

鳴くクジラ、鳴かないクジラ

赤松友成
笹川財団海洋政策研究所

木村里子
京都大学東南アジア地域研究研究所

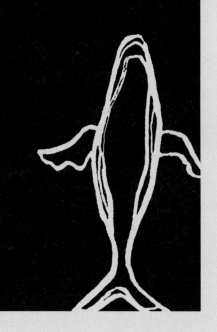

海の中で声を発する生き物は？と聞けば，たいがい「クジラ」と答えが返ってくる。ザトウクジラの歌はその典型で，決まった旋律が豊かな抑揚で表現され，延々10分から30分ほど歌い続ける。しかし，歌えるからといって四六時中歌っているわけではない。歌うのはたぶんそれなりに大変なのだ。

実際，ザトウクジラやナガスクジラであっても歌っているのは繁殖期の，しかも雄だけだ。では，摂餌期では鳴かないかというとそうでもない。基礎生産力の高い高緯度海域でも摂餌の合間に時々低い声を発するが，残念ながら旋律に従って繰り返し歌うわけではない。ソーシャルコールとも呼ばれる摂餌域の声の機能はよくわかっていない。そこでまず，いったいどのくらい頻繁に声を出しているのか確かめるために，アイスランドの沖で2頭のシロナガスクジラに録音機を取り付けてみた。あわせて21時間の記録があり，その全部を聴いてスペクトログラムでも確認したが，鳴き声はたった4回だけだった。予想以上に鳴いてくれなかったというのが本音だが，悔しいので「音響的に見えない摂餌中のシロナガスクジラ」という論文に仕立てた[1]。盛大に鳴いたり歌ったりしてくれれば，数十km離れたシロナガスクジラでも捉えられるはずだが，鳴いてくれなければ少なくとも音響的には存在していないのと同じという結論だ。

鯨類の観察手段として受動的音響観察手法（Passive Acoustic Monitoring：PAM）が一般的に用いられている。水中は音がよく伝搬するので，鳴いてさえくれれば暗闇でも荒れる冬でも深海でも24時間存在確認ができる便利な方法だ。しかし，声が録音されていなかったからと言ってその声の主がいなかったといえるわけではない。PAMは不在証明には向かない。ましてや現存している個体数や密度はわからない，と長い間信じられていた。確かにそのとおりで，声が10回記録されたからといって，10頭が1回ずつ鳴いたのか1頭が10回鳴いたのかはわからない。これは，PAMを鯨類の資源生態学に応用する上で致命的な欠陥である。

ところが科学者はいろいろ考えるもので，受信した

声から生息密度を推定する方法がいくつか編み出された。決まった時間内に1個体が発する声の数と発声時の声の大きさがわかれば、受信機が検出できる範囲内に何頭のクジラがいたかわかる。例えば、一日当たり10回鳴く種類がいたとして、記録された声の数が50回であれば、受信可能範囲内に一日当たりで存在していたのは5個体という見積もり方法である[2,3]。実際には、音の減衰や音源レベルの分布、偽陽性の排除などを行っているが、原理は同じである。もっと直接的に、音の方位を計測して、個々の音源を分離して勘定する方法もある[4]。これは、特に超音波ソナー音を頻繁に発するイルカ類に有効で、イルカより速く動く船から受信機を曳航すると、声の方向が必ず船首側から船尾側に移動する様子がみえる[5,6]。音のライントランセクトである。この方法は、目視によるライントランセクト（第1章、第10章）との組み合わせの相性がよく、仮想的な標識再捕法で検出率を求め、鳴いていない個体数まで推定できるようになった。目視でも音響でも捉えられた個体数と、どちらかでしか捉えられなかった個体数の割合から、見逃し率を算定できる[5]。観察時間内に浮上もせず声も発せず何の手がかりもなかった個体が一定の割合でいても、見逃し率がわかれば観察可能範囲内での全数が推定できる[7]。これは統計的には、目視調査で従来から行われてきた手法でもある。

　気まぐれにしか鳴かないように見える海の生物の音の解析技術は、近年さらに進歩した。これまでは、対象の音を特定してからそれを拾うように検出フィルタを設計していたが、一年あるいは複数年にわたる長期録音から特徴的な音を分類し、あとから声の主を同定して、それを抽出する手法が主流になってくるだろう[8]。これまで録音された膨大な海中音データには、まだまだ私たちが気づかなかったいろいろな生物の営みが記録されているに違いない。1993年に上映された「ジュラシックパーク」では、松脂に閉じ込められた蚊が吸った血液から恐竜を再生するフィクションが、鮮明に映像化された。録音データもその時点の海洋生物の行動を閉じ込めるカプセルになっているはず

だ。DNAでは記録がむずかしい短時間でのダイナミックなクジラの動きが、これからいろいろなデータセットから掘り出されると期待している。

引用文献

1) Akamatsu, T., Rasmussen, M. H., Iversen M.: Acoustically invisible feeding blue whales in Northern Icelandic waters, J. Acoust. Soc. Am., 136: 939-944, 2014.

2) Marques, T. A., Thomas, L., Ward, J., DiMarzio, N., Tyack, P. L.: Estimating cetacean population density using fixed passive acoustic sensors: An example with Blainville's beaked whales, J. Acoust. Soc. Am., 125: 1982-1994, 2009.

3) Kimura, S., Akamatsu, T., Li, S., Dong, S., Dong, L., Wang, K., Wang, D., Arai, N.: Density estimation of Yangtze finless porpoises using passive acoustic sensors and automated click train detection, J. Acoust. Soc. Am., 128: 1435-1445, 2010.

4) Kimura, S., Akamatsu, T., Wang, K., Wang, D., Li, S., Dong, S., Arai, N.: Comparison of stationary acoustic monitoring and visual observation of finless porpoises, J. Acoust. Soc. Am., 125: 547-553, 2009.

5) Akamatsu, T., Wang, D., Wang, K., Li, S., Dong, S., Zhao, X., Barlow, J., Stewart, B. S., Richlen, M.: Estimation of the detection probability for Yangtze finless porpoises (*Neophocaena phocaenoides asiaeorientalis*) with a passive acoustic method, J. Acoust. Soc. Am., 123: 4403-4411, 2008.

6) Kimura, S., Akamatsu, T., Li, S., Dong, L., Wang, K., Wang, D., Arai, N.: Seasonal changes in the local distribution of Yangtze finless porpoises related fish presence, Mar. Mamm. Sci., 28(2)308-324, 2012.

7) Akamatsu, T., Ura, T., Sugimatsu, H., Bahl, R., Behera, S., Panda, S., Khan, M., Kar, S. K., Kar, C. S., Kimura, S., Sasaki-Yamamoto, Y.: A multimodal detection model of dolphins to estimate abundance validated by field experiments, J. Acoust. Soc. Am., 134: 2418-2426, 2013.

8) Lin, T. H., Akamatsu, T., Sinniger, F., Harii, S.: Exploring coral reef biodiversity via underwater soundscapes, Biolo. Conserv., 253: 108901, 2021.

第5章 形態計測

坂東武治・中村　玄・磯野岳臣・堀本高矩

1　はじめに

　鯨類や鰭脚類（ききゃく）の外部計測は，多くの種が長年商業捕獲されてきたことから，捕獲個体を対象に積極的に行われてきた。特に基地式，および母船式捕鯨による捕獲対象となったヒゲクジラ類やマッコウクジラなどの大型鯨類においては，これまでに膨大な形態計測が行われ，情報が収集・蓄積されてきた [1,2]。鰭脚類においても同様に多くの情報が収集されている [3,4]。

　形態計測によって得られたデータは，系統分類 [5,6]，性的二形 [7~9]，非対称性 [10]，成長 [11,12]，地理的変異 [13~15]，摂餌生態（せつじ）[16,17] など，さまざまな生物学的事象の理解に役立てられてきた。

　また，形態はその生物の生態を反映することから，生活史の把握や行動特性の研究などにおいても，基礎的な情報として活用されている。

　外部形態の解析においては，計測箇所が多いほど解析精度の向上や，解析方法の選択肢の広がりにつながる。また，計測の精度が各種解析結果に大きな影響を及ぼすことから，正確な計測が求められる。しかし，鯨類や鰭脚類のような大型標本の外部計測を行う場合，通常市販されているような測定機器では長さが不足して測定できない部位が多く，機材や測定方法を工夫し，より正確に測定するよう努める必要がある。

　従来の解析で用いられてきた形態情報は，基準となる2点間の距離の測定値（距離測定法）

Survey and analysis methods for conservation and management of marine mammals (5) : Morphological measurements

Takeharu Bando / Institute of Cetacean Research（一般財団法人日本鯨類研究所）

Gen Nakamura / Tokyo University of Marine Science and Technology（国立大学法人東京海洋大学）

Takeomi Isono / Fisheries Resources Institute, Japan Fisheries Research and Education Agency（国立研究開発法人水産研究・教育機構水産資源研究所）

Takanori Horimoto / Fisheries Research Department, Hokkaido Research Organization（地方独立行政法人北海道立総合研究機構水産研究本部稚内水産試験場）

Abstract : Morphological measurement of cetaceans and pinnipeds are used for various purposes such as taxonomy, stock structure analysis, growth, sexual dimorphism and nutritional condition. This paper summarized method for external and cranial measurement for cetaceans and pinnipeds. Because the size of the target animal greatly differs depend on species, it is important to use measuring equipment suitable for the animal. In addition to traditional "Linear Morphometrics", "Geometric Morphometrics", which uses two or three-dimensional morphometric information, has been developed and enabled comparison of surface outline curve and reproduction of three-dimensional structure of target animals.

Keywords : morphometry, linear morphometrics, geometric morphometrics

であったが，近年では，画像を用いて3次元の形態情報を収集する方法（幾何学的形態測定法）も開発されつつある。本章では，鯨類や鰭脚類について，実際に行われている外部形態の測定方法について解説する。

系統分類などの解析においては，外部形態だけでなく骨格の形態的特徴も有用な情報となる場合が多い。骨格は化石として残るため，進化を辿るうえで極めて有用な形質である。なかでも頭骨は神経系の中枢である脳を収め，視覚，嗅覚，摂餌といった生存に関わる重要な器官が集中している。すなわち，頭骨の形態は対象とする生物の生態を極めて詳細に反映しており，これまでも多くの研究者に着目されてきた。このため本章では，外部形態に加えて，頭骨の計測方法についても解説する。

2 外部形態計測

2.1. 鯨類

水中において，自由に行動している鯨類を保定し，詳細な形態計測を行うことは，一部水族館の小型ハクジラ類などを除けば，ほぼ不可能である。このため鯨類の外部形態を測定できる機会は，漂着個体もしくは漁業や調査により捕獲された場合などに限られる。ただし，漂着個体については，時間の経過とともに体内で発生するガスにより，鯨体が膨張して各部の測定値に影響するため，鮮度の良い状態での測定が望まれる。本項では，南極海及び北西太平洋で行われた鯨類捕獲調査（調査母船を用いて行われる沖合域調査）で実施された計測方法を中心に紹介する。なお，実際の調査における計測の様

子については，中井[18]を参照されたい。

捕獲調査では，目視採集船（キャッチャーボート）が採集した鯨体を調査母船に揚鯨し，甲板上で外部計測を含むさまざまな調査が行われる。調査内容は多岐にわたるが，外部形態に加えて体重の測定も行われる。以前は約20tまで測定可能な巨大な吊り秤を用いていたが，近年は，甲板上に50t程度まで測定可能なトラックスケール（台貫：車の重量を測定する秤）が設置されている（図1）。漂着個体では専用の重量測定機材を準備できない場合が多いが，トラックで搬送する際にトラックスケールを用いたり，クレーンで吊り下げたときの荷重により体重を測定することがある。

外部計測は，計測の各基点が確認でき，鯨体が安定する横倒しの状態で行う（図1上）。計測は通常，体軸に平行な距離から始める。上顎

図1　ニタリクジラ（上）およびキタオットセイ（下）の外部形態計測風景

先端と尾鰭後方に計測用のポールを設置し，体軸と平行にスチールメジャーを張って体長を測定したのち，各計測点までの体軸に平行な距離を測定する（**図2**，③〜⑫）。このときの注意点は，計測基点である上顎先端と，ポール上に実際にメジャーを張る位置が離れているため，ポールを地面から垂直に立てることである。

　鯨体が大型の場合，全体を見わたすことが困難なため，体軸を正確に推定するためには技術と経験が必要である。また，計測者が異なる場合には，計測の基点（例えば上顎先端−噴気孔の距離を測定する場合，噴気孔のどの位置を基点とするかなど）を統一する必要がある。測定者による基点の違いがあれば，計測値に誤差が生じる可能性がある。このため，測定時に具体的な計測の基点や測定方法について記録するとともに，写真撮影などを行って資料を残しておく必要がある。また，標本の状態によっては死後硬直のため，体軸が湾曲する場合があるが，ロープをかけて牽引するなどして，極力体軸が

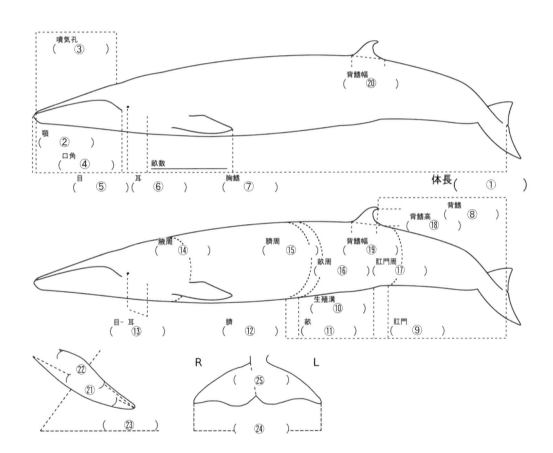

図2　ニタリクジラの外部形態測定部位
　1：体長（上顎先端−尾鰭分岐点），2：下顎先端−上顎先端（上下顎差），3：上顎先端−噴気孔，4：上顎先端−口角，5：上顎先端−目，6：上顎先端−耳，7：上顎先端−胸鰭先端，8：尾鰭分岐点−背鰭先端，9：尾鰭分岐点−肛門，10：尾鰭分岐点−生殖溝，11：尾鰭分岐点−畝後端，12：尾鰭分岐点−臍，13：目−耳，14：周囲長（脇），15：周囲長（臍），16：周囲長（畝後端），17：周囲長（肛門），18：背鰭高，19：背鰭幅，20：背鰭基底幅，21：胸鰭先端−前縁，22：胸鰭先端−後縁，23：胸鰭幅，24：尾鰭長，25：尾鰭幅。

直線となる状態で測定するよう努める。

　体軸に平行な距離の測定に続いて，胸鰭，背鰭，尾鰭，周囲長などさまざまな部位の測定を行う。測定箇所は鯨種により若干異なるが，北西太平洋のイワシクジラやニタリクジラでは25ヵ所である（図2）。胸鰭長や背鰭長など個別に測定するものは，巻尺や折尺，ノギスなど部位に応じて扱いやすい計測器を用いる。周囲長は全周の測定が困難なため，背側と腹側の正中間を半周囲長として測定する。

　漂着個体では，漂着場所までの交通手段など，状況により持参できる計測器が限定される場合が多い。しかし，どのような場合であっても，計測器の使用方法を工夫し，できるかぎり上述に近い状態で計測できるよう努める。小型ハクジラ類についても，体サイズに応じた適切な計測器を用いて，同様の方法により測定を行う。漂着した小型，大型鯨類については，一般的な測定部位を記したストランディング・レコード用紙が公開されている（http://www.icrwhale.org/zasho1.html［アクセス日：2023年2月1日］）。

2.2.　鰭脚類

　鰭脚類は水陸両方を生活圏としており，形態計測は生体，混獲・漂着個体，および捕獲個体のいずれにおいても実施されている。混獲・漂着して死亡した鰭脚類の取り扱いには法的な規制がなく，地方自治体や動物園，水族館，大学機関が個別に対応しているが，形態計測はおおむね統一した方法により行われている。本項では，トドやキタオットセイで実施されている方法を紹介する。

　体重測定は，小型個体の場合は重量物用の大型台秤や人間用の体重計を使用する。大型個体の場合は，担架やロープで保定したうえでクレーンスケールなどを用いる。外部計測は基本的に仰向けの状態で行う。これは鯨類のように背鰭などの突起がなく仰向けでも安定し，計測部位も腹部に集中しているためである（図3）。鯨類同様，死後硬直などで体軸が湾曲する場合があるが，体勢を維持する補助員をおき，極力体軸が直線となる状態で測定する。鰭脚類において，全長・体長とはそれぞれ上顎先端から伸ばした状態での後肢端までと尾端までの長さを指す。測量に用いられるピンポールを，これらの部位に垂直に立て，体軸に対して平行になるようにスチールメジャーをポール間に張って計測する。そのほかの計測部位は，スチールメジャーを張った状態で計測したい部位に別のポールをあてがい，上顎先端からの距離を計測する（図1下）。周囲長は巻尺を用いて測るが，大型個体では鯨類同様，背側と腹側の正中線を基準に半周囲長を測り，参考値とする場合もある。頭部と四肢の計測には折尺を用いる。

　鰭脚類は鯨類と異なり，生体を計測する場合があるが，鰭脚類の多くは陸上でも俊敏に動けるため，外部計測を行う際は安全に十分配慮する必要がある。生体を取り扱う際は，麻酔を用いるのが一般的である。キタオットセイやトドでは，麻酔をかける前に追い板やチョーカー（棒の先端にロープが輪状に巻かれた捕獲用器具）で動きを制限する必要がある[19]。生体の計測は死亡個体と異なり，うつ伏せの状態で行うことが多い。計測項目は死亡個体と基本的に同じであるが，作業場所，あるいは作業時間に制限があり通常の計測が困難な場合は，全長，あるい

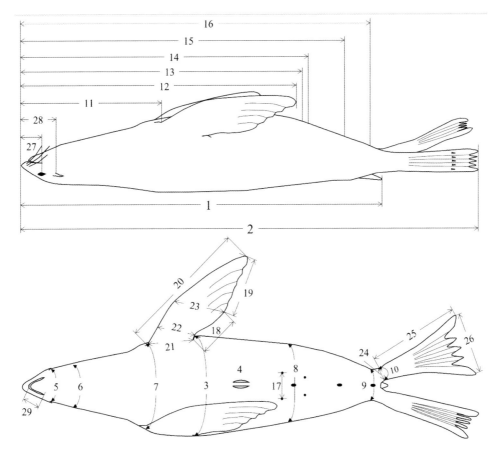

図3　キタオットセイの外部形態測定部位
1：体長（吻端−尾端），2：全長（吻端−後肢端），3：腋下部周囲長（わきの下の位置），4：脂肪厚（剣状突起上），5：頭部周囲長（耳の付け根），6：頸部周囲長（第二頸椎付近），7：肩部周囲長（肩幅のもっとも広い位置），8：臍部周囲長（へその位置），9：肛門部周囲長（肛門の位置），10：後肢周囲長（左後肢の基部），11：吻端−前肢前端長（前肢の付け根まで），12：吻端−前肢端長（前肢の先端まで），13：吻端−乳頭長（頭に近い方の乳頭まで），14：吻端−臍孔長（臍まで），15：吻端−生殖孔長（雌の場合は16と同じ），16：吻端−肛門長（肛門まで），17：乳頭幅（頭に近い方の左右乳頭間），18：前肢後縁長（後ろ側付け根から第五指先端まで），19：前肢端幅（第五指先端から第一指先端まで），20：前肢前縁長（前側付け根から前肢先端まで），21：前肢基底長（付け根幅），22：前肢最小幅（前肢のもっとも細い部分），23：前肢最大幅（前肢のもっとも太い部分），24：後肢幅（後肢のもっとも細い部分），25：後肢長（付け根から先端まで，閉じて計測），26：後肢端幅（開いた状態で第一指先端から第五指先端まで），27：吻端−目中心長（目の中心まで），28：吻端−耳孔長（耳の孔まで），29：口角長（下顎先端−口角まで）。

は体長を優先して計測するとともに，簡便法として吻端から尾部までを背側に巻尺を沿わせた状態で計測しておく（カーブドレングス）。死亡個体に対しても同様の計測を行っておくことで，カーブドレングスから実際のサイズを復元することが可能になる。

3.1.　鯨類

鯨類もそのほかの哺乳類も頭骨形態の比較を行うための解析手法に大差はない。しかし，鯨類の頭骨を計測する際，鯨類特有の障害にぶつ

かることがある。それは標本の大きさと骨の特性である。ハンドウイルカなどの小型鯨類であれば、頭骨の大きさは60cm程度であり、馬や牛の頭骨とさほど異ならない。ところが、ヒゲクジラ類やマッコウクジラなどの大型鯨類となると陸上哺乳類とは比較にならない大きさになる。世界最大の動物であるシロナガスクジラは頭骨の長さだけでも6m近くあり、人力では動かすこともままならない。また、鯨類とほかの哺乳類の骨の違いの1つとして、内部構造があげられる。水中生活により重力から解放された鯨類の骨は多孔質であり、きわめて脆い。少しの衝撃や、経年変化などにより容易に破損してしまうため、計測や観察時には標本が破損しないよう、十分留意する必要がある。

対象生物の頭骨形状を定量的に評価するための方法は、距離測定法（Linear Morphometrics）と、幾何学的測定法（Geometric Morphometrics）の2つに大別される。以下にこれら2つの手法を簡単に紹介し、鯨類の頭骨形態計測を行う際の工夫を解説する。

3.1.1. 距離測定法

この方法では、2点間の距離をノギスやメジャーなどの計測機器を用いて測定する。頭骨の長さだけでなく、頭骨を構成する骨格のさまざまな部位の長さを計測することで、それらの絶対値もしくはプロポーション（比率）を記載、比較する。この方法は伝統的測定法とも呼ばれ、古くから種の記載[20, 21]や、種間比較[22]などに用いられてきた。鯨類の骨学研究のように古い論文が多い分野では、距離測定法に基づいた計測を行うことで、過去の論文と比較をすることができる。また、プロポーションを比較することにより、成長に伴う変化や雌雄での頭骨形状比較などを行うことも可能である[12, 23, 24]。

距離測定法によるデータを得るためにノギスもしくはメジャーを用いるが、一般的に販売されているノギスでは最大でも1m程度の対象物しか計測ができない。計測箇所の多くが1mを超えるような鯨類では、人体の計測に用いられてきた人体計測器（Anthropometer）が用いられる（図4）。人体計測器は、一般的なノギスと

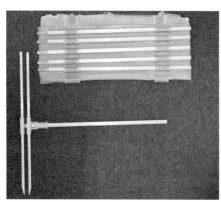

図4　人体計測器（左）とミンククジラ頭骨の計測（右）
大型鯨類の骨格計測には人体計測器を用いる。対象の大きさに合わせ計測器を連結することで大型の標本も計測が可能となる。

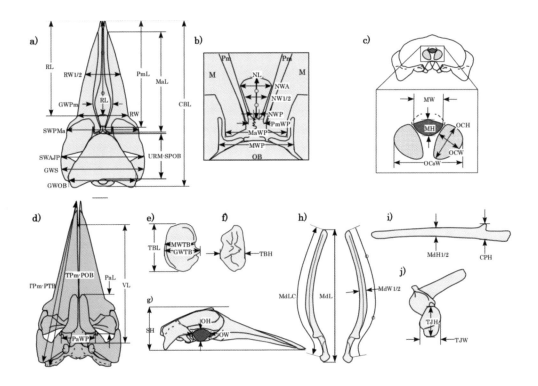

図5　ミンククジラの頭骨計測部位

a）頭骨背面，b）鼻骨周辺，c）頭骨後面，d）頭骨腹面，e，f）鼓室骨，g）頭骨側面，h〜j）下顎骨。
CBL：頭骨長，CPH：筋突起高さ，GWOB：後頭骨最大幅，GWPm：前上顎骨最大幅，GWS：頭骨最大幅，GWTB：鼓室骨最大幅，MaL：上顎骨長，MaWP：上顎骨後端幅，MdH1/2：下顎骨長（外縁）中点における高さ，MdL：下顎骨長，MdLC：下顎骨長（外縁），MdW1/2：下顎骨長（外縁）中点における幅，MH：大孔高さ，MW：大孔幅，MWP：頭頂骨最小幅，MWTB：鼓室骨最小幅，NL：鼻骨長，NW1/2：鼻骨長中点における鼻骨幅，NWA：鼻骨前端幅，NWP：鼻骨後端幅，OCH：後頭顆高さ，OCsW：左右の後頭顆幅，OCW：後頭顆幅，OH：眼窩高さ，OW：眼窩幅，PaL：口蓋骨長，PaWP：口蓋骨後端幅，PmL：前上顎骨長，PmWP：前上顎骨後端幅，RL：吻長，RW：吻基部幅，RW1/2：吻長中点における吻幅，SH：頭骨高さ，SWAJP：鱗状骨上の頭骨最大幅，SWPMa：上顎骨外縁後端幅，TBH：鼓室骨厚さ，TBL：鼓室骨長，TJH：関節顆高さ，TJW：関節顆幅，TPm-POB：前上顎骨先端−後頭骨後端，TPm−PTB：前上顎骨先端−鱗状骨後端，URM−SPOB：大孔上縁−後頭骨上縁，VL：鋤骨長。

異なり，ジョウ（ノギスの顎部分）を取りはずしたり，前後のジョウの長さを個別に調整したりすることができる。また，目盛りが書かれている本体の部分を継ぎ合わせることで，大きな対象物を測定することが可能である。しかし，この人体計測器も一般的なものは2m程度までしか計測することができないため，5mまで計測できるようなサイズを特注で作成して計測を行う場合がある。このような大型のノギスを用いて，

頭骨だけでも100ヵ所近い部位を計測している。ヒゲクジラ類の頭骨計測はOmura[20]，ハクジラ類はPerrin[23] に記載されている計測部位が基準として用いられることが多い。一例としてミンククジラの頭骨計測部位を図5に示した。

3.1.2.　幾何学的測定法

この手法は，幾何学の理論を用いて形状を数値化するものである。比較的新しい手法であり，

1990年代後半から徐々に形態研究に用いられるようになった。距離測定法に比べると，先行研究との比較ができないこと，実際の大きさの記載をするには不向きであるなどの欠点があるが，距離測定法では不可能な輪郭などの曲線データの比較や視覚的再現などが可能である[25]。

解析に用いるデータは，スチールカメラ（2次元データ），または3次元測定機（3次元データ）によって得る。スチールカメラでデータを収集する際は，頭骨の配置とカメラの位置の関係が個体間で統一されるよう留意する必要がある。3次元測定機で小型ハクジラ類の計測を行う際は，アーム型ポータブル3次元デジタイザが用いられる場合が多い。これはアームの先にセンサーがついた測定機であり，あらかじめ定めたランドマーク（測定点）の3次元座標を取得するものである。3次元測定機の技術革新は日進月歩であり，現在，理論上，対象物の大きさが無制限の製品も出ているが，多くの機器はアームの長さにより対象物の最大サイズが制限される。そこで，作業場所，対象サイズの制約が比較的少ない非接触型の3次元スキャナを用い，対象標本の表面を3次元データ化している。この方法は，上述の3次元測定機より多くのデー

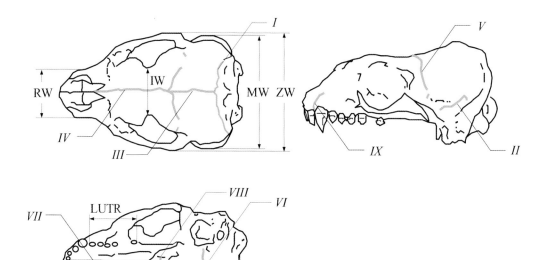

図6　鰭脚類の縫合指数観察部位(I〜IX)および頭蓋骨計測部位の例

I：occipito-parietal ラムダ縫合，II：squamoso-parietal 鱗状縫合，III：interparietal 矢状縫合，IV：interfrontal 前頭間縫合，V：coronal 冠状縫合，VI：basioccipito-basispehnoid 蝶後頭軟骨結合，VII：maxillary 正中口蓋縫合，VIII：basisphenoid–presphenoid 蝶間軟骨結合，IX：premaxillary-maxillary 上顎切歯縫合（Sivertsen[31] 改変）。

CBL：Condylobasal length 頭蓋基底長，LUTR：Length of upper tooth row 上顎歯列長，RW：Rostral width 吻幅，IW：Interorbital width 眼窩間幅，MW：Mastoid width 乳様突起間幅，ZW：Zygomatic width 頬骨弓幅（Scheffer[34] およびCommittee on Marine Mammals[35] を参考にした）。

タ容量を必要とするものの，標本形状のすべてを計測できるため，より汎用性の高いデータの取得が可能である。また，標本の表面形状をデジタル化することで，大きさや法律により移動が制限されることの多い鯨類頭骨の情報をデータベース化することが可能となる。今後，技術が進歩し，このようなスキャナが普及すれば，世界に散らばっている鯨類の骨格標本をデジタルデータとして一括管理し，各国の研究者がより簡単に研究に利用することも可能となるだろう。

3.2. 鰭脚類

近年，アシカ科では頭蓋骨の形態学的な研究に基づき[26]，トドは1種 *Eumetopias jubatus* から2亜種（*E. j. jubatus*，および *E. j. monteriensis*）へ，ニホンアシカはカリフォルニアアシカ *Zalophus c. carifornianus* の1亜種と分類されていたが，別種 *Z. japonicus* と判断されるようになり[27, 28]，形態学的研究の重要性が再認識されている。

国内でみられる鰭脚類の頭骨サイズは，もっとも大きいトドの雄成獣（成熟雄）で40cm程度であり，大型鯨類でみられるようなサイズによる計測の困難さはない。ただし，ハーレムを形成するアシカ科では，闘争・ディスプレイ行動に関わる筋停止部の発達が著しく[29]，雄成獣において頑強で大型な骨格を呈している。計測の際には，雌成獣（成熟雌）および雌雄の幼獣（仔）で用いた測定機器のほか，雄成獣に特化した大型の測定機器を別途必要とすることがある。

3.2.1. 年齢査定実施の有無

形態比較では，成獣（成熟個体）のみを抽出して個体群間で比較する場合（地理的変異など[14]）と，成長段階を含めて比較する場合（成長など[11, 30]）があり，年齢査定結果，およびその精度の把握が重要となる場合が多い。年齢査定が十分に行われていない場合，厳密さには欠けるが，成長に伴う縫合線の癒合・閉鎖状態を観察することで，発育段階の把握や成獣（成熟）個体の抽出を行うことができる[31]。上顎骨9ヵ所の縫合線（図6，I～IX）を観察し，閉鎖の程度を4段階（1：全開，2：半分以上開いている，3：半分以上閉じている，4：完全に閉鎖している）に分けてスコア化する[31]。縫合指数に対する頭蓋基底長（図6，CBL）などの成長曲線を描き，成獣（成熟個体）の抽出などを行う[11]。

3.2.2. 距離測定法

頭蓋骨の形態計測には，鯨類と同様，距離測定法と幾何学的測定法の2つがある。幾何学的測定法は，鰭脚類でまだ研究事例が少ないため（例えば，Oliveira[32, 33]），以下に距離測定法について述べる。

計測は通常M（モーゼル）型とよばれるノギスを用いて行い，機器により0.01～0.05mmを最小計測単位とする。計測部位は，通常先行研究[31, 34, 35]を参考とし，30～40箇所程度を設定する。図6に代表的な計測部位6箇所（RW，IW，MW，ZW，LUTR，CBL）を示した。実際の計測では，骨形状の個体差により，計測点の判断や決断を迷うことがある。例えば，計測点の一端を"突起部の先端"と定義しても，その形状が台形のように平らになっていたり，先

端部が窪んでいたり，著しく偏っていたり，さまざまな“先端”がみられるためである。自分なりに定義を固めながら計測を進める必要があり，その都度，どのように判断して対処したかを記録することが望ましい。曖昧な計測は，次項に記す計測誤差を発生させる要因となる。

4　計測誤差とその扱い

　特定の形質を繰り返し計測した際，計測結果にばらつきが生じる。これは計測誤差と呼ばれ，集団における標本間のばらつきと比較して論じられる[36, 37]。計測誤差が生じる要因として，計測基質の柔軟性[37]，計測機器の低い精密性，計測者の経験不足，計測点の不十分な定義，複数の計測者による計測[37]，同一計測者が繰り返し計測する際のわずかな条件や感覚の違い[38]などがあげられる。大きな計測誤差を伴ったままの分析は，第二種の過誤（「有意差がある」のに「有意差がない」とする誤り）を引き起こす可能性がある[39]。また，異なった計測者によって各標本集団の計測を行った場合などは，逆に第一種の過誤（「有意差がない」のに「有意差がある」とする誤り）を引き起こす可能性もある[40]。前者の過誤に対し，外部形態など骨組織と比べて柔軟な基質の計測を行う場合，2回の計測を行い，その平均値を用いることが推奨される場合がある[39]。また，頭骨計測を行う前に特定個体について計測を繰り返し行い，誤差が一定の範囲内であることを確認したのちに本計測を行うことも有効である[11]。後者の過誤の対策としては，計測者間の誤差を考慮し，単独での計測を行った例がある[13, 41]。なお，計測

誤差は，鰭脚類や鯨類などの中〜大型哺乳類よりも，げっ歯類などの小型哺乳類において，その影響は多く議論されている[37, 40, 42, 43]。これは，計測部位のサイズが増加すると測定誤差の占める割合は減少する傾向にあり，分析への影響が少ないためと考えられる[44]。とはいえ，計測誤差の評価を行ったうえで，結果の判断と解釈を下すことが重要という意見[38, 42]に間違いはない。

5　その他の形態計測

　鯨類では，これまで述べてきたような外部形態や骨格形態だけでなく，体色も同種内で変異があり，亜種や系群などを識別する手がかりとなる事例が知られている[45~47]。例えば，ナガスクジラ科鯨類の最小種であるミンククジラは，胸鰭に本種固有の白斑を有しており，この白斑の範囲，形状が亜種，そして系群間で異なるということが明らかになっている[48]。また，このような模様の比較分析には，距離測定法や幾何学的形態測定に加えて，パターン分けも有効である。パターン分けを行う際は，事前に明確な判別基準を作り，それに基づき判別することで，解析者の主観が入ることを軽減できる。

　鰭脚類では，雄の性成熟状態を調べるために，精巣組織の切片を顕微鏡下で観察する手法が用いられてきた。この手法は，高い精度で個体の性成熟状態を把握できる一方，分析工程が煩雑な点や腐敗した試料では，分析ができない点が課題である。そこで，現在注目されているのが，雄の陰茎内にある陰茎骨である。陰茎骨は，トドでは新生仔期から発達がみられ，成長に伴って伸長・肥大化する[49]。また，試料の採

集と保存，計測も容易であることから，キタオットセイでは陰茎骨の計測値を精巣組織の観察結果と照合し，性成熟状態を簡易的に推定する手法が開発されている[53]。

　鯨類の生体に対する外部計測の試みとして，従来，水中写真や航空機撮影による推定が行われてきた[50, 51]。これらの手法では，撮影時の距離や角度の問題から体長以外の測定が困難であり，得られる測定値の精度も高くはなかったが，近年になって，自立型無人航空機（unmanned aerial vehicle：UAV）を用いた研究手法が開発されつつある[52]。シロナガスクジラやセミクジラなど，外洋性の希少種で漂着事例がほとんどなく，外部計測の機会が少ない種に対しては，特に有効な手法であり，機材の開発とともに測定精度の向上が期待される。

6 おわりに

　外部形態や頭骨形態はさまざまな解析に用いられているが，鯨類や鰭脚類などの大型の哺乳類では，これまで述べてきたような多くの要因により，正確な測定が困難な場合が多い。また，体長に対する各部位の比率は，成長段階や性別によって異なる場合があるため，結果の解釈には十分な注意が必要である。しかしながら，これらの要因に対処して解析を行えば，分類や系群判別，成長解析などのさまざまな分野で形態計測は有効な解析ツールとなりうる。また，近年，新たな測定手法（幾何学的測定）が発達したことにより，測定者間の誤差を軽減することも可能となりつつある。体長や体重をはじめとする形態計測で得られる情報は，各種解析の

基礎として用いられる重要な情報である。古くて新しい技術である形態計測の有効性が再認識され，より幅広い研究分野に貢献することを期待している。

引用文献

1)　Mackintosh N. A. and Wheeler J. F. G.: Southern blue and fin whales. Discovery Reports, 1: 259-540, 1929.

2)　Clarke R.: Sperm whales of the Azores. Discovery Reports, 28: 237-298, 1956.

3)　McLaren A. I.: Growth in pinnipeds. Biol., Rev., 68: 1-79, 1993.

4)　Kuzin, A. E.: The Northern fur seal. Russian marine mammal council, Moscow, 1999, 395 pp.

5)　Brunner S.: Fur seals and sea lions（Otariidae）: Identification of species and taxonomic review. System. Bilodivers., 1: 339-439, 2003.

6)　Debey L. B. and Pyenson N. D.: Osteological correlates and phylogenetic analysis of deep diving in living and extinct pinnipeds: What good are big eyes? Mar. Mamm. Sci., 29: 48-83, 2013.

7)　Oliveira L. R., Hingst-Zaher E. and Morgante J. S.: Size and shape sexual dimorphism in the skull of the southern American fur seal, *Arctocephalus australis*（Zimmermann, 1783）（Carnivora: Otariidae）. Lat. Am. Aquat. Mamm., 4: 27-40, 2005.

8)　Tarnawski B. A., Cassini G. H. and Flores D. A.: Skull allometry and sexual dimorphism in the ontogeny of the southern elephant seal（*Mirounga leonina*）. Can. J. Zool., 92: 19-31, 2014.

9)　Nakamura G., Zenitani R. and Kato H.: Relative growth of the sperm whale, *Physeter macrocephalus*, with a note of sexual dimorphism. Mammal Study, 38: 177-186, 2013.

10) Hoelzel A. R., Fleischer R. C., Campagna C., Le Boeuf B. J. and Alvord G.: Impact of a population bottleneck on symmetry and genetic diversity in the northern elephant seal. J. Evol. Biol., 15: 567-575, 2002.

11) Brunner S.: Skull development and growth in the southern fur seals *Arctocephalus forsteri* and *A. pusillus doriferus*（Carnivora: Otariidae）. Aust. J. Zool., 46: 43-66, 1998.

12) Nakamura G. and Kato H.: Developmental changes in the skull morphology of common minke whales *Balaenoptera acutorostrata*. J. Morphol., 275: 1113-1121, 2014.

13) Amano M. Hayano A. and Miyazaki N.: Geographic variation in the skull of the ringed seal, *Pusa hispida*. J. Mammal., 83: 370-380, 2002.

14) Brunner S.：Geographic variation in skull morphology of adult Steller sea lions（*Eumetopias Jubatus*）. Mar. Mamm. Sci., 18: 206-222, 2002.

15) 中村　玄, 加藤秀弘: 日本沿岸域に近年（1990-2005年）出現したコククジラ*Eschrichtius robustus* の骨学的特徴，特に頭骨形状から見た北太平洋西部系群と東部系群交流の可能性. 哺乳類科学, 54: 73-88, 2014.

16) Goldbogen J. A., Potvin J. and Shadwick R. E.: Skull and buccal cavity allometry increase mass-specific engulfment capacity in fin whales. Proc. R. Soc. Lond. Ser. B-Biol. Sci., 277: 861-8, 2010.

17) Tamura T. and Konishi K.: Feeding habits and prey consumption of Antarctic minke whale（*Balaenoptera bonaerensis*）in the Southern Ocean. J. Northwest Atl. Fish. Sci., 42: 13-25, 2009.

18) 中井和佳: 船上のクジラ調査−プロポーション計測と体重測定−. 鯨研通信, 459: 10-18. 2013.

19) Gentry R. L. and Holt J. R.: Equipment and techniques for handling northern fur seals. NOAA Technical Report NMFS SSRF-758, US Department of Commerce, 1982, 15 pp.

20) Omura H.: Osteological study of the little piked whale from the coast of Japan. Sci. Rep. Whales Res. Inst., 12: 1-21, 1957.

21) Omura H., Ichihara T. and Kasuya T.: Osteology of pygmy blue whale with additional information on external and other characteristics. Sci. Rep. Whales Res. Inst., 22: 1-27, 1970.

22) Perrin W. F., Dolar M. L. and Ortega E.: Osteological comparison of Bryde's whales from the Philippines with specimens from other regions. Rep. Int. Whal. Commn, 46: 409-413, 1996.

23) Perrin W. F.: Variation of spotted and spinner porpoise（genus *Stenella*）in the eastern Pacific and Hawaii. Bull. Scripps Inst. Oceanogr., 21: 1-206, 1975.

24) Kurihara N. and Oda S.: Effects of size on the skull shape of the bottlenose dolphin（*Tursiops truncatus*）. Mammal Study, 34: 19-32, 2009.

25) Zelditch M. L., Swiderski D. L. and Sheets H. D.: Geometric morphometrics for biologists, Second edition: A primer. Academic Press. 2012, 488 pp.

26) Phillips C. D., Bickham J. W., Patton J. C. and Gelatt T. S.: Systematics of Steller sea lions（*Eumetopias jubatus*）: subspecies recognition based on concordance of genetics and morphometrics. Museum of Texas Tech University Occasional Papers, 283: 1-15. 2009.

27) Committee on Taxonomy: List of marine mammal species and subspecies. Society for marine mammalogy, 2012.（https://www.marinemammalscience.org/species-information/list-marine-mammal-species-subspecies/, consulted on 28 Sep. 2016）

28) Wozencraft W. C.: A Taxonomic and geographic reference *In*: mammal species of the world（eds. Wilson, D. E. & Reeder, D. M.）, Jhons Hopkins University Press, 2005, pp. 532-628.

29) Isono T.: Development of the external morphology, skull and canines of the Steller sea lion. Bios. Cons., 1: 149-160, 1998.

30) Amano M., Miyazaki N. and Petrov E.: Age determination and growth of baikal seals（*Phoca sibirica*）. Adv. Ecol. Res., 31: 449-462, 2000.

31) Sivertsen E.: A survey of the eared seals (family Otariidae) with remarks on the Antarctic seals collected by M/K"Norvegia" in 1928-1929. Det Norske Videnskaps - Akademii Oslo. Scientific results of the Norwegian Antarctic expeditions 1927-1928 (et seq.), 1954, 74 pp.

32) Oliveira L. R., Hingst-Zaher E. and Morgante J. S.: Size and shape sexual dimorphism in the skull of the southern American fur seal, *Arctocephalus australis* (Zimmermann, 1783) (Carnivora: Otariidae). Lat. Am. J. Aquat. Mamm., 4: 27-40, 2005.

33) Oliveira L. R., Hoffman I. J., Hingst-Zaher E., Majluf P., Muelbert C. M. M., Morgante J. S. and William A.: Morphological and genetic evidence for two evolutionarily significant units (ESUs) in the south American fur seal, *Arctocephalus australis*. Conserv. Genet., 9: 1451-1466, 2008.

34) Scheffer V. B.: Seals, sea lions and walruses, California, Stanford University Press, 1958, 179 pp.

35) Committee on Marine Mammals 1966-67: Standard measurement of seals. J. Mammal., 48: 459-462, 1967.

36) Bailey R. C. and Byrnes J.: New, old method for assessing measurement error in both univariate and multivariate morphometric studies. Syst. Zool., 39: 124-130, 1990.

37) Yezerinac S. M., Lougheed S. C. and Handford P.: Measurement error and morphometric studies: statistical power and observer experience. Syst. Zool., 41: 471-482, 1992.

38) 佐倉　朔, 溝口優司: 頭骨計測における誤差. 人類学雑誌, 91: 69-78, 1983.

39) Blackwell G. L., Bassett S. M. and Dickman C. R.: Measurement error associated with external measurements commonly used in small-mammal studies. J. Mammal., 87: 216-223, 2006.

40) Palmeirim J. M.: Analysis of skull measurements and measurers: Can we use data obtained by various observers? J. Mammal., 79: 1021-1028, 1998.

41) Nakagawa E.: 2010. Skull morphology and genetic variation of the Kuril harbor seal (*Phoca vitulina stejnegeri*) and the Spotted seal (*Phoca largha*) around Hokkaido, Japan. Doctoral Thesis, Hokkaido University, 2010, 86 pp.

42) Lougheed S. C., Arnord T. W. and Bailey R. C.: Measurement error of external and skeletal variables in birds and its effect on principal components. Auk, 108: 432-436, 1991.

43) Pankakoski E. Väisänen R. A. and Nurmi K.: Variability of muskrat skulls: measurement error, environmental modification and size allometry. Syst. Zool., 36: 35-51, 1987.

44) Muñoz-Muñoz F. and Perpiñan D.: Measurement error in morphometric studies: comparison between manual and computerized method. Ann. Zool. Fenn., 47: 46-56, 2010.

45) Amano M. and Hayano A.: Intermingling of dalli-type Dall's porpoises into a wintering truei-type population off Japan: implication from color patterns. Mar. Mamm. Sci., 23: 1-14, 2007.

46) Pitman L. R., Durban W. J., Greenfelder M., Guinet C., Jorgensen M., Olson A. P., Plana C., Tixier P. and Towers R. J.: Observations of a distinctive morphotype of killer whale (*Orcinus orca*), type D, from subantarctic waters. Polar Biol., 34: 303-306, 2010.

47) Jefferson A. T. and Wang Y. J.: Revision of the taxonomy of finless porpoises (genus *Neophocaena*): The existence of two species. J. Mar. Anim. Ecol., 4: 3-16, 2011.

48) Nakamura G., Kadowaki I., Nagatsuka S., Hayashi R., Kanda N., Goto M., Pastene L. A. and Kato H.: White patch on the fore-flipper of common minke whale, as potential morphological index to identify stocks. Open J. Anim. Sci., 6: 116-122, 2015.

49) Miller E. H., Pitcher K. W. and Loughlin T. R.: Bacular size, growth, and allometry in the largest extant otariid, the Steller sea lion (*Eumetopias jubatus*). J. Mammal., 81: 134-144, 2000.

50）　Hirakawa Y., Horimoto T., Suzuki I. and Mitani Y.: Estimation of Sexual Maturity Based on Morphometrics of Genital Organs in Male Northern Fur Seals, Callorhinus ursinus. Mammal Study, 46: 41-51, 2020.

51）　Sumich J. L. and Show I. T.: Offshore migratory corridors and aerial photogrammetric body length comparisons of southbound gray whales, *Eschrichtius robustus*, in the Southern California Bight, 1988-1990. Mar. Fish. Review, 73: 28-34, 2011.

52）　Durban J. W., Moore M. J., Chiang G., Hickmott L. S., Bocconcelli A., Howes G., Bahamonde P. A., Perryman W. L. and LeRoi D. J.: Photogrammetry of blue whales with an unmanned hexacopter. Mar. Mamm. Sci., doi: 10.1111/mms.12328, 2016.

53）　Pack A. A., Herman L. M., Spitz S. S., Hakala S., Deakos M. H. and Herman E. Y. K.: Male humpback whales in the Hawaiian breeding grounds preferentially associate with larger females. Anim. Behav., 77: 653-662, 2009.

古くて新しい
大型鯨類骨格形態研究の今

中村　玄

東京海洋大学

　生物の種を区別し，その類縁関係を研究する分類学において，対象種の形態，生態，遺伝情報は欠かすことができない。このうち遺伝学，特に分子学的な手法は1990年代以降急速に発展した。そのため近年の分類学では生態，形態によって定義された系統関係を遺伝学的手法に基づき再検討することが多い。ところが，ナガスクジラやザトウクジラなどの大型鯨類では遺伝，生態の知見は比較的蓄積されている一方，重要な分類形質である頭骨標本が少なく，形態学的知見の乏しさが課題となっている。

　標本数が少ない主な理由に対象物の大きさがある。タヌキやシカなどの中・大型の哺乳類であれば肉，皮，内臓などを取り除く粗解剖ののち，鍋や恒温槽を用いて加熱処理することで，骨に付着している肉を除去し，早ければ数日で骨格標本を作ることができる。しかし，大型鯨類となるとそうはいかない。粗解剖だけでも多くの人員を動員し，パワーショベルやウィンチなどの動力を使って一日がかりの作業となる。クジラの骨を入れられる大きさの鍋や恒温槽はまず無いため，骨格標本を作るには数十m四方の穴を掘り，その中に数年間骨を埋めなくてはならない。また，いくら大きな博物館でもクジラのように大きな標本を無尽蔵に収蔵することはできないため，骨格標本にするか否かはその科学的な重要性，希少性をもとに決められる。そのためネズミなど小型哺乳類の標本を千個体単位で収蔵しているような比較的大きな博物館であっても，大型鯨類の収蔵標本数は一種類当たり一桁未満であることが多い。

　形態研究は標本がないことには始まらない。そこで研究者は標本を求めて全国各地，時には世界各国の博物館を行脚することになる。筆者はかつて南半球に生息しているドワーフミンククジラの骨格標本を求めて，南米のアルゼンチンを訪れたことがある。延べ一週間，南北3,000kmに点在している博物館や研究所を歴訪したものの，計測できたのは6個体，そのうち研究に使える成体はわずか2個体に過ぎなかった。

　筆者は博士後期課程在籍中に，これまで大型鯨類の頭骨形態研究で用いられていた十倍以上となる115

個体のミンククジラ頭骨の計測データを用いて，成長様式の解明および近縁種との頭骨形態比較をテーマとして研究を行った[1]。わずか3年間でこれだけのデータを得られた理由は，鯨類捕獲調査に参加できたこと，そしてこれまでの手法にとらわれないデータの取り方をしたためである。

鯨類捕獲調査は国際捕鯨取締条約（ICRW）第8条に基づき，日本政府が発給した許可のもと実施され，筆者が標本採集をおこなった第二期北西太平洋鯨類捕獲調査（JARPNII）の沿岸域調査は三陸，釧路を拠点として年間120個体を上限としてミンククジラを捕獲していた。本来，骨格計測は数年間土中に埋設し，白骨化させた骨格標本を対象におこなう。しかし，これでは博士課程の3年間が骨格の採集と埋設だけで終わってしまう。そこで筆者は埋設するのではなく，頭骨に付着している肉をその場で徹底的に取り除き，計測することにした。

日本の捕鯨では利用できる部位を限りなく利用するため，頭骨からもあらかた肉が落とされている。それでも骨の表面は薄い肉や繊維で覆われているため，この状態では計測ができない。そこで，ナイフやバイスプライヤーといった道具を使いながら，自分と同じくらいの大きさの頭骨にかじりつき，数時間かけて肉を取り除いた。

本来であれば，研究に用いた標本はその再現のため，また未来の研究試料として保管されるべきものである。しかし，残念ながら100個体以上の頭骨を埋める場所もなければ保管する場所もない。そこで，さまざまな角度から写真を撮り，50箇所近い部位の計測をしたのち，廃棄せざるをえなかった骨格のデジタルデータを残すこととした。

2010年頃から3Dスキャナや3Dデジタイザと呼ばれる機械を使い，対象物の形態を3次元座標に変換したデータを用いた研究報告が目立ってきた（例えばGalatius, 2010[2]など）。この手法では従来の2点間の距離を測る"距離測定法"では困難であった曲線や凹凸などの形態も評価可能となった。筆者も2014年から3Dスキャナを導入し，廃棄せざるを得ない標本に

ついてもできる限りスキャンデータを残してきた。3Dスキャナはあくまで対象物の表面形状しか記録できないため，スキャンすれば実物の標本が不要となるわけではないが，これまでに比べ格段に多い情報が得られるようになった（図1）。

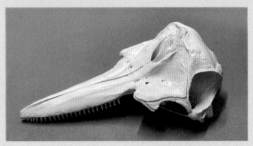

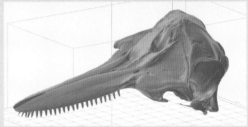

図1　ハンドウイルカ頭骨の写真（上）および3Dスキャナーで取得した同一個体の3Dデータの例。

鯨類はワシントン条約（CITES：絶滅のおそれのある野生動植物の種の国際取引に関する条約）により国際取引が規制されているため，研究用途であっても国外に標本を持ち出すには，複雑な手続きを要する。しかし，デジタルデータになればインターネット経由で容易に共有ができるため，これまでのように国内外の施設を行脚し，観察，計測しなくても済む。既に多くの博物館がデジタルアーカイブの一つとして標本の3Dデータ化を進めている。将来的にはこれらのデータを世界的に集約し，教育，研究に広く活用されるデータベースの構築が期待される。小型種も含むと毎年国内だけでも300個体近くの鯨類が海岸に漂着しているが，その多くは埋却または焼却処理されている。3Dスキャナを用いてこれらの個体の形態情報をデジタルデータとして残していけば，標本と同等とまではいかないまでも，少なからず科学的資料を蓄積でき

るだろう。大きさという物理的な課題を克服できる3D技術は大型鯨類の形態研究への親和性が高く，今後さらに発展していくと考えている。

引用文献

1) 中村　玄. 北太平洋産ミンククジラ頭骨に関する基礎的研究およびミンククジラCladeの骨学的比較分析. 東京海洋大学 海洋科学技術研究科 応用環境システム学専攻 博士論文, 2012, 148pp.

2) Galatius, A.: Paedomorphosis in two small species of toothed whales (Odontoceti): how and why? Biol. J. Linn. Soc., 99:278-295, 2010

第6章 年齢査定

前田ひかり・磯野岳臣

1 はじめに

　海棲哺乳類の年齢は，生理生態研究や個体群動態研究において重要な基礎情報である。個体群の動向を把握するためには性成熟年齢，年齢組成，死亡率などの生物学的特性値が不可欠であり，年齢は重要な位置を占めている。このため，海棲哺乳類の年齢を知るために，これまでさまざまな調査研究が行われてきた。本章では，耳垢栓や歯牙を年齢形質に用いた年齢査定法について，鯨類と鰭脚類の別に解説する。また，近年になり研究が進捗している，化学的手法（アスパラギン酸ラセミ化分析とDNAメチル化分析）による年齢査定法についても紹介する。

2 生物組織標本を用いた年齢査定手法

2.1. 鯨類

　鯨類の体の中で年齢の指標となる形質としては，体の傷跡，脊椎骨の化骨状況，卵巣中の黄白体数，下顎や鼓室骨に形成される層などが知られており[1]，ヒゲクジラ類，特にクロミンククジラではヒゲ板に認められる出生欠刻が消失していない若齢個体において，ヒゲ板は有用な年齢形質とされている[2]。しかしながら，これらの部位はいずれも補助的な年齢形質であり，現在のところ，ヒゲクジラ類においては耳垢栓，ハクジラ類においては歯が絶対年齢の指標となるもっとも有用な年齢形質とされている。ほかの手法として，標識（自然もしくは人工）を用いて個体識別し，長期的な観察から個体の年齢

Survey and analysis methods for conservation and management of marine mammals (6): Age determination

Hikari Maeda / Fisheries Resources Institute, Japan Fisheries Research and Education Agency（国立研究開発法人水産研究・教育機構水産資源研究所）

Takeomi Isono / Fisheries Resources Institute, Japan Fisheries Research and Education Agency（国立研究開発法人水産研究・教育機構水産資源研究所）

Abstract : Age is one of the important life history parameters in population assessment models. To obtain age data, it is important to find characters that represent age of an individual. This paper summarizes traditional age determination methods using age characters such as earplugs for baleen whales and, tooth for toothed whales and pinniped. Age determination based on chemical methods (aspartic acid racemization and DNA methylation) are also described. In the future studies, calibrations among different methods should be tested to obtain more reliable age of marine mammals.

Keywords : age determination, earplug, tooth, aspartic acid, DNA methylation

を調べる手法[3,4]がある。この手法は，個体の年齢を得るまでに数年から十数年かかり，鯨類では継続的に観察可能な種が限定される。本手法に関しては第2章も参照されたい。

2.1.1. ヒゲクジラ類

耳垢栓はPurves[5]により年齢形質として初めて検討され，それ以後ヒゲクジラ類，特にナガスクジラ科において耳垢栓に関する研究が盛んに行われ，現在でも，ヒゲクジラ類では耳垢栓が絶対年齢を得ることのできる有用な年齢形質として利用されている。

鯨類の耳は目の後方に位置し，耳介がなく，耳孔と呼ばれる小さな穴があいている。外耳道は表皮直下で一度閉鎖したのち，再び開口しているため，外耳道内に蓄積した耳垢栓は，終生外に出ることがない。耳垢栓はコアと呼ばれる中心部とアウターカバリングと呼ばれる外覆部から構成されている（図1）。コアはグローブフィンガーと呼ばれる組織の上皮細胞が剥離して角質化することで，栓状に外耳道内に蓄積されていく。耳垢栓先端部のアウターカバリングとコアの境目付近には，生まれたときに形成される出生線が認められる（図1）。コアには木の年輪のような縞が形成されており，明帯と呼ばれる層は索餌期に，暗帯と呼ばれる層は繁殖期に形成される（図1）。この明帯と暗帯の一対を成長層と呼ぶ。多くのヒゲクジラ類は，低緯度海域の繁殖場（冬場）と高緯度海域の索餌場（夏場）をほぼ1年周期で回遊することから，このような生活サイクルが反映された成長層が形成されると考えられている。耳垢栓の年齢形質としての妥当性を調べるために，成長層数とほかの年

齢の指標とされている体長との関係[6~8]や，ヒゲ板に表れる年齢周期との関係[6,9]，卵巣内の黄白体数との関係[7]などとの比較研究が行われた。過去には成長層の形成が1年に1層なのか2層なのかという議論がなされ，ナガスクジラを用いた標識再捕法による研究[9]や組織学的観察を含む成長層形成様式の季節変化の解析[10]，ザトウクジラの長期観察個体と耳垢栓成長層の比較[4]，ミンククジラ萌芽層の季節的変化[11]などの研究から，現在は，耳垢栓を用いて年齢査定を行う多くの鯨種において1年に1層成長層が形成されると考えられている。耳垢栓の成長層を蛍光X線により元素分析を行ったところ，カルシウム濃度が明帯で高く，暗帯で低い傾向を示し，成長層の形成とカルシウム量変動の関連性が示唆されている[12,13]。

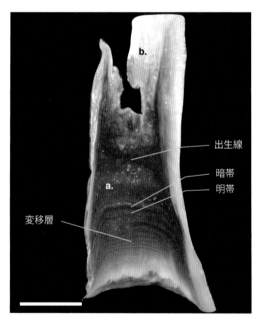

図1　ミンククジラの耳垢栓切片
　　　a：コア（成長層が形成される），b：アウターカバリング，スケールバー：5mm。

耳垢栓の成長層からわかるのは，その個体の年齢だけではない。Lockyer[14] は，ナガスクジラ耳垢栓を用いて不規則な層が未成熟期に，規則的な層が成熟期に形成されることを確かめ，成長層が急激に変化する層をtransition phase（変移層）と名づけた（図1）。この変移層時点の年齢は性成熟年齢を示すことが知られている。

耳垢栓は，種によって軟質のため破損しやすく，採集が難しい場合がある。一般的には鼓室骨の外側の位置から外耳道周辺の結締組織を剥いだのち，外耳道を露出させ，外耳道膜を切り開き（図2），ピンセットを用いて直接耳垢栓をつまみ，グローブフィンガーとともに採集する。耳垢栓が軟質で，特にアウターカバリングが未発達な若齢個体においては，採集時にゼラチンを注入し，包埋してから採集する方法を用いることで破損を防ぎ，年齢査定率を向上させることがミンククジラで報告されている[13]。耳垢栓

の大きさ・形状は外耳道の幅や長さに依存しているため，種により異なる。採集した耳垢栓は10％ホルマリン溶液で固定・保存し，その後，年齢査定用に切片作成処理を行う。耳垢栓の長軸に沿って扁平面を浅くメスでカットし，成長層が明瞭に現れるまで砥石で丁寧に研磨する。このとき，出生線が形成されている先端部分を研磨しすぎないよう十分注意する必要がある。先端部分はグローブフィンガーに付着している萌芽層側よりも厚みが薄くなっており，力の入れ具合によって年齢査定の起点となる出生線が消失してしまう可能性がある。作成した切片を水を張ったシャーレに入れて，双眼実体顕微鏡で観察・計数する。採集したすべての耳垢栓で年齢査定ができるとは限らず，破損や成長層の形成状況によって査定が困難なものもある。成長層の形成状況や年齢査定が可能な個体の割合は，鯨種や性成熟状態によって異なる。例えば，一般的に性的未成熟個体の耳垢栓は軟質で成長層が不規則・不明瞭なものが多く，年齢査定が可能な個体の割合は性的成熟個体よりも低くなる[14~17]。

耳垢栓から得られた年齢データは，対象鯨類の生物学的特性値推定など，生活史に関わる研究に使用されるほか，長期的に蓄積した年齢データは統計的年齢別捕獲頭数解析（Statistical catch-at-age analysis：SCAA）などのモデルを用いた個体群評価に活用される[18]。このように，長期的に蓄積された年齢データを扱う場合，時代により査定者が異なることが多く，年代を通じて，同質のデータが得られているかどうかといった年齢査定者間の年齢査定誤差の検討が必要となる。例えば，経験の浅い査定者は，十

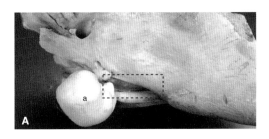

図2　A：鼓室骨を含む外耳道周辺の頭骨，B：外耳道内部の様子（点線囲み部分に相当）
　　　a：鼓室骨，b：グローブフィンガー，c：耳垢栓。

分に経験を積んだ査定者よりも成長層数を少なく読む傾向がある[19]。また，同一の査定者でも経験が浅い時期に読んだ査定値と，経験を積んだのちに読んだ査定値は異なる（トレーニング効果）など，査定者間および査定者内の誤差評価を考慮することは，長期的な年齢データを扱う場合に重要となる[17, 20]。

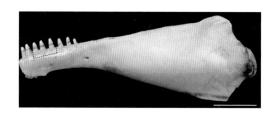

図3　コビレゴンドウの下顎骨と下顎歯
　　スケールバー：10 cm，点線部分：歯列中央付近から年齢査定用の歯を採集するのが望ましい。

2.1.2.　ハクジラ類

　ハクジラ類の年齢形質としては，歯がもっとも有用とされており，出生時から周期的に成長層が形成されることを利用して年齢査定が行われている。ハクジラ類は，不換性および単根で同形歯性の歯をもつ（図3）。歯はほかの哺乳類と同様にエナメル質，象牙質，セメント質から構成され，基本的に歯の先端はエナメル質で覆われ，主軸に象牙質，その外側にセメント質が蓄積していく（図4）。各要素には，それぞれの成長に伴い，周期的に生理状態の変化が反映された層が形成されている。年齢査定は，象牙質とセメント質に形成される成長層を利用して行われることが多いが，鯨種や雌雄，性状態により歯の本数，形状，大きさ，歯の構成はさまざまで，年齢査定に適した部位や処理方法が異なる。

　成長層蓄積率について，Sergeant[30]はハンドウイルカの年齢既知個体を用いて，象牙質に形成される成長層の周期性は，1年に1層であることを確認した。飼育個体にテトラサイクリンを投与し，時刻描記から周期性[22~25]を検討する研究や，水爆実験の放射性炭素を用いた研究[26]，成長層の季節変化や標識採捕法を用いた研究[27]，年齢形質間における比較[28~30]な

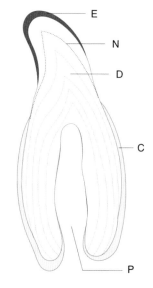

図4　基本的な鯨類の歯の構造模式図（コビレゴンドウを例として）
　　E：エナメル質，N：出生線，D：象牙質，C：セメント質，P：歯髄腔。

ど，成長層の周期性について，さまざまな手法で検討され，現在，多くのハクジラ類において，成長層は1年に1層形成されると考えられている。

　英語で成長層をgrowth layer groupsと呼ぶように，特に象牙質に形成される成長層の年周期の中には細かい層が何本も見える。1年の層の中には不規則な偽輪や，種によって月周輪といった細かな層も含まれるため，年齢査定時には年

周期の判定に注意が必要となる。年周期に含まれる細かな層の周期は，個体の生活サイクルを反映したもので，個体群によって異なり，ネズミイルカでは，歯の無機物異常などを含めた成長層形成パターンが系群を識別するのに有効であることが報告されている[31]。

　マッコウクジラの場合，年齢査定はエナメルが消失していない上顎の痕跡歯（歯茎の中に埋もれており，萌出することはない）が，年齢査定に適している。本種は生涯を通じて歯根が閉じることがなく，象牙質が歯の内側に蓄積し続けることから，年齢査定は象牙質に形成される成長層が用いられる。一方，マイルカ科やネズミイルカ科は，成長に伴い象牙質は歯髄腔の内壁に沿って内側に蓄積し，セメント質は象牙質の外側に向かって蓄積していくが，高齢個体では歯根が閉じ象牙質の形成が停止するため，終生蓄積を続けるセメント質と併用し，年齢査定が行われる。コビレゴンドウの場合，25歳ごろから象牙質の形成が停止した個体が出現し，40歳を超えるとほとんどすべての個体で象牙質の形成が停止する[32]。ツチクジラの場合，下顎先端の第一歯が年齢査定に用いられるが，象牙質に含まれる骨象牙質の発達が著しく，生後1〜2年で歯髄腔内に形成が始まり，早い段階で歯髄腔を埋めてしまうため，内部に成長層を確認することができない。一方，セメント質は歯頸部から歯根にかけて根尖孔を覆うように形成される[33]ため，本種の年齢査定はセメント質が用いられる。

　歯の特徴に応じて，年齢査定のための標本処理方法は異なるが，ここではマイルカ科鯨類の歯を例に紹介したい。歯の先端から歯根部まで

歯の中心を通る薄切切片を作成するために，なるべくまっすぐな歯を採集することが好ましい。上顎歯は下顎歯に比べて湾曲していることが多いため，避けたほうがよい。下顎骨ごとノコギリや株切りハサミで採集し，歯列中央付近（図3）から3本以上を含むように下顎骨から抜歯する。抜歯にはタガネやハンマー，ナイフ，歯科用エレベータを使用するが，セメント質に傷をつけないよう十分に注意する必要がある。時間はかかるが，採集した下顎骨を腐食させて下顎歯を採集するという方法もある。その後，低速のダイアモンドソー（Isomet low speed saw）を用い，抜歯した歯の先端から歯根を通る面を歯の中心から少しずらして半割する。半割した歯は，5%蟻酸もしくは10%塩酸を用い，歯の大きさや溶液に合わせて適切な時間で脱灰する。脱灰した歯は十分に流水洗浄したのちに，凍結ミクロトームで10〜40μmの薄切切片にし，マイヤーのヘマトキシリンにて30分染色後，流水洗浄にて

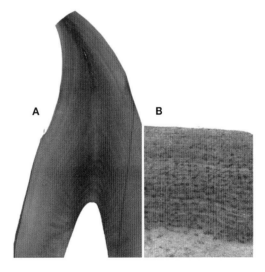

図5　脱灰・薄切・染色を経たコビレゴンドウの歯切片
厚さ28μm。A：象牙質に形成された成長層，B：セメント質に形成された成長層。

色出し，アンモニア水で中和・流水洗浄，純アルコールによる脱水を経て，ユーパーラールなどの封入剤を用いて封入する（図5）。多岐にわたる鯨種の歯，およびその切片作成・年齢査定法については，粕谷[34~36]，木白[33] に詳しく紹介されているので，そちらを参照されたい。

2.2. 鰭脚類

鰭脚類の年齢査定法は，さまざまな部位で検討されており，体色および体長，頭骨における縫合線の癒合と閉鎖[37]，鼓室胞に出現する成長層，爪，歯牙歯根部外部に出現する稜，および内部に出現する成長層などがあげられる。これらのうち，1950年ごろから歯牙を用いた年齢査定が盛んに行われている。特に，アシカ科のキタオットセイにおいて，パップ時に標識づけを行ったことで大量の年齢既知個体を得ることができ，これら歯牙を用いた方法が確立した[38]。歯牙に現れる成長層数と鼓室胞，および爪に出現する成長層数とは関連しているとの報告があるものの，もっとも信頼できる年齢形質は歯牙と結論づけられている[39]。

年齢査定を行う永久歯の多くは出生時から乳歯の下の歯槽中に存在し，象牙質に出生時の細い線（出生線）が見られる[40]。この出生線は，象牙質成長線カウントの最初の基準線として使われる。歯牙の歯根部は加齢とともに伸長し，象牙質は歯髄腔を埋めるように，セメント質は歯根部表面を覆うように蓄積する。成長線は象牙質，およびセメント質のどちらにも現れ[41]，生活史に関連した摂餌量の季節変化が関係している。つまり，繁殖期（春から初夏）は陸上もしくは海氷上で過ごすため摂餌頻度が少ない一方，摂餌期（秋から冬）は海中における摂餌量が増加し，成長および石灰化の密度の差となって現れる。

これら成長線は，象牙質では歯髄腔が閉鎖する時期に蓄積が止まり，セメント質では生涯蓄積を継続する点が特徴的である。例えば，トドの犬歯の場合，雄で15〜16歳，雌で11〜12歳ごろに歯髄腔は閉鎖し[42]，これに近い年齢段階で象牙質蓄積の停滞がみられる。このため，歯髄腔の閉鎖した高齢個体の年齢査定では，象牙質よりもセメント質を用いることが一般的である[43]。

歯髄腔が閉鎖する年齢は，同一個体でも歯によっても異なる。鰭脚類の年齢査定では，犬歯，および頬歯（鰭脚類では小臼歯・大臼歯をまとめて頬歯 postcanine，もしくは cheekteeth と呼ぶ）[44] がよく用いられる。犬歯は頬歯に比べてサイズが大きく，歯髄腔の閉鎖する年齢も遅い。このため，象牙質成長線の観察には犬歯がよく用いられている。一方，頬歯は歯髄腔の閉鎖する年齢が早く象牙質の観察には向かないが，その蓄積量の多さからセメント質の観察に適している。それぞれ長所と短所があるため，対象種の先行研究などを参考に用いる歯，および象牙質／セメント質をよく検討する必要がある。例えば，歯髄腔閉鎖を理由に象牙質を用いるべきではないという意見[43] や，歯髄腔閉鎖までは象牙質を用いた年齢査定がより正確であるという意見[45] などがある。トドの年齢査定の場合，Oosthuizen[45] の結果を重要視して犬歯を用いており，歯髄腔閉鎖の近くなる10歳ごろまでは象牙質を，それ以降はセメント質を観察している。

切片の準備方法は，脱灰したのちに薄切し，

染色切片を作成することが精度向上につながるとされる[46]。染色切片の作成は，国内において八谷・大泰司[47]の方法がよく用いられる。鰭脚類においても，湾曲している歯牙よりもまっすぐな形状の歯を用いることが望ましい。犬歯は上顎よりも下顎のほうが湾曲しているため，通常，上顎犬歯を用いる。犬歯の抜歯は上顎骨の一部を壊す必要のある場合がある。壊すことによって，吻幅などの代表的な部位の頭蓋計測ができなくなる場合は，必要に応じて先に計測を実施する。頬歯の抜歯は比較的容易であり，歯槽を壊すことなく得られる。歯牙はダイアモンドソーなどを用いて，歯髄腔を中心に矢状方向に2～3mmの厚さに切り出す。その後，脱灰液に2昼夜，中和液に1昼夜浸漬したのち，水洗を1晩行う。薄切は凍結ミクロトームを用いて50μmの厚さで行い，デラフィールドのヘマトキシリンを用いて染色を行う。染色時間はスライドグラスに貼り付ける前の切片であれば15分程度，スライドグラスに添付した状態であれば30分程度である。染色後，塩酸アルコールによる弁色，水洗を行い，アルコールによる脱水とキシレンによる透徹を行い，キシレンを混ぜたビオライトにて封入する。

歯牙を用いた年齢査定法は，その方法が確立されて以来，鰭脚類研究で広く用いられてきた一方，正確度（accuracy），および精度（precision）に関する研究は非常に少ない。正確度は，実際の真の年齢にどれだけ近いかを示す尺度であり，精度は，同一個体を複数回査定した場合のばらつきの尺度である。これらの研究が少ないのは，ほかの野生動物と同様，年齢既知個体を得るのが難しいことに起因してい

る。キタオットセイのほか，ニュージーランドオットセイやハイイロアザラシにタグや焼印などで標識づけを行うことにより，年齢既知個体を得て，正確度の評価が行われた。ニュージーランドオットセイでは第一頬歯セメント質を用いて77.3％（22頭中17頭）が実年齢と合致し[57]，ハイイロアザラシでは犬歯セメント質を用いて5回の成長線の計数を行った結果，1回の計数で84％，3回の計数で93％，5回で94％が実年齢と合致した[49]。正確度には査定者の経験が影響すると考えられ，特に高齢個体の年齢査定において差が出やすい[50]。経験の少ない査定者は，年齢既知個体を用いた成長線数の確認トレーニングや，日々の精度の推移を観察し，査定結果のばらつきが少なくなったことを確認してから査定に参加するなどの方法が有効である。

3 化学的手法

3.1. ラセミ化分析

近年，海棲哺乳類の新たな年齢推定法として，眼球水晶体中のアスパラギン酸ラセミ化を用いた手法が報告されている。ラセミ化とは，アスパラギン酸L体がD体に変化することを指し，年齢に伴い水晶体内にアスパラギン酸D体が蓄積，増加し，D/L比が年齢と正の相関を示すことを利用した年齢推定法である。1970年代に初めてヒトにおけるラセミ化と年齢の関係について報告され[51~53]，1980年代に入り初めて鯨類においてナガスクジラの水晶体ラセミ化と年齢の関係について報告された[54]。2000年代以降，このナガスクジラのD/L比を用いて，耳垢栓や

歯牙を用いた年齢査定が難しい種に対しても，年齢査定が試みられるようになった[55, 56]。しかしながら，種によりD/L比が異なることから，2010年以降では，同一種で得られた年齢データとラセミ化の比較研究が進み，ナガスクジラ[57]，タテゴトアザラシ[58]，ネズミイルカ[57]，ホッキョククジラ[59]，ミンククジラ[60]，クロミンククジラ[61]で年齢推定モデルを構築した研究が報告されている。

年齢推定用に採集した水晶体は，−80℃にて保存し，血液などが混入しないよう洗浄し，水晶体の中心核を取り出す。緩衝液を加えてホモジネート（組織をすりつぶし細胞を破壊した懸濁液を作成）後，加水分解処理を行う。ラセミ化は熱によって反応が進む特性をもつため，分析過程，特にホモジネート時と加水分解時に反応が進む可能性や，分析日や室温によっても検出精度に差が出るといった問題がある。このほか，前処理段階で血液などの体液が混入してしまうとD/L値が低下するとの報告もあり[59]，より確実なD/L値を得るためには，サンプリングや前処理，分析プロセスの標準手法の確立が課題となっている。分析手法や精度の問題はいまだあるものの，特定の鯨種において，年齢とラセミ化の関係はすでにモデル化されており，将来的に年齢推定法の手法の1つとして，従来の年齢推定法では査定できない個体の年齢情報を補完するために利用できる可能性が考えられる。

3.2. DNAメチル化分析

哺乳類のDNAメチル化とは，CpG塩基配列中のC（シトシン）5位の炭素についている水素が，メチル基に置き換わる現象を指し，この現象はCpG塩基配列のシトシンのみに限られ，酵素のはたらきでDNAが複製されたあともメチル化が持続する[62]。近年，ヒトやマウスで研究が進捗し，メチル化異常と発がんの関係などの予防医学の分野，初期発生など再生医療の分野で特に研究が進捗している。DNAメチル化を用いた年齢推定法については，ヒトの法医学分野において，加齢と関連のあるCpG領域の探索[63, 64]や，年齢と関連のある2,957 CpG領域から年齢推定に使用可能な領域の検討[65]

表1　各年齢査定手法の比較

手法	生物学的手法			化学的手法	
	耳垢栓	歯牙	自然標識	眼球水晶体内アスパラギン酸ラセミ化	DNAメチル化
対象	ヒゲクジラ類ナガスクジラ科コククジラ科	ハクジラ類鰭脚類	鯨類鰭脚類	鯨類鰭脚類	鯨類鰭脚類
長所	絶対年齢が得られる。これまでの研究例や蓄積データが豊富。	絶対年齢が得られる。これまでの研究例や蓄積データが豊富。	絶対年齢が得られる。	分析した個体については，必ず分析値が得られる。	わずかな皮膚片から分析値が得られる。
短所	査定者間・査定者内にて年齢査定誤差が生じる。種や試料によって査定できない場合がある。	査定者間・査定者内にて年齢査定誤差が生じる。種によって歯の特徴が異なるため注意が必要。	個体の年齢を得るまでに数年から十数年かかる。鯨類では継続的に観察可能な種が限定される。	年齢と分析値のキャリブレーション，分析誤差の検討や分析プロセスの標準手法確立が課題。	手法自体が新しく研究例が少ない。年齢査定手法としてまだ確立されていないためさまざまな角度から検証が必要。

が進められている。鯨類では，Polanowski *et al.*[4] が長期個体識別を行ったザトウクジラの表皮サンプルを用いてDNAメチル化分析による年齢推定法について検討し，一部のゲノムターゲット領域で年齢と正の相関がみられたと報告した。DNAメチル化は一般的に環境要因に左右され，スイッチが入ったり切れたりするような可逆性の特性をもち，必ずしも一定の時間軸でメチル化が進むものではないと考えられる。そのため，年齢と相関のあるメチル化領域を見つけたとしても，個体差や環境要因の影響について十分慎重に検討する必要がある。本手法は現時点で確立されたものではないが，将来的に1つの手法として利用できる可能性がある。現在までのところ事例はないが，本手法は鰭脚類にも適用できると考えられる。

4　おわりに

　耳垢栓や歯牙を対象にした年齢査定研究には長い歴史があり，年齢形質としての有用性は非常に高い。その年齢査定法は特殊な設備を必要とせず，蓄積データの豊富さという点ですぐれた方法である一方で，査定に熟練を要すること，査定者間，および査定者内で誤差が生じること，試料の性状によっては査定できないものが一定の割合で存在するという問題を抱えている。これまで海棲哺乳類の年齢査定法は，耳垢栓や歯牙の成長層計数に大きく依存してきたが，今後は，並行して化学的手法を用いた定量的な年齢査定法をより多くの種に適用・確立していくことが期待される（**表1**）。将来的には，より多くの個体から信頼性の高い年齢データを得るため

に，生物学的・化学的手法を併用した統合的な年齢査定法の構築が望まれる。

引用文献

1）　大隅清治: 鯨類の年齢査定. 日水誌, 33: 788-798, 1967.

2）　銭谷亮子, 加藤秀弘: クロミンククジラにおけるクジラヒゲの成長, 特に外縁先端部に出現する欠刻について. 日水誌, 76: 870-876, 2010.

3）　Gabriele M. C., Lockyer C., Straley M. J., Jurasz M. C. and Kato H.: Sighting history of a naturally marked humpback whale（*Megaptera novaeangliae*）suggests ear plug growth layer groups are deposited annually. Mar. Mam. Sci., 26: 443-450, 2010.

4）　Polanowski A. M., Robbins J., Chandler D. and Jarman N. S.: Epigenetic estimation of age in humpback whales. Mol. Ecol. Resour., 14: 976-987, 2014.

5）　Purves P. E.: The wax plug in the external auditory meatus of the mysticeti. Discovery Rep., 27: 293-302, 1955.

6）　Nishiwaki M.: Age characteristics of ear plugs of whales. Sci. Rep. Whales Res. Inst., 12: 23-32, 1957.

7）　Nishiwaki M., Ichihara T. and Ohsumi S.: Age studies of fin whales based on ear plug. Rep. Int. Whal. Commn., 13: 155-169, 1958.

8）　Ichihara T.: Formation mechanism of ear plug in baleen whales in relation to glove-finger. Sci. Rep. Whales Res. Inst., 14: 107-135, 1959.

9）　Ohsumi S.: Examination on age determination of the fin whales. Sci. Rep. Whales Res. Inst., 18: 49-88, 1964.

10）　Roe H. S. J.: Seasonal formation of laminae in the ear plug of the fin whale. Discovery Rep., 35: 1-30, 1967.

11)　Maeda H. and Kato H. Seasonal changes in the earplug germinal layers of North Pacific common minke whales. Cetacean Population Studies, 3: 246-251, 2021.

12)　濱田典明, 山崎素直, 戸田昭三, 藤瀬良弘, 銭谷亮子:ミンククジラ耳垢栓の蛍光X線分析. 第38年会分析化学学会公演要旨集, 25-26. 1989.

13)　Maeda H., Kawamoto T. and Kato H.: A study on the improvement of age estimation in common minke whales using the method of gelatinized extraction of earplug. NAMMCO Scientific Publications, 10: 1-17, 2013.

14)　Lockyer C.: Maturity of the southern fin whale (Balaenoptera physalus) using annual layer counts in the ear plug. Joutnsl du Condril, 34:276-294, 1972.

15)　銭谷亮子, 加藤秀弘: 耳垢栓を用いたヒゲクジラ類の年齢査定技術 南半球産ミンククジラを例として. In: 鯨類生態学読本(加藤秀弘, 大隅清治 編), 生物研究社, 東京, 2006, pp. 95-101.

16)　Bando T., Maeda H., Ishikawa Y., Kishiro T. and Kato H.: Preliminary report on progress in earplug-based age determination of sei whales collected during 2002 to 2013 JARPN surveys. IWC/SC JARPNII special permit expert panel review workshop, Paper SC/F16/JR55, 2016.

17)　Maeda H., Bando T., Kishiro T., Kitakado T. and Kato H.: Basic information of earplugs as age character of common minke whales in western North Pacific. IWC/SC JARPNII special permit expert panel review workshop, Paper SC/F16/JR53, 2016.

18)　Kitakado T. and Maeda, H.: Fitting to catch-at-age data for North Pacific common minke whales in the Pacific side of Japan. IWC/SC JARPNII special permit expert panel review workshop, Paper SC/F16/JR43, 2016.

19)　Kato H., Zenitani R. and Nakamura T.: Inter-reader calibration in age reading of earplugs from southern minke whales, with some notes on age readability. Rep. int. whale. commn., 41: 339-43, 1991.

20)　Kitakado T., Lockyer C. and Punt E. A.: A statistical model for quantifying age reading errors and its application to the Antarctic Minke whales. J. Cetacean Res. Manage., 13: 181-190, 2013.

21)　Sergeant D. E.: Age determination in odontocete whales from dentinal growth layers. Norsk Hvalfangsttidende, 3: 273-288, 1959.

22)　Best P. B.: Tetracycline marking and the rate of growth layer formation in the teeth of a dolphin (Lagenorhynchus obscures). South Africa J. Sci., 72: 216-218, 1976.

23)　Gurevich V. S., Stewart B. S. and Cornell L. H.: The use of tetracycline in age determination of common dolphins, Delphinus delphis. Rep. Int. Whal. Commn, Special Issue 3: 165-169, 1980.

24)　Perrin W. F. and Myrick A. C. Jr.: Age determination in toothed whales and Sirenians. Rep. Int. Whal. Commn., Special Issue 3: 1-229, 1980.

25)　Myrick A. C. Jr., Shallenberger E. W., Kang I. and MacKay D. B.: Calibration of dental layers in seven captive Hawaiian spinner dolphins, Stenella longirostris, based on tetracycline labeling. Fishery Bulletin, 82: 207-225, 1984.

26)　Stewart R. E. A., Campana S. E., Jones C. M., and Stewart B. E.: Bomb radiocarbon dating calibrates beluga (Delphinapterus leucas) age estimates. Canadian Journal of Zoology, 84: 1840-1852, 2006.

27)　Ohsumi S., Kasuya T. and Nishiwaki M.: The accumulateon rate of dentinal growth layers in the maxillary tooth of the sperm whale. Sci. Rep. Whales Res. Inst., 17: 15-35, 1963.

28)　Nishiwaki M., Hibiya T. and Ohsumi S.: Age determination of sperm whale based on reading tooth laminations. Sci. Rep. Whales. Res. Inst., 13: 135-153, 1958.

29)　Hohn A. A., Scott M. D., Wells R. S., Sweeney J. C., and Irvine A. B.: Growth layers in teeth from free-ranging, known-age bottlenose dolphins. Marine Mammal Science, 5: 315-342, 1989.

30) Lockyer H. C.: A report on patterns of deposition of dentine and cement in teeth of pilot whales, genus Globicephala. Rep. int. Whal. Commn., Special Issue 14: 137-161, 1993.

31) Lockyer C.: Application of a new method to investigate population structure in the harbor porpoise, Phocoena phocoena, with special reference to the North and Baltic Seas. J. Cetacean Res. Manage., 1: 297-304, 1999.

32) 粕谷俊雄: イルカ小型鯨類の保全生物学. 東京大学出版会, 東京, 2011, 640 pp.

33) 木白俊哉: ハクジラ類の年齢査定. *In*: 鯨類生態学読本(加藤秀弘, 大隅清治 編), 生物研究社, 東京, 2006, pp. 89-94.

34) 粕谷俊雄: 鯨類の歯と年齢査定 (I). 実験と科学, 4: 39-45, 1983.

35) 粕谷俊雄: 鯨類の歯と年齢査定 (II). 実験と科学, 5:47-53, 1983.

36) 粕谷俊雄: 鯨類の歯と年齢査定 (III). 実験と科学, 6: 55-62, 1983.

37) Sivertsen E.: A survey of the eared seals (family Otariidae) with remarks on the antarctic seals collected by M/K'Norvegia'in 1928-1929. Det. Norske Videns. Akad. Oslo. 36: 5-76, pls. 10, figs. 46, 1954.

38) Scheffer V. B.: Growth layers on the teeth of pinnipedia as an indication of age. Science, 112: 309-311, 1950.

39) Laws R. M.: Age determination of pinnipeds with special reference to growth layers in the teeth. Zeitschrift für Säugetierkd, 27: 129-146, 1962.

40) Klevezal G.: Recording structures of Mammals: determination of age and reconstruction of life history. Cornell University Press, 1996, 240 pp.

41) Mansfield A. W. and Fisher H. D.: Age determination in the Harbour seal. *Phoca vitulina* L. Nature, 186: 92-93, 1960.

42) Fiscus, C. H.: Growth in the Steller Sea Lion. J. Mammal., 42: 218-223, 1961.

43) Hohn A. A.: Age estimation. *In*: Encyclopedia of Marine Mammals (William, F. P., W. Bernd and J. G. M. Thewissen eds.), Academic Press, 2008, pp. 11-17.

44) King J. E.: Seals of the world. Cornell University Press, 1983, 240 pp.

45) Oosthuizen W. H.: Evaluation of an effective method to estimate age of Cape fur seals using ground tooth sections. Mar. Mammal Sci., 13, 683-693, 1997.

46) Dietz R., Heide-Jørgensen M. P., Härkönen T., Teilmann J. and Valentin N.: Age determination of Europian harbour seal, Phoca vitulina L. Sarsia, 76: 17-21, 1991.

47) 八谷　昇, 大泰司紀之: 骨格標本作製法. 北海道大学図書刊行会, 札幌. 1994, 129 pp.

48) McKenzie J., Page B., Shaughnessy P. D. and Hindell M. A.: Age and Reproductive Maturity of New Zealand Fur Seals (*Arctocephalus forsteri*) in Southern Australia. J. Mammal., 88: 639-648, 2007.

49) Mansfield A. W.: Accuracy of age determination in the Grey seal *Halichoerus grypus* of eastern Canada. Mar. Mammal Sci., 7: 44-49, 1991.

50) Frie A. K., Fagerheim K.-A., Hammill M. O., Kapel F. O., Lockyer C., Stenson G. B., Rosing-Asvid A. and Svetochev V.: Error patterns in age estimation of harp seals (*Pagophilus groenlandicus*) : results from a transatlantic, image-based, blind-reading experiment using known-age teeth. ICES J. Mar. Sci., 68: 1942-1953, 2011.

51) Bada J. L. and Pritsch R.: Racemization reaction of aspartic Acid and its use in dating fossil bones. Proc. Natl. Acad. Sci., 70: 1331-1334, 1973.

52) Masters P. M. and Bada J. L.: Racemization of isoleucine in fossil mollusks from Indian middens and interglacial terraces in southern California. Earth and Planetary Science Letters, 37: 173-183, 1977.

53） Bada J. L.: In vivo racemization in mammalian proteins. Posttranslational Modifications, Methods in Enzymology, 106: 98-115, 1984.

54） Nerini M. K.: Age determination of fin whales (*Balaenoptera physalus*) based upon aspartic acid racemization in the lens nucleus. Report of the International Whaling Commission 34: 447-448, 1983.

55） George J. C., Bada J., Zeh L., Scott S., Brown T., O'Hara M. and Suydam R.: Age and growth estimated of bowhead whales (*Balaena mysticetus*) using ovarian corpora counts. Canadian Journal of Zoology, 89: 840-852, 1999.

56） Garde E., Heide-Jørgensen M. P., Hansen S. H., Nachman G. and Forchammer M. C.: Age-specific growth and remarkable longevity in narwhals (*Monodon monoceros*) from West Greenland as estimated by aspartic acid racemization. Journal of Mammalogy, 88: 49-58, 2007.

57） Nielsen H. N., Garde E., Heide-Jorgensen P. M., Lockyer H. C., Olafs-Dotter S. and Hansen H. S. Application of novel method for age estimation of a baleen whale and a porpoise. Mar. Mamm. Sci., 29: E1-E23, 2012.

58） Garde E., Frie A. K., Dunshea G., Hansen S. H., Kovacs K. M. and Lydersen C.: Harp seal ageing techniques - teeth, aspartic acid racemization, and telomere sequence analysis. Journal of Mammalogy, 91: 1365-1374, 2010.

59） Rosa C., Zeh J., George J., Botta O., Zauscher M. and O'Hara M. T.: Age estimates based on aspartic acid racemization for bowhead whales (*Balaena mysticetus*) Harvested in 1998−2000 and the relationship between racemization rate and body temperature. Mar. Mam. Sci., 29: 424-445, 2013.

60） Olsen E. and Sunde J.: Age determination of minke whales (*Balaenoptera acutorostrata*) using the aspartic acid racemization technique. Sarsia, 87: 1-8, 2010.

61） Yasunaga G., Bando T. and Fujise Y.: Preliminary estimation of the age of Antarctic minke whales based on aspartic acid racemization. IWC/SC JARPII special permit expert panel review workshop, Paper SC/F14/J12, 2014.

62） 下田修義: 哺乳動物の加齢に伴うDNAメチル化の変動. 基礎老化研究, 35: 27-37, 2011.

63） Yi S. H., Xu L. C., Mei K., Yang R. Z. and Huang D. X.: Isolation and identify of age-related DNA methylateon markers for forensic age-prediction. Forensic Science International Genetics, 11: 117-125, 2014.

64） Weidner C. I., Lin Q., Koch C. M., Eisele L., Beier F., Ziegler P., Bauerschlag, O. D., Jockel, K. H., Erbel, R., Muhleisen, T. W., Zenke, M., Brummendorf, T. H. and Wagner, W.: Aging of blood can be tracked by DNA methylation changes at just three CpG sites. Genome. Biol., 15: 2-24, 2014.

65） Xu C., Qu H., Wang G., Xie B., Shi Y., Yang Y., Zhao Z., Hu L., Fang X., Yan J. and Feng L.: A novel strategy for forensic age prediction by DNA methylation and support vector regression model. Sci. Rep., 5: 17788, 2015.

エピジェネティクスを用いた研究
〜鯨類の年齢推定を例として〜

前田ひかり

水産研究・教育機構
水産資源研究所

近年，エピジェネティクスという言葉をよく耳にするようになった。エピジェネティクスとは，DNAの配列に変化を起こさないで遺伝子の機能を調節する仕組みのことを言い，発生，老化，がんなどさまざまな生命事象と関わっており，特にヒトの医療の分野で研究が進んでいる[1]。DNAメチル化はエピジェネティクスの主要な制御機構のひとつであり，DNAメチル化を用いた年齢推定法については第6章でも取り上げた。DNAメチル化に関する研究の進捗は目覚ましく，本コラムでは近年報告されたDNAメチル化を用いた鯨類の年齢推定に関する研究事例を中心に紹介したい。

鯨類では，Polanowski *et al.* [2]が長期の個体識別で年齢がわかっているザトウクジラの表皮サンプルを用いてDNAメチル化解析による年齢推定法について初めて検討し，年齢と相関のある三つの遺伝子領域（TET2，GRIA2，CDKN2A）を特定した。以後，これらの遺伝子領域を用いて，ハンドウイルカ[3]，クロミンククジラ[4]，ナガスクジラ[5]でもDNAメチル化を用いた年齢推定法に関する研究が行われ，ザトウクジラ以外のこれらの種においても同様の遺伝子領域でDNAメチル化頻度と年齢との相関が認められた（ただし，種により年齢と相関のあるCpGサイトは異なることが指摘されている[4]）。各遺伝子領域で調べたCpGサイトは合計で20サイト未満，そのうち年齢推定モデルに使用するサイトは多くて3つであった。一方，Robeck *et al.* [6]はこれらの手法とは異なり，マイクロアレイを用いゲノムワイド的なアプローチであらゆるハクジラの年齢を推定できるDNAメチル化年齢推定モデルの構築を行なった。この研究では年齢既知のハクジラ類9種（シャチ，コビレゴンドウ，シロイルカ，カマイルカ，マイルカ，シワハイルカ，ハンドウイルカ，イロワケイルカ，ネズミイルカ）から表皮および血液サンプルを採取し，Illumina社のマイクロアレイのカスタムチップを用いて網羅的に約36,000個のCpGサイトのメチル化頻度を測定し，9鯨種に共通して年齢と相関のあったサイトを年齢推定モデルに使用した。例えば，表皮サンプルのみの年齢推定モデルでは79のCpGサイトが使用されている。Robeck *et al.* [7]はハン

ドウイルカに特化したDNAメチル化年齢推定モデルも作成しているが，表皮サンプルのみを使用した年齢推定モデルでは39のCpGサイトを使用しており，Beal et al. [3] の作成したモデルよりも特に高齢個体の推定精度が高くなり，また，血液のみを用いたモデルの方が表皮のみを用いたモデルよりも推定精度が高いことを明らかにした[6,7]。

　これらの研究を踏まえ，実際にどのような方法でDNAメチル化を用いた年齢推定モデルを構築するかは，入手できる標本や予算，年齢情報の用途により検討されるべきであろう。DNA解析技術は日進月歩であり，開発当初は高額であっても汎用化が進むことにより低額になることもあり，状況に応じて適した最新の解析手法を選択する必要があるだろう。DNAメチル化キャプチャ法という手法もあり，解析対象とする遺伝子領域が決まっていれば，対象のターゲット配列を集め，その配列のDNAメチル化状態を解析できるため，マイクロアレイより効率的な側面もある。バイオプシーなどにより鯨類では生体から表皮標本が採取されるが，同一個体でも表皮サンプルの採取部位によりメチル化頻度が異なることが指摘されているため，この点にも留意が必要である[8]。年齢情報は個体群動態モデル（第13章）などで用いられることが想定されるが，従来の歯牙や耳垢栓による年齢査定の誤差とメチル化頻度に基づく年齢推定の誤差の違いにも着目する必要があるだろう。

　ゲノムワイド的なアプローチが一般的になってきているため，今後は年齢推定のみならず，エピジェネティクスを用いて鯨類の生理生態を明らかにするような研究が展開されていく可能性がある。

引用文献

1) 佐々木裕之: エピジェネティクス入門. 92pp. 2014.

2) Polanowski, A. M., Robbins, J., Chandler, D., and Jarman, S. N.: Epigenetic estimation of age in humpback whales, *Mol. Eco. Resour.*, 976-987, 2014.

3) Beal, A. P., Kiszka, J. J., Wells, R. S. and Eirin-Lopez, J. M.: The Bottlenose dolphin Epigenetic Aging Tool (BEAT): a molecular age estimation tool for small cetaceans, *Front. Mar. Sci.*, 561, 2019.

4) Tanabe, A., Shimizu, R., Osawa, Y., Suzuki, M., Ito, S., Goto, M., Pastene, L. A., Fujise, Y. and Sahara, H.: Age estimation by DNA methylation in the Antarctic minke whale, *Fish. Sci.*, 35-41, 2020.

5) García-Vernet, R., Martín, B., Peinado, A. M., Víkingsson, G., Riutort, M. and Aguilar, A.: CpG methylation frequency of TET2, GRIA2, and CDKN2A genes in the North Atlantic fin whale varies with age and between populations, *Mar Mam Sci.*, 1230-1244, 2021.

6) Robeck, T. R., Fei, Z., Lu, A.T., Haghani, A., Jourdain, E., Zoller, J.A., Li, C.Z., Steinman, K.J., DiRocco, S., Schmitt, T., Osborn, S., Van, Bonn B., Katsumata, E., Mergl, J., Almunia, J., Rodriguez, M., Haulena, M., Dold, C. and Horvath, S.: Multi-species and multi-tissue methylation clocks for age estimation in toothed whales and dolphins, *Commun. Biol.*, 642, 2021.

7) Robeck, T. R., Fei Z., Haghani, A., Zoller, J. A., Li, C. Z., Steinman, K. J., Dirocco, S., Staggs, L., Schmitt, T., Osborn, S., Montano, G., Rodriguez, M. and Horvath, S.: Multi-Tissue Methylation Clocks for Age and Sex Estimation in the Common Bottlenose Dolphin, *Front. Mar. Sci.*, 713373, 2021.

8) Goto, M., Kitakado, T., and Pastene, L. A.: A preliminary study of epigenetic estimation of age of the Antarctic minke whale *Balaenoptera bonaerensis*, *Cetacean Popul. Stud.*, 5-14. 2020.

第7章

繁殖

船坂徳子・石名坂豪

1 はじめに

　鯨類や鰭脚類（ききゃく）を保全・管理していくためには，個体数の把握と変動の予測が必要である。この変動には出生率や死亡率が直接的に関与し，さらに再生産能力も大きく関わる。したがって，それぞれの種や個体群の再生産能力を知るために出生，成熟，繁殖，成長，死亡といった生活史に関わる各種のパラメータ（生物学的特性値）を把握し，個体数や環境の変動に対してこれらの値がどのように反応し，その影響が個体数の動向にどのように反映されるかを理解しなければならない。この中で，特に性成熟年齢や妊娠率のような繁殖に関するパラメータ（繁殖特性値）は，個体数の動向に関わる成熟個体数や出生数を推定するうえで重要である。

　鯨類や鰭脚類の繁殖特性値は，個体識別（第2章）により同一個体を長期間にわたって追跡するなどの非致死的調査と，混獲や漂着個体，あるいは捕鯨や有害駆除による捕獲個体の生殖腺を直接観察する致死的調査から得られる。

　前者は，個体の生涯にわたるすべての繁殖履歴の情報を収集できる可能性がある。鰭脚類は，繁殖期を中心に陸上や氷上に上陸するため，体表の斑紋や傷などの特徴を組み合わせた写真による個体識別や，幼若個体生け捕り後の外部標識装着や焼印標識付けを実施することが鯨類より容易なため，再目視記録に基づく長期的な研究が数多く行われている[1~3]。鰭脚類より生活圏が広大で，一生を水中で過ごす鯨類は，個体識別用の標識を装着するための捕獲が困難であり，また一般的に性成熟年齢が高く寿命が長いため，生涯の繁殖履歴を把握するには長

Survey and analysis methods for conservation and management of marine mammals (7): Reproduction

Noriko Funasaka / Mie University（国立学校法人三重大学）

Tsuyoshi Ishinazaka / Shiretoko Nature Foundation（公益財団法人知床財団）

Abstract : Knowledge about the reproductive parameters in cetaceans and pinnipeds is crucial for the conservation and management of the species. There are mainly two types of survey methods for the estimation of reproductive parameters: long-term observation of living individuals and snapshot observation of gonads (testis or ovary) sampled from dead individuals. In this article, we review the following aspects: 1) the reproductive characteristics of cetaceans and pinnipeds in the natural history, 2) the anatomical description of reproductive organs, and 3) the survey methods used to estimate reproductive parameters, focusing on the method employed for the direct observation of gonads.

Keywords : reproductive parameters, testis, ovary, sexual maturity, reproductive cycle, sex steroids

期の調査を要する。そのため鯨類では，一時的に捕獲して体長計測などの生物学的調査をしたのちに放流する生体捕獲調査も行われているが[4,5]，背鰭にみられる特徴的な欠けなどの自然標識を利用した長期的な個体識別調査が主流となっている（例えば，Würsig and Jefferson[6]）。

一方，後者の致死的調査では，上述のような同一個体の経年変化や生涯の繁殖履歴を明らかにはできないが，生殖腺の観察によって得られるデータは，さまざまな繁殖特性値の算出に使用される。鯨類は漁業や調査で捕獲された個体（例えば，Kasuya and Marsh[7]など）や混獲された個体（例えば，Shirakihara et al.[8]）から多くの繁殖特性値が得られてきた。鰭脚類においても，同様のアプローチで死亡個体を用いた多数の研究が行われてきた[9~11]。

本章では，死亡個体の生殖腺を直接観察することで，把握できる致死的調査による繁殖調査手法を主に紹介するとともに，近年取り組まれるようになってきたバイオプシー標本などを用いた非致死的調査による手法についても解説する。

2 生活史における繁殖活動

動物の個体が誕生し，成長・繁殖を経て死亡するまでの生涯の過程を生活史という。繁殖することは動物のもっとも基本的な性質であり，種ごとに特有のパターンがある。生活史の過程においては，どれくらいの体長で生まれ（出生体長），何歳で成熟して繁殖が可能となり（性成熟年齢），どの時期に交尾をして出産し（交尾期，出産期），どれくらいの期間で離乳するか（授乳期間），などが繁殖に関する事項としてあげられる。また，性的に成熟した雌はある一定の周期で子孫を残すが，この周期を繁殖周期または出産間隔と呼ぶ。一生を水中で過ごす鯨類と，繁殖，換毛および休息のために上陸する鰭脚類の生活史は大きく異なるため，以下でそれぞれに分けて説明する。

2.1. 鯨類

出生体長は種によって大きく異なり，ネズミイルカのように1m以下の種もあれば，シロナガスクジラのように7～8mの種もある[12]。出生体長は母親の体の大きさに制約され，一般的にハクジラ類は母親の50%程度であり，ヒゲクジラ類は30%程度とハクジラ類よりもやや小さく，出生体重においても同様の傾向がある[13, 14]。鯨類では，出産期に明瞭な季節性がある季節繁殖の繁殖形態をとる種が多い。ヒゲクジラ類では一般的に繁殖回遊を行う冬季に出産期が限定されている一方，ハクジラ類では基本的に餌が豊富な時期に育仔ができるように調整されており，出産期から妊娠期間を逆算した時期が繁殖期（交尾期）となる。ヒゲクジラ類の授乳期間は概して約半年と短いが[15]，ハクジラ類では数年におよぶ種もある[16]。この理由としては，母親による仔の保護や教育効果があると考えられており，スナメリなどの群れ構造が単純な種よりマッコウクジラやシャチなどの複雑な社会を形成し，母仔の絆が強い種のほうが授乳期間がより長くなる傾向にある。

一般に，野生の哺乳類の雌は生涯繁殖が可能であると考えられているが，鯨類では種によっ

て，ある年齢になると雌の排卵が停止して妊娠が不可能になる[7]。この繁殖停止年齢以降は更年期と呼ばれており，漁業によって得られた標本から，コビレゴンドウの更年期の存在が明らかにされたのち，類似の社会構造を持つとされるシャチやオキゴンドウの雌にもその存在が確認された[17]。なお，雄では繁殖停止年齢は明らかにされていないが，精巣で精子形成が行われていても，それが実際の繁殖への参加を意味すると限らないため，生涯にわたる繁殖能力の議論には注意が必要である。

2.2. 鰭脚類

出生体長は鯨類ほど大きな種間差がみられず，アシカ科が 55 〜 100 cm，アザラシ科が 65 〜 150 cm ほどである[18]。鰭脚類は出産および交尾のために氷上や岩礁などに上陸する。ただし，アシカ科を中心に浅瀬の水中で交尾をするケースもあり[19,20]，アザラシ科ではむしろ水中交尾のほうが多数派との指摘もある[20]。また，出産から交尾までの間隔が非常に短いのが鰭脚類の特徴であり，特にアシカ科の雌は産んだばかりの新生仔への授乳を続けながら，数日〜 2, 3週間後に発情して交尾する。アザラシ科の雌は離乳期前後に発情して交尾するが，出産後の授乳期間自体が短く，3 〜 6週間程度の種が多い[18,21]。アシカ科の雌は交尾後も授乳を続け，種によっても異なるが，授乳期間は大部分が数ヵ月から1年，長くても2, 3年である[21]。繁殖停止年齢に関しては，アシカ科のトドの雌で16 〜 21歳以上の高齢個体における妊娠率低下が報告されている[9,22]。一方，アザラシ科のゴマフアザラシでは飼育下で30歳を超えた高齢個体

の出産例が知られている。また，クラカケアザラシの野生個体が31歳で双子を妊娠していた[23]事例もあることから，少なくともアザラシ科の一部の種の雌は，生涯繁殖が可能であると推測される。なお，鰭脚類の寿命は種にもよるが，およそ20 〜 40年である[18]。一夫多妻制の繁殖様式をもつアシカ科では，高齢の雄が生理的に繁殖能力を持っていても，雄同士の闘争に負けて交尾機会を持てない状況が発生しうる。例えばトドでは，雌成獣（成熟雌）を囲い込んでハレムを形成している雄（テリトリーブル）の年齢は90％以上が9 〜 13歳であり，季節が進むにつれてテリトリーブルが若い個体に移行する傾向があったことから，ある程度高齢になった雄は繁殖に参加できないか，交尾期の途中で脱落する可能性が示唆されている[24]。

3　生殖器

哺乳類である鯨類と鰭脚類は胎生で，雌の乳腺で産生される乳で仔を育てる。哺乳類の生殖機構には，主に①生殖腺（生殖巣）：精巣および卵巣，②生殖管（生殖道）：精巣上体，精管および尿道，卵管，子宮および膣，③外部生殖器：陰茎，膣前庭および陰門，④下垂体，⑤視床下部の5つの要素が関わっている。ここでは，まず雌雄の生殖器系の解剖学的構造を解説したのち，繁殖活動を制御する脳や内分泌調節について述べる。

3.1. 生殖器系の肉眼解剖学

一般に哺乳類の生殖器系は，繁殖活動を制御するために神経，および体液経路を介して連

絡しあういくつかの器官からなる。生殖腺の主要な機能は，配偶子（精子と卵子）形成と内分泌腺としての性ステロイド産生であり，生殖管では配偶子の輸送と胎仔の発育が行われる。

雄の精巣は，性成熟が近づくと精子形成を助けるテストステロンが分泌され，精子が作られる。精巣で産生された精子は，精巣輸出管を通って精巣上体に運ばれる。精巣上体は精子の濃縮と成熟を助けるだけでなく，精子の貯蔵場所としても機能している。射精の際，精子は精巣上体尾部から精管に入り，副生殖腺（前立腺など）分泌物，および精巣上体分泌物などと混ざりあって精液（精子以外は液体成分である精漿）を作る。

雌の生殖器系は，雌雄両方の配偶子の輸送と胚形成に関わる点で雄とは異なり，妊娠維持や出産過程において重要な役割をはたす。卵巣には，無数の原始卵胞（卵母細胞を含む）が存在するが，性成熟後はこのうちの一部が選択されて卵胞が発達し，卵胞内の卵母細胞が成熟した卵子となる。卵胞の顆粒層細胞から分泌されるエストロゲン（卵胞ホルモン）は，卵胞の発達とともに増加して卵子の成熟を促進し，卵胞が十分に発達すると破裂して卵子の放出，すなわち排卵が起こる。排卵後に卵巣に残った卵胞組織は，黄体というプロゲステロン（黄体ホルモン）を分泌する器官に再組織化される。放出された卵子は，卵管で精子と受精して受精卵となって子宮へ移動し，子宮壁に着床すると妊娠が成立するが，その際に黄体は退行せずに存続し，妊娠を維持する役割があるプロゲステロンを分泌し続ける。妊娠が成立しなかった場合，黄体は退行して白体（繊維性瘢痕組織）を形成

する[25]。

以下，1対の生殖腺と生殖管に焦点をあて，鯨類および鰭脚類における解剖学的構造を解説する。また，生殖器から繁殖活動を調べるために必要な標本の採取方法についても述べる。

3.1.1. 鯨類

生殖器系の位置，構造や機能は，基本的にヒゲクジラ類とハクジラ類で大きな違いはない。雄の精巣は左右1対あり，腹腔内の尾側に位置する円柱状の器官である（図1a）。精巣は，精巣を包む精巣間膜によって背側の腹壁に吊り下がっている。精巣上体は，精巣の腹側正中にある。精巣上体頭部は精巣頭部の上にわずかに出っ張っており，精巣上体尾部は精巣上体管で構成される葉からなる。精巣上体管は精管へと続き，精管は射精管を経て尿道へとつながる[26]。鯨類では唯一の付属器として前立腺が知られ，陰茎の基部にある[27]。陰茎の内部に骨はない。

雌の卵巣は精巣と同様に腹腔内に吊り下がっており，左右1対の楕円形の器官である（図1b，図2）。卵巣に近接して卵管があり，卵管采から子宮角の末端をつなぐ。一般に，性的に成熟した雌の卵巣には排卵後に形成される黄体や黄体が退縮した白体が残る。陸棲哺乳類の白体は徐々に小さくなって消滅するが，鯨類では終生卵巣に残ると考えられている[28]（現在ではこの定説に疑義があるとする報告もある：後述）。未成熟個体の卵巣は小さく，表面が平滑であるのに対し，成熟個体の卵巣表面は成熟卵胞，黄体や白体の存在により隆起がある（図2）。黄体や白体はその表面に基本的に排卵痕が残っているため，卵巣表面から肉眼で確認できる場合が

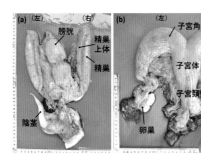

図1　ハナゴンドウの生殖器
　　（a）雄。（b）雌。卵巣には右側に黄体があり，子宮角内に微小胎仔（体長約1.5 cm）が確認された。子宮体から子宮頚にかけて皺（ストレッチマーク）がみられる。写真は水産研究・教育機構水産資源研究所より提供。

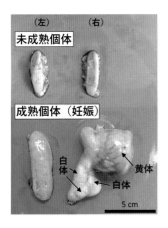

図2　ハナゴンドウの卵巣
　　写真は水産研究・教育機構水産資源研究所より提供。

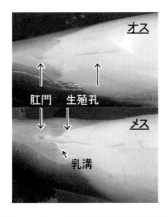

図3　雌雄のハンドウイルカの生殖孔と肛門の位置関係
　　生殖孔後縁と肛門の距離は，雄では離れているのに対し，雌では近接している。

多いが，白体は卵巣内部にも存在することがあるため，白体を計数する場合は卵巣断面を詳細に観察する必要がある。子宮の形状は動物種によって異なるが，鯨類の子宮は双角子宮であり，左右の2つの子宮角からなる（図1b）。双角子宮の尾側は1つにつながり短い子宮体となり，子宮頚管，膣へと続く。胎仔は左右どちらかの子宮角で成長する。乳腺は，腹側の比較的尾側に位置し，後方には乳溝が開口する。なお，鯨類の性別は生殖孔と肛門の位置関係により判定する（図3）のが一般的である。乳溝は種によって雄にも存在するため，その有無での判定はできない。

　鯨類から生殖器を採取する際，開腹後に消化管や内臓がつながった状態で取りはずすと，必要な生殖器の標本を傷つける可能性があるので注意が必要である。雄の生殖器は，内臓を取りはずしても腹腔内に残っている場合もあるが，成熟個体の生殖腺は大きく，例えばハナゴンドウの成熟雄の精巣は消化管の上に覆いかぶさっており，このような際，内臓とともに精巣の一部が切り取られることがある。雌でも，妊娠個体は子宮角がかなり大きくなるため，内臓を取りはずす際に子宮角が破れて胎仔が流失する可能性がある。また，未成熟個体の卵巣は非常に小さく見つけにくいため，子宮角を腹壁のほうにたどって卵巣を探すとわかりやすい。これらのことから，生殖器系の標本を採取する際は，できるだけ雌雄ともに内臓をはずす前に採取しておくことが好ましい。

3.1.2.　鰭脚類

雄の精巣の構造は陸棲哺乳類と大差ないが，

その解剖学的位置は異なる。特にアザラシ科とセイウチ科では，陰嚢（のう）に包まれていない精巣が下腹部の皮下脂肪層と腹筋系の間に存在している[21, 29]。一方，アシカ科には陰嚢があるが，陸棲哺乳類のそれほど体外に突出しておらず，さらに一部のアシカ科の種では，精巣の陰嚢への下降は繁殖期に限定される[21]。そのため，鰭脚類の精巣は位置がわかりにくいことが多く，採取する際，内臓全体を抜く前に，膀胱や前立腺を起点にして精管をたどり，鼡径部付近の皮下脂肪層の下に埋もれている精巣を先に探すほうが確実である（図4a）。精子は，ほかの哺乳類と同様に精巣上体尾部に貯留されており，繁殖期に雄成獣の精巣上体尾部を切開して白濁した滲出（しんしゅつ）液を塗抹（とまつ）して鏡検すると，精子を確認することができる（図4b）。陰茎は血管筋肉質型であり，発達した海綿体の中に陰茎骨を有する（図4c）。

　雌の子宮は外見上は双角子宮であり，子宮体とそこからY字に分岐した2本の子宮角からなる[21]（図5a）。鰭脚類は基本的には1産1仔であり，左右いずれかの子宮角に着床するが（図5b），ごくまれに双胎も認められる。胎盤は，胎膜をベルト状に包む帯状胎盤である（図6）。出産経験個体の子宮角の内腔（子宮内膜）は，着床していた部位に帯状の変色部位として胎盤痕（図7）が形成されるため，生殖器の採取時に妊娠していない個体でも，胎盤痕を検索することで出産歴の有無を推定できる。卵巣は，卵巣嚢という袋にほぼ完全に包まれており，採取後にそのままホルマリンなどの固定液に漬けると固定不良の原因となるため，卵巣嚢を切開して卵巣の表面を露出させてから固定するとよい。また，卵巣は卵巣堤索という靭帯様の結合組織で腎臓付近の腹壁内側と固定されているため，解体時に内臓全体を抜いてから卵巣を探すと，子宮角がちぎれて卵巣が行方不明になったり，卵巣の左右が不明になることが多い。

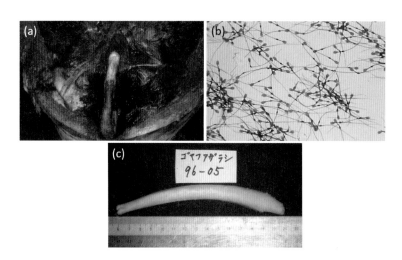

図4　ゴマフアザラシの(a)雄の生殖器，(b)精子，および(c)陰茎骨
　　(b)に示した精子は，精巣上体尾部に割面を入れた際に滲出してきた白濁液の塗抹標本（ギムザ染色）。細胞質滴が精子中片部に付着している状態の未熟な精子が多数認められる。

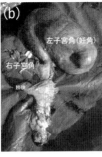

図5 トドの雌性生殖器
（a）非妊娠個体。（b）妊娠個体。左子宮角側に着床して胎仔が発育している。

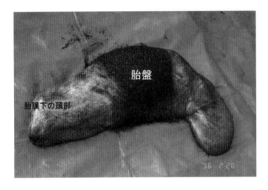

図6 ゴマフアザラシの帯状胎盤

図7 トドの胎盤痕（子宮角の内腔の変色部位：矢印）

したがって，雌も生殖器系は腹腔内臓器のなかで最初に採取すべきである。下腹部を正中切開して骨盤の手前まで腹膜を切開し，まず膀胱を探し，反転させた膀胱を起点にそれとつながっている膣，子宮体，さらに子宮角，卵巣とたどると，雌性生殖器全体が小さめの非妊娠個体，

特に未成熟個体の卵巣も見落としにくい。雌成獣の卵巣は卵胞や黄体が大きく発達するため（図8a），未成熟個体に比べて卵巣サイズ，特に厚さが増す。黄体は，出産や流産などにより妊娠が終了するとすみやかに退行して白体となるが，比較的新しい白体（黄体退行後1～2年）は肉眼でも確認可能である（図8b）。ただし，鰭脚類の白体は早期に退行して消失するため，白体から当該個体の繁殖歴を長期にさかのぼって推定することはできない[21]。なお，前述のような雌性生殖器系の肉眼解剖学的特徴は，鰭脚類と分類学的に近縁な食肉目イヌ亜目の陸棲哺乳類（クマ科，イヌ科など）とほぼ同様である。

3.2. 生殖腺の内分泌調節

哺乳類の生殖は，神経系と内分泌系が協調して作るHPG軸（視床下部－下垂体－生殖腺軸）と呼ばれるシステムによって調節されている。すなわち，脳内にある視床下部からGnRH（性腺刺激ホルモン放出ホルモン）が分泌され，その作用により下垂体からFSH（卵胞刺激ホルモン）やLH（黄体形成ホルモン）といった性腺刺激ホルモンが，さらに性腺刺激ホルモンにより生殖腺から性ステロイド（性ホルモン）が分泌される。生殖腺から分泌される雄性ホルモンと雌性ホルモンのうち，鯨類や鰭脚類における主要な性ステロイドは陸棲哺乳類と同様に，雄ではテストステロン，雌ではエストロゲンとプロゲステロンである。生殖腺から分泌された性ステロイドは，血流を利用して標的組織に運ばれるため，血液中のホルモン動態の解析によって繁殖生理を理解することができる。例えば，エストロゲンの濃度上昇によって卵胞の成熟や排卵時

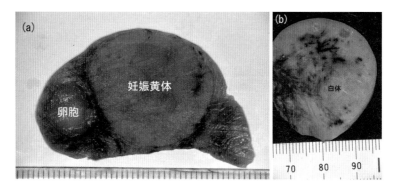

図8　卵巣の断面（ホルマリン固定後）
(a) 妊娠末期のゴマフアザラシ。胞状卵胞と妊娠黄体。(b) トド。右下に白体あり。

期，さらに鰭脚類では着床遅延の終了時期を推定でき，プロゲステロンの濃度上昇によって排卵後の黄体形成や偽妊娠または妊娠を検出することができる[21, 29]。

　鯨類の生殖腺にホルモンが存在することは，漁業によって捕獲された大型鯨類の生殖腺の抽出物を調べた研究により，古くは1930年代から知られていたが[27, 30]，血液中のホルモン動態が調べられるようになったのは，ここ40年ほどのことである。ホルモン測定の技術は，Berson and Yalow[31]によって初めてインスリンのRIA法（放射免疫測定法）が報告されて以来，放射性同位元素を用いる免疫学的手法が主流であった。近年では，放射性同位元素の代わりに酵素やランタノイド元素を標識物質としたEIA法（酵素免疫測定法）やTR-FIA法（時間分解蛍光免疫測定法）といった，試薬類の取り扱いに制限を受けない，安全で高精度のホルモン測定法が開発され，研究機関や臨床検査機関でこれらの手法が使われている。

　血中のホルモン動態を調べて繁殖生理を明らかにする研究は，試料を得るために採血が必要であるという理由から，水族館で飼育されている個体，または生け捕りにした個体が主に対象とされる。生体からの採血は，鯨類の飼育個体では主に尾鰭の静脈から，鰭脚類では後肢つけ根の血管網や腰椎硬膜外静脈などから行う。最近では，受診動作（動物が自発的に健康管理や治療のための体勢をとる）と呼ばれる行動の訓練技術の進歩により，動物に対して拘束によるストレスをかけずに採血できるようになっている。採血後は遠心分離によって血液中の液体成分（血漿または血清）を分離し，ホルモン測定時まで−20℃以下で凍結保存する。血液中のホルモンなどの微量物質は，測定する物質によって，試料として血漿と血清のどちらを用いるか，保存時の温度が−20℃か−80℃か，といった条件を厳密に考慮する必要があるが，上述した性ステロイドは比較的安定性が高く，−20℃程度の冷凍保存で測定が可能である。ただし，血液を常温で保存した際の性ステロイド濃度には時間依存性変化が知られているため[32, 33]，採血後はできるだけ早く処理する必要がある。

　個体の繁殖生理を理解するうえで，血中ホル

モン濃度測定はもっとも信頼性の高い情報が得られるが，採血のために，なんらかの形で動物に触れる必要があり，また野生動物では捕獲を伴うことになる。そこで近年は，非致死的手法の1つとして，個体にかかる負担が少ない手法，または動物に一切触らずに試料を採取する手法（非侵襲的手法）で生理学的情報を得る研究が行われるようになってきた。例えば，矢状の採集器具（ダート）を用いて生きたヒゲクジラ類の脂皮（バイオプシー標本）を採取したり[34]，タイセイヨウセミクジラが遊泳中に排泄した糞便[35,36]や，ザトウクジラやタイセイヨウセミクジラの呼気（鯨類では噴気，あるいはブローとも呼ばれる）を採取して[37]，その試料中の性ステロイド濃度を測定することで，当該個体の性成熟や妊娠を判定する研究が行われている。ハクジラ類においても，遊泳中の野生のハンドウイルカやヒレナガゴンドウの脂皮[38]や，ミナミハンドウイルカの糞を採取して性ステロイドを測定する試みも行われており[39]，脂皮や糞便から妊娠が推定できることも明らかにされている。このような非侵襲的手法は，対象にできる種が限定される（バイオプシーや噴気試料が採取できるような遊泳速度が遅い種，船首波に乗るなど接近しやすい種，糞が浮かぶ種，個体識別が可能な種）ことや，多試料の確保が難しいことなどから，性成熟年齢や妊娠率といった保全や管理のための特性値を得るには不十分である。しかし，個体識別により同一個体を長期間観察ができれば，性成熟や妊娠の過程を追跡できるという利点があり，個体の時系列に沿った繁殖生理を把握するうえでは有用である。

また，近年ではバイオロギングの技術（第3章）が急速に発展してきており，鰭脚類に装着した自動採血装置によって採取された血液からストレスホルモンなどの測定が試みられるようになってきた[40]。装着時に動物の捕獲が必要であるが，このような記録装置を用いれば，海で自由に泳いでいる動物の血液中のホルモン動態をリアルタイムで把握でき，繁殖生理だけでなく潜水生理など多くの生理学的情報を得ることができるであろう。

4 春機発動，性成熟

動物の生涯の生産性は，その個体が初めて仔を産んだ年齢に大きく左右される。一般に，哺乳類における春機発動（Puberty）の定義は，雌では「その個体が排卵し，生殖につながる発情，あるいは月経周期を示したとき」，雄では「その個体が雌を妊娠させるのに十分な交尾行動と，生殖能力をもつ精子を産生したとき」であるとされており[25]，しばしば性成熟と区別されずにこの用語が用いられる。鯨類と鰭脚類では，伝統的にこれらの用語の使い方が異なっているため，以下ではそれぞれに分けて説明する。

4.1. 鯨類

鯨類の春機発動は，生殖腺の成熟に伴って二次性徴や三次性徴が現れてくる時期を表し，性成熟と区別して議論される場合が多い。鯨類における雌の性成熟の定義は，排卵が初めて起こったときとされている。前述のように，鯨類は排卵後に形成される黄体が退縮した白体が終生卵巣に残ると考えられている[28]ため，卵巣を直接観察して黄体あるいは白体を確認することで，

その個体が性成熟に達しているかが判断でき，それまでに排卵した回数もわかる（図2）。ただし，白体が妊娠黄体と排卵黄体のどちらに由来するかは組織学的に区別できないため，妊娠回数は推定できない。排卵は左右どちらの卵巣でも起こるが，ヒゲクジラ類に左右差はなく，スジイルカなどいくつかのハクジラ類では左の卵巣が先に成熟することが知られているため[41]，性成熟の判定に両側の卵巣の観察が必要となる。また，解剖中に切り落とすなどして卵巣の観察ができなかった場合でも，泌乳（乳分泌や乳腺の組織学的変化）や妊娠（子宮内の胎仔の有無や子宮内膜の組織学的変化）の確認によって性成熟を判定できる。胎仔の有無は子宮を切開することによって確認できるが，微小胎仔は見落とす場合が多いため，卵巣に黄体があるときは妊娠している可能性が高いとして，特に注意して観察する必要がある。また，子宮の表面には妊娠および出産により子宮が伸縮した際にできた皺（ストレッチマーク）が残るため[42]，その皺の有無を確認することで肉眼でも出産経験の有無を判断できる場合がある。しかし，すべての個体で確認できるわけではないため，補助的な指標として用いるべきである。なお，近年では，水族館で飼育されたミナミハンドウイルカの排卵履歴と死亡後に観察した卵巣内の白体数があわないという報告がなされ[43]，さらに類似の問題がマイルカの漂着個体の研究でも指摘されている[44]。このことから，白体が終生卵巣に残るとする定説の真偽を検証する必要があるとともに，卵巣に残る白体の計数やその解釈は慎重に行うべきである。

卵巣や子宮の直接観察のほかにも，超音波画像診断装置（エコー）によって体表から卵巣を観察して成熟卵胞や黄体を確認する方法や[45]，血液中のプロゲステロン濃度測定から黄体の存在を推定する方法によって，閾値として3 ng/mL以上あれば排卵があったと推定することができる[46]。これらの手法は，主に飼育個体などの生きた個体で適用され，観察時の卵巣の状態を推定することが可能であるが，過去の排卵履歴を調べることはできない。

哺乳類の雄の性成熟は，時間をかけて徐々に進行するため，その定義は雌と比べて曖昧である。雌は発情や交尾という現象が，黄体や白体の形成，妊娠や泌乳という生理学的変化として現れるため性成熟を確認しやすいが，雄はそのような明確な性成熟のタイミングがない。雄の性成熟は，精巣内で精子形成が始まり，雌を妊娠させることが生理的に可能となった段階と言える。精子形成は，精細管断面の成熟した細胞（精母細胞，精子細胞，精子）を顕微鏡で観察することで確認する（図9 a，b）。しかし，精巣全体が一様に成熟するわけではない。若い個体は場所によって成熟度が異なることがあり[47, 48]，精巣内の部位による成熟度の差をあらかじめ調べたうえで，もっとも遅く成熟する部位を用いて性成熟を判定することが望ましい。雄の性成熟のプロセスを把握するためには，便宜的に定義を決めて解析する。例えば，Kasuya and Marsh[7]は，コビレゴンドウの精巣中央部の組織切片全体を観察して成熟している（精子形成をしている）精細管の割合によって，未成熟，成熟過程前期，成熟過程後期，成熟の4段階に分類している。Miyazaki[49]は，スジイルカの精巣組織を同様に観察して，未成熟（精子も精

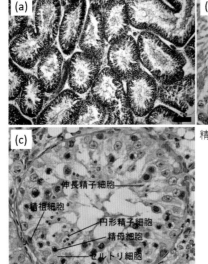

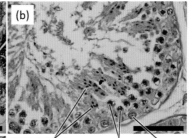

精子形成途上の　精母細胞　精祖細胞
　精子細胞

図9　精巣の組織像

（a）ミナミハンドウイルカの精巣の組織像の外観。円形または楕円形を呈する組織が精細管の断面である。各精細管には管壁に精子を形成する細胞群が並ぶ。（b）ミナミハンドウイルカの精細管の拡大図。ヘマトキシリン・エオシン染色。Scale bar ＝ 100 μm。写真は船坂ら[57]より許可を得て転載。（c）非繁殖期のトドの精細管の拡大図。ヘマトキシリン・エオシン染色。精子はないが，円形精子細胞と一部に伸長精子細胞が認められる。

母細胞もない），春機発動期（精母細胞はあるが，精子はない），成熟（精子が出現）の3段階に分類し，成熟を精子がある精細管の数から，さらに3段階に区分している。また，成長に伴って成熟した精細管の割合が増加すると同時に精巣重量が増すため，あらかじめ性成熟時の精巣重量を調べておけば，間接的ではあるがその閾値を境に性成熟を判定することができる。

　精巣の調査以外にも血液中のテストステロン濃度を測定することで，性成熟が推定できる。精巣のライディッヒ細胞から分泌されるテストステロンは，鯨類でも精子形成に関与することがわかっているため，血液中のテストステロン濃度が閾値として5 ng/mL以上あれば，活発な精子形成を行っているとみなすことができる[50]。また，雄同士の争いや順位がある社会構造をもつ鯨種の場合，若い雄は精巣が生理的に成熟していても，実際に雌と交尾して子孫を残すこと

ができない場合もある。繁殖に参加して子孫を残せるようになった状態は社会的成熟と呼ばれ，生理的成熟（性成熟）と区別して議論される場合が多い。また，精子形成の開始から社会的成熟に達するまでの期間を春機発動期と呼ぶこともある。なお，成熟に関連する用語としては，この他に肉体的成熟（体長の増加が停止した状態）があり，一般的に鯨類では性成熟後，一定の年月が経過すると肉体的成熟を迎える。

　鯨類の性成熟年齢にはいくつかの推定方法があり，50％性成熟年齢（年齢ごとに成熟個体の占める割合を求め，50％の個体が性成熟に達する年齢）や，初回排卵個体の平均年齢（卵巣内の黄体と白体を観察し，初めて排卵した個体の年齢の平均）などが用いられている[16, 51]。また，雌では卵巣を観察した個体の年齢とその種の性成熟年齢がわかれば，性成熟から死亡までの年間排卵率を算出できる。

4.2. 鰭脚類

　雌では，春機発動（初回排卵）と性成熟を基本的に区別せずに用いられている。過去，多くの研究者が鰭脚類の捕獲個体の卵巣を検索し，黄体や白体の有無を基準に性成熟年齢を明らかにしてきた。多くの種において雌の性成熟年齢は，3〜6歳の範囲である[21]。白体が生涯遺残するとされる鯨類での研究にならい，鰭脚類でも卵巣内の白体の計数による繁殖履歴推定が試みられたが，鰭脚類の白体は2〜3年で消失するため，長期にさかのぼった繁殖履歴推定は不可能であった[21,52]。なお，卵巣を見ずに子宮角を切開し，胎仔または胎盤痕の検索によって当該個体の性成熟を判定することも可能ではあるが，鰭脚類は受精後に胚盤胞が子宮内で発育を休止して浮遊している着床遅延の期間が存在する。そのため，対象種の生活史を事前に把握し，交尾期後の一定期間（2〜3ヵ月以上）に限っては，胎仔を肉眼で確認できないことに十分留意する必要がある。すなわち，着床遅延期間中は，胎仔で性成熟はわからず，初回妊娠個体については胎盤痕もないことから，卵巣内の黄体の有無の確認が必須である。

　鰭脚類のなかでも特に一夫多妻制の配偶システムをもつ種では，性的二型が大きく，精子形成が始まって生理的成熟（性成熟）に達した個体であっても，十分に体が成長して実際に交尾に参加可能となる社会的成熟に達するまで，通常は数年を要する。例えば，アシカ科のトドの雄の精子形成は3〜4歳ですでに始まっているが，交尾に参加可能となるのは主に9歳以上の個体である[24,52]。精子形成の確認は，交尾期前後であれば精巣上体尾部を切開して白濁した滲出液の塗抹標本を作製し，光学顕微鏡で精子の有無を観察すればよい（図4b）。しかし，交尾期以外は精子形成活性が低下して上述の方法での精子の確認が難しくなるため，精巣の組織切片標本を作製し，精細管内の細胞を光学顕微鏡で観察する必要がある。非繁殖期の精細管内には長い尾をもつ精子が認められないため，その前段階の精細胞（支持細胞以外の生殖細胞系列の総称）である伸長精子細胞や円形精子細胞，精母細胞の有無に基づいて性成熟を判定する場合もある（図9c）。

5　雌の性周期と繁殖周期

　哺乳類の卵巣は性成熟前でも活発に動いており，未成熟時の卵胞は発育するが，やがて閉鎖する。雌が妊娠を維持できる生理状態となり，卵胞が排卵直前の状態に到達できるようになるころが性成熟である。雌は性成熟をむかえると，性周期（発情周期，卵巣周期とも呼ぶ）として知られる卵巣活動のパターン（卵胞の発育，排卵，黄体形成と退行）が交尾期の間に繰り返されるようになる。排卵した卵子が精子と受精し，子宮壁に着床すると妊娠となり，黄体が維持される。多くの場合，通常の性周期は，出産後に一定期間を経過したのちに再開される。このように，雌が発情，排卵してから妊娠，出産，泌乳を経て，次の繁殖が始まるまでの期間を繁殖周期と呼ぶ（出産から出産までの間隔を特に出産周期や出産間隔とも呼ぶ）。鰭脚類には着床遅延という現象も存在し，鯨類と鰭脚類で大きく異なる繁殖周期を示すことから，以下では分けて解説する。

5.1.　鯨類

　雌の性周期は，主に飼育個体を対象として，血中プロゲステロン濃度の測定や超音波画像診断装置を用いた卵巣の観察から排卵を推定することによって，一部の種で明らかになっている。例えば，ハンドウイルカでは 36 日 [53]，シロイルカでは 48 日 [54] の性周期があり，この間隔で周期的に排卵が起こることがわかっているが，種によって周期の長さが異なる要因については明らかにされていない。

　一般に，哺乳類の交尾期と妊娠期間は，新生仔の生存率を最大にするように設定されていると言われており，鯨類も例外ではない。多くのヒゲクジラ類は，赤道域から極域までの季節回遊に伴い，索餌期と繁殖期が明確に分かれており，夏に高緯度海域で栄養を蓄えたのち，冬に温暖な低緯度海域で交尾と出産を行う。ハクジラ類のうち，寒冷域で生息する種は，出産期が春から夏に限定されている種が多く，温暖な海域に生息する種ほど出産期の季節性が不明瞭になる傾向がある。

　雌は出産に続く泌乳ののち，しばらくのあいだ，繁殖活動を中止し（休止期），卵巣中の卵胞を成長させて次の排卵の準備をしながら，妊娠に備えて体力を養う。鯨類の 1 回の繁殖周期はこのように，排卵，妊娠，泌乳，休止と進行するのが普通である。しかし，栄養状態が良く，体力のある雌は，授乳中に妊娠することがある。また，何らかの理由で授乳期間が長くなると発情の回帰が遅れることもある。このような長期にわたる授乳は，水族館で母仔を長期間，同一水槽で飼育した際などに起こる。繁殖周期は種によって大きく異なっており，1 年周期（つまり，ほぼ毎年出産する）の種もあれば，8 年周期の種もある。鯨類は単純に体の大きさが生活史の特徴を反映するわけではなく，繁殖周期の長さはその種が有する社会構造（シャチやコビレゴンドウのように母系社会を形成する種では出産間隔が長くなる傾向にある），個体群の栄養環境や個体数変動に依存する。繁殖周期は，年間妊娠率（1 頭の成熟雌が 1 年間に妊娠する確率）をもとに推定され，通常は，その逆数を 1 周期としている。ただし，直接的な年間妊娠率の推定は難しいため，みかけの妊娠率（成熟雌に占める妊娠した雌の割合）を妊娠期間で割った値が用いられることもある。

　鯨類は，生殖器官を詳細に観察することで，その個体が調査時に繁殖周期のどの段階にあるのかを調べることができる。この段階のことを性状態（reproductive status）と呼び，鯨類学では頻繁に用いられる用語である（一般的に陸棲哺乳類では，繁殖段階や繁殖状態と呼ばれることが多い）。鯨類の性状態は，雄では未成熟と成熟，雌では未成熟と成熟に加えて，成熟個体を休止，排卵，妊娠，泌乳の 4 つに細分される（表 1）。性状態を調べることは，繁殖に関する

表 1　鯨類の雌の性状態の分類
吉岡 [56] を一部改変。

性状態		観察する組織			
		卵巣		子宮	乳腺
		黄体	白体	胎仔	泌乳
未成熟		−	−	−	−
成熟	排卵	+	+/−	−	−
	妊娠	+	+/−	+	−
	泌乳	−	+	−	+
	排卵+泌乳	+	+	−	+
	妊娠+泌乳	+	+	+	+
	休止	−	+	−	−

＋：あり，－：なし，＋/－：問わない

各種パラメータの算出に役立ち，鯨類の保全・管理における重要な調査の1つとなっている。また，群れのすべての個体の性状態を調べることで，その群れが若い個体で構成されているのか，あるいは繁殖や育仔中心なのかを把握でき，その種の社会構造の推測にも役立つ。

5.2. 鰭脚類

鰭脚類は多くの野生動物と同様に，1年のうちの特定の時期に限って繁殖する（季節繁殖動物）。その性周期は，ハワイモンクアザラシやセイウチのような一部の例外種を除いて単発情であり，排卵に交尾刺激を必要としない自然排卵である[29]。したがって，雌が交尾後に妊娠しなかった場合，翌年の繁殖期まで次の発情がくることはない。交尾後に受精した卵子は，その後すぐに子宮角内に着床せず，胚盤胞のステージで休眠したまま2～4ヵ月間子宮内を浮遊する。これが着床遅延と呼ばれる現象であり，鰭脚類以外にもクマ科などの陸棲食肉類や有袋類などで認められる。着床遅延の終了時には，プロゲステロンとエストロゲンの急激な上昇が起こり，いずれも着床のための環境作りを促す作用がある[29]。このように鰭脚類の繁殖周期（妊娠した場合の完全生殖周期）は，発情期，着床遅延期，胎仔発育期の3期に区分される。一方，妊娠しなかった（不完全生殖周期の）雌においても排卵後に形成された黄体が長期間存続するため，プロゲステロンが高値というだけでは妊娠判定ができない。したがって，鰭脚類の生体で妊娠判定を実施する場合は，プロゲステロン濃度だけでなく，超音波画像診断装置による胎仔の有無の診断も組み合わせるべきである[29]。

種や雌の栄養状態にもよるが，原則として鰭脚類は毎年1回，1頭の仔を産む。繁殖時期だけでなく，繁殖場所もほぼ決まっているため，雌雄の確実な出会いが保証されている。さらに着床遅延によって妊娠期間を調整し，毎年同一時期に大きめの新生仔を出産し，そのあと，すぐに交尾まで行ってしまうことで，危険を伴う陸上での繁殖期間を短縮することに成功している[55]。

6 おわりに

本章では，繁殖特性値を得るための調査手法について，主に生殖腺を直接観察する手法を中心に解説してきた。すでに述べたように，鯨類や鰭脚類の繁殖特性値は，非致死的調査と致死的調査の2つの手法によって調べられてきた。前者は生きた個体を対象とするため，少数の試料しか得られず調査条件や対象種が限定されるが，個体を連続して観察することができるため，行動や移動を把握するには有用である。後者は死亡個体が対象となるため，連続したデータを取ることができないが，体内の組織標本から年齢や繁殖をはじめとした多くのデータを得られる。鯨類で得られている繁殖特性値の多くは，漁業や調査で捕獲された個体から得られた知見である。一方で本章でも触れたように，近年では個体に与える影響を最小限にして調べる手法も増えてきた。両手法はそれぞれに利点と欠点があるため，調査目的によってそれぞれの手法を使い分けたり，有機的に組み合わせて統合的な分析をしたりすることが必要である。このようにして得られたデータを蓄積・解析して，その

時々の対象個体群の性成熟年齢，妊娠率，出生率や死亡率などの生物学的特性値を把握し，その変化を長期的にモニタリングしていくことで，個体群動態モデルや生態系モデルの構築を進めることができ，対象種や生態系の適切な保全・管理に役立つ。

引用文献

1) Hadley G. L., Rotella J. J., Garrot R. A. and Nichols J. D.: Variation in probability of first reproduction of Weddell seals. J. Anim. Ecol., 75: 1058-1070, 2006.

2) Altukhov A. V. and Burkanov V. N.: Reproductive success of Steller sea lion females (*Eumetopias jubatus*) on Kuril Island's rookeries. *In*: Marine Mammals of Holarctic, Collection of Scientific Papers, after the fifth International Conference, Odessa, Ukraine. 2008, pp. 41-45.

3) ブルカノフ V. N., アルチュホフ A., アンドリュース R. D., カルキンス D. G., 服部 薫, 山村織生, ゲラット T. S.: ロシア海域におけるトドの資源動態. *In*: オホーツクの生態系とその保全（桜井泰憲, 大島慶一郎, 大泰司紀之 編）, 北海道大学出版会, 札幌, 2013, pp. 217-222.

4) Wells R. S., Scott M. D. and Irvine A. B.: The social structure of free ranging bottlenose dolphins. Curr. Mamm., 1: 247-305, 1987.

5) Wells R. S.: The role of long-term study in understanding the social structure of a bottlenose dolphin community. *In*: Dolphin Societies: Discoveries and Puzzles（Pryor K. and Norris K. S. eds.）, University of California Press, Berkeley, California, 1991, pp. 199-225.

6) Würsig B. and Jefferson T. A.: Methods of photo-identification for small cetaceans. Rep. int. Whal. Commn., Special Issue 12: 43-55, 1990.

7) Kasuya T. and Marsh H.: Life history and reproductive biology of the short-finned pilot whale, *Globicephala macrorhynchus*, off the Pacific coast of Japan. Rep. int. Whal. Commn., Special Issue 6: 259-310, 1984.

8) Shirakihara M., Takemura A. and Shirakihara K.: Age, growth and reproduction of the finless porpoise, *Neophocaena phocaenoides*, in the coastal waters of western Kyushu, Japan. Mar. Mamm. Sci., 9: 392-406, 1993.

9) Pitcher K. W. and Calkins D. G.: Reproductive biology of Steller sea lions in the Gulf of Alaska. J. Mammal., 62: 599-605, 1981.

10) Ishinazaka T. and Endo T.: The reproductive status of Steller sea lions in the Nemuro Strait, Hokkaido, Japan. Biosphere Conserv., 2: 11-19, 1999.

11) Stirling I.: Reproductive rates of ringed seals and survival of pups in Northwestern Hudson Bay, Canada, 1991-2000. Polar Biol., 28: 381-387, 2005.

12) Jefferson T. A., Webber M. A. and Pitman R. L.: Marine Mammals of the World: A Comprehensive Guide to Their Identification. Academic Press, London, 2008, 573 pp.

13) Read A. J. and Tolley K. A.: Postnatal growth and allometry of harbour porpoises from the Bay of Fundy. Can. J. Zool., 75: 122-130, 1997.

14) Whitehead H. and Mann J.: Female reproductive strategies of cetaceans. *In*: Cetacean Societies（Mann J., Connor R. C., Tyack P. L. and Whitehead H. eds.）, University of Chicago Press, Chicago, Illinois, 2000, pp. 219-246.

15) Lockyer C.: Review of baleen whale (Mysticeti) reproduction and implications for management. Rep. int. Whal. Commn., Special Issue 6: 27-50, 1984.

16) Perrin W. F. and Reilly S. B.: Reproductive parameters of dolphins and small whales of the family Delphinidae. Rep. int. Whal. Commn., Special Issue 6: 97-133, 1984.

17) Marsh H. and Kasuya T.: Evidence for reproductive senescence in female cetaceans. Rep. int. Whal. Commn., Special Issue 8: 57-74, 1986.

18) King J. E.: Seals of the World. Second Edition, The British Museum (Natural History) and Cornell University Press, Ithaca, New York, 1983, 240 pp.

19) Schusterman R. J.: Steller sea lion *Eumetopias jubatus* (Schreber, 1776). *In*: Handbook of Marine Mammals, Volume 1: The Warlus, Sea lions, Fur Seals and Sea Otter. (Ridgway S. H. and Harrison R. J. eds.), Academic Press, London, 1981, pp. 119-141.

20) Mesnick S. L. and Ralls K.: Mating systems. *In*: Encyclopedia of Marine Mammals. (Perrin W. F., Würsig B. and Thewissen J. G. M. eds.), Academic Press, London, 2002. pp. 726-733.

21) Atkinson S.: Reproductive biology of seals, Rev. Reprod., 2: 175-194, 1997.

22) 石名坂豪: 知床のトド・アザラシ. *In*: 知床のほ乳類I (斜里町立知床博物館 編), 北海道新聞社, 札幌, 2000, pp. 164-205.

23) Ishinazaka T., Suzuki M., Yamamoto Y., Isono T., Harada N., Mason J. I., Watabe M., Tsunokawa M. and Ohtaishi N.: Immunohistochemical localization of steroidogenic enzymes in the corpus luteum and the placenta of the ribbon seal (*Phoca fasciata*) and the Steller sea lion (*Eumetopias jubatus*), J. Vet. Med. Sci., 63: 955-959, 2001.

24) Thorsteinson F. V. and Lensink C. J.: Biological observations of Steller sea lions taken during an experimental harvest, J. Wildl. Manage., 26: 353-359, 1962.

25) Schillo K. K.: スキッロ動物生殖生理学 (佐々田比呂志, 高坂哲也, 橋爪一善 訳). 講談社, 東京, 2011, 428 pp.

26) Rommel S. A., Pabst D. A. and McLellan W. A.: Functional anatomy of the cetacean reproductive system, with comparisons to the domestic dog. *In*: Reproductive Biology and Phylogeny of Cetacea. (Miller D. L. ed.), Science Publishers, Enfield, New Hampshire, 2007, pp. 127-145.

27) Harrison R. J.: Endocrine organs: hypophysis, thyroid and adrenal. *In*: The Biology of Marine Mammals. (Andersen H. T. ed.), Academic Press, New York, 1969, pp. 365-372.

28) Perrin W. F. and Donovan G. P.: Report of the Workshop. Rep. int. Whal. Commn., Special Issue 6: 1-24, 1984.

29) Robeck T. R., Atkinson S. K. C. and Brook F.: Reproduction. *In*: CRC Handbook of Marine Mammal Medicine, Second edition. (Dierauf L. A. and Gulland M. D. eds.), CRC Press, Boca Raton, Florida, 2001, pp. 193-236.

30) Arvy L.: Endocrine glands and hormonal secretion in cetaceans. Invest. Cetacea 3: 229-300, 1971.

31) Berson S. A. and Yalow R. S.: Quantitative aspects of the reaction between insulin and insulin-binding antibody. J. Clin. Invest., 38: 1996-2016, 1959.

32) Reimers T. J. and McCann J. P. and Cowan R. G.: Effects of storage times and temperatures on T3, T4, LH, prolactin, insulin, cortisol and progesterone concentrations in blood samples from cows. J. Anim. Sci., 57: 683-691, 1983.

33) Volkmann D. H.: The effects of storage time and temperature and anticoagulant on laboratory measurements of canine blood progesterone concentrations. Theriogenology, 66: 1583-1586, 2006.

34) Mansour A. A. H., McKay D. W., Lien J., Orr J. C., Banoub J. H., Oien N. and Stenson G.: Determination of pregnancy status from blubber samples in minke whales (*Balaenoptera acutorostrata*). Mar. Mamm. Sci., 18: 112-120, 2002.

35) Rolland R. M., Hunt K. E., Kraus S. D. and Wasser S. K.: Assessing reproductive status of right whales（*Eubalaena glacialis*）using fecal hormone metabolites. Gen. Comp. Endocrinol., 142: 308-317, 2005.

36) Hunt K. E., Rolland R. M., Kraus S. D., and Wasser S. K.: Analysis of fecal glucocorticoids in the North Atlantic right whale（*Eubalaena glacialis*）. Gen. Comp. Endocrinol., 148: 260-272, 2006.

37) Hogg C. J., Rogers T. L., Shorter A., Barton K., Miller P. J. O. and Nowacek D.: Determination of steroid hormones in whale blow: it is possible. Mar. Mamm. Sci., 25: 605-618, 2009.

38) Pérez S., García-López Á., De Stephanis R., Giménez J., García-Tiscar S., Verborgh P., Mancera J. M. and Martínez-Rodriguez G.: Use of blubber levels of progesterone to determine pregnancy in free-ranging live cetaceans. Mar. Biol., 158: 1677-1680, 2011.

39) Funasaka N., Kusuda S., Kogi K. and Yoshioka M.: Fecal sex steroid analysis for estimation of reproductive status in free-ranging Indo-Pacific bottlenose dolphins *Tursiops aduncus*. *In*: Abstract book of 20th Biennial Conference on the Biology of Marine Mammals, Dunedin, New Zealand, 2013, p. 75.

40) Takei Y., Suzuki I., Wong M. K. S., Milne R., Moss S., Sato K. and Hall A.: Development of an animal-borne blood collection device and its deployment for the determination of cardiovascular and stress hormones in submerged phocid seals. Am. J. Physiol. Regul. Integr. Comp. Physiol., 311: R788-R796, 2016.

41) Ohsumi S.: Comparison of maturity and accumulation rate of corpora albicantia between the left and right ovaries in Cetacea. Sci. Rep. Whales Res. Inst., 18: 123-148, 1964.

42) Benirschke K., Johnson M. L. and Benirschke R. J.: Is ovulation in dolphins, *Stenella longirostris* and *Stenella attenuata*, always copulation-induced? Fish. Bull., 78: 507-528, 1980.

43) Brook F. M.: Histology of the ovaries of a bottlenose dolphin, *Tursiops aduncus*, of known reproductive history. Mar. Mamm. Sci., 18: 540-544, 2002.

44) Dabin W., Cossais F., Pierce G. J. and Ridoux V.: Do ovarian scars persist with age in all cetaceans: new insights from the short beaked common dolphin. Mar. Biol., 156: 127-139, 2008.

45) Brook F. M.: Ultrasonographic imaging of the reproductive organs of the female bottlenose dolphin, *Tursiops truncatus aduncus*. Reproduction, 121: 419-428, 2001.

46) Sawyer-Steffan J. E., Kirby V. L. and Gilmartin W. G.: Progesterone and estrogens in the pregnant and nonpregnant dolphin, *Tursiops truncatus*, and the effects of induced ovulation. Biol. Reprod., 28: 897-901, 1983.

47) Best P. B.: The sperm whale（*Physeter catodon*）off the west coast of South Africa. 3. Reproduction in the male. Div. Sea Fish. Invest. Rep. 72: 1-20, 1969.

48) Kasuya T., Miyazaki N. and Dawbin, W. H.: Growth and reproduction of *Stenella attenuata* in the Pacific coast of Japan. Sci. Rep. Whales Res. Inst., 26: 157-226, 1974.

49) Miyazaki N.: Growth and reproduction of *Stenella coeruleoalba* of the Pacific coast of Japan. Sci. Rep. Whales Res. Inst., 29: 21-48, 1977.

50) Hao Y. J., Chen D. Q., Zhao Q. Z. and Wang D.: Serum concentrations of gonadotropins and steroid hormones of *Neophocaena phocaenoides asiaeorientalis* in middle and lower regions of the Yangtze River. Theriogenology, 67: 673-680, 2007.

51) DeMaster D. P.: Review of techniques used to estimate the average age at attainment of sexual maturity in marine mammals. Rep. int. Whal. Commn., Special Issue 6: 175-179, 1984.

52) 石名坂豪: トドの繁殖と個体群. *In*: トドの回遊生態と保全.（大泰司紀之, 和田一雄 編）, 東海大学出版会, 神奈川, 1999, pp. 59-78.

53） Robeck T. R., Steinman K. J., Yoshioka M., Jensen E., O'Brien J. K., Katsumata E., Gili C., McBain J. F., Sweeney J. and Monfort S. L.: Estrous cycle characterisation and artificial insemination using frozen-thawed spermatozoa in the bottlenose dolphin（*Tursiops truncatus*）. Reproduction, 129: 659-674, 2005.

54） Robeck T. R., Monfort S. L., Calle P. P., Dunn J. L., Jensen E., Boehm J. R., Young S. and Clark S. T.: Growth and development in captive beluga（*Delphinapterus leucas*）. Zoo Biol., 24: 29-49, 2005.

55） 和田一雄, 伊藤徹魯：鰭脚類. アシカ・アザラシの自然史. 東京大学出版会, 東京, 1999, 284 pp.

56） 吉岡　基：クジラやイルカの繁殖. *In*: ケトスの知恵 イルカとクジラのサイエンス（村山司, 森阪匡通 編）, 東海大学出版会, 神奈川, 2012, pp. 47-63.

57） 船坂徳子, 小木万布, 吉岡基：ミナミハンドウイルカの精巣の成熟に関する組織学的研究. Mikurensis－みくらしまの科学－, 2: 59-66, 2013.

Column.06

鯨類における
胎仔の特徴と調査研究

船坂徳子

三重大学

鯨類の胎仔

　鯨類は水中生活に完全に適応した動物であるが，「哺乳類」であるため，母体内で受精し，子宮内で胎仔を大きく育て，出産後は授乳によって仔を育てる。鯨類における出生前の初期の胚発生は，陸生哺乳類を含めた他の哺乳類に類似しており，水中生活に適応した鯨類の特徴が現れてくるのは発生の後半である。鯨類の初期の胚では，腹壁から突き出た後肢芽が形成されるが（図1），イルカ類では妊娠5週目ごろに発達が停止し，その後吸収されて腹壁にはその兆候がなくなる。多くのハクジラ類では，妊娠初期の胎仔の上顎の両側に数本の体毛がみられるが，これらは出生後すぐに消失する。また，歯を有さないヒゲクジラ類においても，胎仔期には歯牙の原基が形成されることから，鯨類の発生は祖先である陸生哺乳類の発生過程を反映していると考えられている[1]。

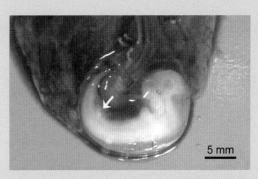

5 mm

図1　ハナゴンドウの微小胎仔。矢印の位置に後肢芽が確認できる。

　鯨類は基本的に一産一仔である。しかし，かつて筆者は，雌のハナゴンドウの子宮内から，比較的成長した双胎仔，いわゆる双子を発見したことがある。その雌個体の黄体は片側の卵巣にしかないものの，子宮角は左右どちらも大きく膨張していた．胎仔は通常，左右どちらかの子宮角で成長するため，不思議に思って注意深く子宮を切開したところ，両側の子宮角に1頭ずつ胎仔が入っていたのである。おそらく，胎仔の成長に伴い，片側の子宮角では収まりきらず，反対側の子宮角にも侵入したのであろう。これは多胎の一例にすぎず，商業捕鯨などにより捕獲された鯨類の子宮

の調査から，多胎が報告された例が複数ある[2]。これらはいずれも胎仔の確認であり，少なくとも鯨類では複数の胎仔が子宮内で育つことは稀にあるようだ。ホエールウォッチングなど自然環境下での観察で，1頭の雌に2頭の新生仔が追随していた例はコククジラやマッコウクジラなどで報告があるが[3]，これが双子なのか，それとも別の母親の仔が追随しているだけなのかは確認されておらず，すべての多胎例で順調に生まれて育つかどうかはよくわかっていない。

胎仔の調査とその意義

鯨類の生殖腺を直接観察する致死的調査において，調査対象が成熟雌の場合は，高い確率で妊娠している。妊娠個体には必ず卵巣上に黄体があるが，調査の際は，卵巣上の黄体の有無に関わらず，左右の子宮角を切開して，胎仔の有無を確認した方が良い。黄体が存在するにもかかわらず胎仔が確認できない場合は，排卵後の黄体期であるか，子宮が破損して胎仔が流失した可能性が考えられる。胎仔の流失が想定されても，子宮内に臍帯や胎盤が残存している場合は妊娠の証拠となるため，子宮内は注意深く観察するべきである。また，妊娠して間もない段階にある体長約10cm以下の微小胎仔は，見落としの可能性が非常に高いため，黄体が存在するにもかかわらず胎仔が見当たらない場合は特に注意して子宮内を精査しなければならない。子宮を切開する際には，胎仔を傷つけないように刃物を扱う。刃を胎仔側に向けて切開すると胎仔を傷つける可能性があるため，子宮を小さく切開した後に，刃を胎仔とは逆向きにするか，あるいは解剖ハサミなどを用いて広く切開する方が良い。胎仔が破損してしまった場合，その後の体長や体重計測などの調査に影響するため，十分に注意する。

胎仔は妊娠の有無を確認するためだけに調べるわけではない。胎仔の体長組成や成長様式は，その種の出生体長，繁殖の季節性（交尾期や出産期），妊娠期間の推定にも用いられる。鯨類では体重を測定することが困難であるため，体の大きさを示すには体長が

用いられることが多い。鯨類の体長は上顎先端から尾鰭分岐点までを直線で測定した値であり，胎仔の体長もこの方法で計測する。小型の胎仔は内側に湾曲しているため（図1），体長計測時は可能な限り直線に矯正して行わなければならない。微小胎仔のように矯正できないほど小さな胎仔の場合は，頭尾長（crown-tail-length：CTL）として，湾曲した状態で頭頂部から尾部の直線距離を計測することもある。大きく成長した胎仔は子宮内で体が屈曲した状態になるため，体長計測の際には屈曲した胎仔を直線状に矯正する必要がある。この子宮内での屈曲の名残として，出生後数週間の新生仔にのみ在胎痕（背鰭の前後にある体軸に対して垂直に走る複数の白い線）が確認できる。在胎痕は，胎仔線や胎仔しわとも呼ばれる。胎仔の性別の判定にも注意が必要である。基本的には，胎仔でも出生後の個体と同様に生殖孔と肛門の位置関係により性別が判定できるが，小型の胎仔では陰核の分化が進んでおらず，外部生殖器の形態が完成していない。その場合は，陰核が頭の方に傾斜しているものは雄，尾鰭の方に傾斜しているものは雌と判定する。どうしても判定が難しい場合は，特別に小さな胎仔を除き，解剖して生殖腺を観察すれば判定可能である。

胎仔を対象とした研究

鯨類の胎仔を対象とした研究は，数種のイルカ類で個体発生が調べられていることを除き，試料入手の困難さから限られた標本数に基づいて発生過程の一部を述べるに留まっている[4,5,6]。すでに本編でも述べたように，致死的調査によって得られてきた繁殖特性値や関連する基礎的知見は，今も多くの研究者が引用し，鯨類学の基盤となる知見を提供し続けている。今でも，日本を含めた一部の地域で鯨類の捕獲が行われ，漁獲物から研究用の資試料が継続的に収集されている。このような機会を用いて，不明な点が多い胎仔の研究を進めることは不可能ではなく，完全に水中適応した鯨類の進化に伴う形態的変化を知る手掛かりを得ることが期待できる。

参考文献

1) Würsig B., Thewissen, J. G. M. and Kovacs, K., eds.: Encyclopedia of Marine Mammals, Third Edition. Academic Press, San Diego, 2018, 1157 pp.

2) Drinkwater, R. W. and Branch, T. A.: Estimating proportions of identical twins and twin survival rates in cetaceans using fetal data. Mar. Mamm. Sci., 38: 1398-1408, 2022.

3) Di Natale, A. and Mangano, A.: Mating and calving of the sperm whale in the central Mediterranean. Aquat. Mamm., 1: 7-9, 1985.

4) Thewissen, J. G. M. and Heyning, J.: Embryogenesis and development in *Stenella attenuata* and other cetaceans. *In*: Reproductive Biology and Phylogeny of Cetacea (Miller D. L. ed.), Science Publishers, Enfield, New Hampshire, 2007, pp. 307-329.

5) Cooper, L. N., Sears, K. E., Armfield, B. A., Kala, B., Hubler, M. and Thewissen, J. G. M.: Review and experimental evaluation of the embryonic development and evolutionary history of flipper development and hyperphalangy in dolphins (Cetacea:Mammalia). genesis, 56: e23076, 2018.

6) Kim, Y., Nishimura, F., Bando, T., Fujise, Y., Nakamura, G., Murase, H. and Kato, H.: Fetal development in tail flukes of the Antarctic minke whale. Cetacean Popul. Stud., 3: 231-238, 2021.

第8章 食性・栄養状態・摂餌量

田村 力・後藤陽子

1 はじめに

　鯨類や鰭脚類などの海棲哺乳類における食性研究は，多くの種が長年商業捕獲されてきたことから，捕獲個体を対象に積極的に行われてきた。特に，基地式および母船式捕鯨による捕獲対象となったヒゲクジラ類やマッコウクジラなどの大型鯨類は，これまでに膨大な胃内容物調査が行われ，標本やデータが収集・蓄積されてきた[1,2]。鰭脚類も過去に多くの種が商業捕獲の対象となっていたため，多くの情報が収集されている[3,4]。しかし，近年，鯨類では捕獲を伴う科学調査やイルカ漁業など，また，鰭脚類ではトドやゴマフアザラシの駆除事業などを除いて致死的手法による標本採集が困難になっている。このことから，混獲・漂着個体からの情報収集のほか，ダートバイオプシーや糞採集などの非致死的手法によって得られた標本を用いた食性研究も行われるようになってきた。

　海棲哺乳類は，全世界の水域に分布しており，それぞれの生息海域での海洋生態系において高次捕食者として食物連鎖の構成に重要な役割を担っている。寒冷な海域においては，およそ37℃の体温を保つため[5,6]に，多量の餌生物を消費して代謝を維持する。多くの海棲哺乳類は，直接的もしくは間接的に漁業対象種も餌とするため，漁業活動との関係も生態系モデルなどを活用して検討する必要がある[7~9]。

　このように，海棲哺乳類の食性研究は古くから多くの研究者の注目を集めてきた分野の1つであった。これまでは「いつ，どこで，何を，どのように摂餌しているか」といった定性的なものが中心であり，「どのくらい摂餌しているか」

Survey and analysis methods for conservation and management of marine mammals (8): Feeding habits, nutritional condition and prey consumption

Tsutomu Tamura / Institute of Cetacean Research（一般財団法人日本鯨類研究所）

Yoko Goto / Wakkanai Fisheries Research Institute, Fisheries Research Department, Hokkaido Research Organization（地方独立研究法人北海道立総合研究機構水産研究本部稚内水産試験場）

Abstract : Investigation on feeding ecology of marine mammals is important for their conservation and management because changes in diet compositions and amount of prey consumption are directly related to their nutritional conditions which would ultimately affect their population parameters such as mortality. Furthermore, results of feeding ecology studies are as the basis for understanding their role in marine ecosystem. In this article, we review survey and analysis methods which are applied to cetaceans and pinnipeds. Specifically, we review (1) stomach contents analysis, (2) fecal analysis and (3) chemical analysis. In addition, reviews of (1) nutritional condition analysis and (2) methods for estimating food consumption are presented.

Keywords : Feeding habit, prey consumption, body condition

という定量的なもの（日間摂餌量・年間摂餌量など）は，特に鯨類において胃内容物重量を直接測定することが困難であるため，基礎代謝量などの生体エネルギー論（Bioenergetics）に基づいて推定された個体群レベルでの研究が大半であった[10~14]。しかしながら，バイオテレメトリ・バイオロギングを用いた調査手法の進展により，近年では個体レベルでの詳細な研究が可能になってきた。

　本章では，従来の定性的な食性研究で用いられてきた消化管内容物分析と糞分析を中心に紹介し，近年発展してきた化学分析についても解説する。次に，栄養状態の分析手法にふれて，最後に摂餌量推定とその基礎となる生体エネルギーモデルについて解説する。

2　食性

2.1.　消化管内容物分析

　消化管内容物分析とは，基本的に致死的手法によって捕獲した個体の胃や腸から内容物を取り出し，その構成（定性的情報）や量（定量的情報）を調べる方法である。古くから用いられてきた方法であるが，特に胃内容物分析は食性研究の基本である「何をどのくらい食べたのか」という観点を明らかにするのに，正確性からもこれに勝る方法はない。種や量だけでなく，餌生物の体長も明らかにでき，また，個体の採集時刻の記録があれば，いつ摂餌したかもある程度は推定可能となる。欠点としては，スナップショットのように標本採集時の情報しか得られないこと，また，個体群レベルでの解析が主体となるため，多くの標本が必要になることがあげ

られる。一部の鰭脚類では生体の吐き戻し標本による分析も試みられているが，多くの種で胃内容物を取り出すには，致死的手法を取らざるをえない点も欠点としてあげられる。

2.1.1.　鯨類

　鯨類の胃は，牛などの偶蹄目（ぐうているもく）の胃と似ており，一般的に前胃（第一胃），主胃（第二胃），幽門胃（第三胃），十二指腸膨満部（第四胃）の4つで構成されている（図1）[15]。第一胃は食物の貯蔵庫としての役割をはたし，消化腺が存在していない。第二胃が本来の胃袋であり，餌生物はここで消化されて原形をとどめないような液状となる。

　胃内容物の採集方法であるが，捕獲を伴う科学調査では，基本的に第一胃と第二胃から採集する。各胃の内容物が混合しないように注意しながらメスカップやバケツを用いて，第一胃から順にそれぞれの胃内容物を大型のポリ容器に移す。その際，第一胃内容物を対象とし，オキアミ類（Eu），橈脚類（じょうきゃく）（Ca），端脚類（たんきゃく）（Am），魚類（Fi），およびその他（頭足類などOt）の5

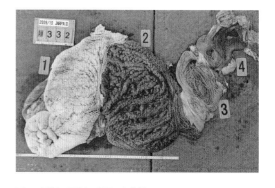

図1　鯨類の胃を切り開いた状態
南極海のクロミンククジラ。1～4のプレートは，それぞれ第一胃～第四胃を示す。

項目に大別して記録する。また，第一胃の充満度を6段階，餌生物の鮮度を4段階に分類する[16]。その後，採集した各胃の内容物は，秤量計（ひょうりょう）を用いてその重量を 0.1 kg 単位で測定する。採集した胃内容物は，全部，または一部を 10％ホルマリン固定標本や冷凍標本として持ち帰り，研究室において餌生物の種名や体長，性別などを調べ，各餌生物の出現頻度や分布状態，数量の復元や体長などの解析を行う。復元とは，消化物を未消化，半消化，および消化に分類し，頭部を1つで1個体，遊離している耳石2つで1個体と計数し，両者を足し合わせて捕食推定数を算出する。この捕食推定数に未消化物で計量した平均重量を掛け合わせることで推定捕食重量を求める。限られた調査時間の中で行う胃内容物調査は，非常に大変であるが研究の根幹をなす重要な作業の1つである（図2）。このように収集した胃内容物データは海域や季節，年ごとに集計され，餌生物の重量組成や体長組成を求める基礎となる。

消化管内容物を用いた食性解析は，ほかにも小腸や大腸内容物を採集して，顕微鏡を用いて

図2　鯨類の胃内容物採集風景
北西太平洋のイワシクジラの第一胃を切開し，胃内容物のカタクチイワシを 100L のバケツを用いて採集を行っている場面。多いときは 1t 近くに達する。

消化物を観察する方法や，2.2項で述べる餌生物由来DNAを用いた方法，2.3項で述べる安定同位体比を用いた化学分析法などがある。

2.1.2　鰭脚類

鰭脚類の胃は1つである。消化段階は摂餌直後から空胃まで多様であるが，魚類の骨格・耳石のみが残存する場合が多い。初心者が犯しやすい誤りとして，胃内容物にみられた耳石が文献による写真と比較して類似しているというだけで，安易に種を同定しまうことがあげられる。このような事態を避けるため，調査に先立ち，魚類骨格・耳石および頭足類顎板についての標本や文献による情報の収集を行うことが重要である。同定の際は，その種が通常その海域に分布し，かつその調査対象である鰭脚類が摂餌可能な水深に普通に見られるかどうかを慎重に検証する。

採集した胃は，胃全体重量を測定し，内容物を別容器に取り出したのち，胃壁のみの重量を再度測定し，胃全体重量より除いた値を胃内容物重量とする。トドの場合，胃に石が見られることがあり，餌以外の内容物重量については解析から除外する。胃内容物は 10％ホルマリン水溶液で固定したあと水洗し，未消化・消化に分類したのち，消化物について魚類は骨格，耳石，筋肉，その他（眼球，魚卵など）に，頭足類は顎板（くちばし）（嘴），筋肉，その他（眼球など）に分類する（1次ソーティング）。このとき，鯨類同様に消化段階を記録するが，同一胃に消化段階の異なる内容物が混在することも多いので，詳細に記録することが摂餌時間帯の推定に役立つ[3]。1次ソーティング後の内容物は，再度水洗により

十分にホルマリンを除去したのち，未消化魚類は外部形態から種を同定し，体サイズを測定する。骨格・耳石などから餌生物の種の同定を行う（2次ソーティング）が，メバル属魚類やカレイ科魚類など種間の差異が小さい魚種については，科・属までの同定とせざるをえない場合がある。同定された餌生物を種ごとに重量を測定し，出現頻度（その種の出現胃数／全胃数），重量組成（各餌生物重量／総餌生物重量）を算出し，解析に用いるのが一般的である。多くの場合，胃内容物は消化されているため，餌生物の重量組成の算出は困難である。その場合，復元重量を用いるなど，工夫が必要である。復元には，耳石長・顎板の嘴刃長と体長・外套長・体重の関係式が用いられる[17]。

消化管内容物を用いた食性解析は，ほかにも吐き戻し法[18]や，直腸洗浄法[19]などがあるが，国内で適用される機会がきわめて限定されるためここでは割愛する。

2.2. 糞分析

糞分析は，個体が排泄する糞に含まれる固形残存物を，顕微鏡などを用いて観察する方法や，餌生物由来のDNAや安定同位体比を用いた化学分析法などがある。糞を用いる利点は，採集方法が非致死的（もしくは非侵襲的）であり，標本数の確保が鰭脚類では特に容易であることがあげられる。

2.2.1 鯨類

鯨類における糞分析は，シロナガスクジラ，ナガスクジラ，セミクジラなどのヒゲクジラ類のほかにマッコウクジラでも行われている[20, 21]。

鯨類の場合，水中に排出された糞を採集し，排出個体の識別ができれば追跡調査が可能となる。しかし，糞が水溶性であることから，努力量のわりに試料が量的に得にくいということが欠点となる。日本の調査結果では，食べていた餌生物の種類で糞の性状が異なり，カイアシ類やオキアミ類などの動物プランクトン由来の採集しやすい糞と魚類由来の採集しにくい糞があることが明らかになった[22]。消化しにくい部位（例えば，イカの嘴など）であれば種が判別可能であるが，完全に消化される餌生物については同定できず過小評価につながるおそれがある。そのほかにも，体内にとどまる滞留時間が不明なために，その摂餌時刻を推定することは困難である。また，次世代シーケンサーを用いた餌生物由来のDNAを検出する手法も開発中である[22]が，現時点では餌の餌を検出したり，環境中にいた生物を判定してしまうなど，実用化に向けて改善すべき点が多い。

2.2.2. 鰭脚類

鰭脚類は，上陸場に残される糞を採集できる（図3）ため，糞分析は現在の食性解析において標準的な手法となっている[23, 24]。上陸場の状況によっては，成熟段階別や季節性といった詳細な検討も可能である。

糞分析の手法として古くから行われてきた肉眼による固形残存物の同定は，消化管内容物分析とほぼ同様である。糞の場合，残存物が極端に少ないうえに消化が進んでいるものがほとんどであり，餌生物の種の同定には熟練と根気が必要である。

上陸場で糞を採集する場合，乾燥しているも

図3　鰭脚類の糞採集風景
北海道宗谷岬弁天島にてトドの糞を採集する様子。糞ごとにディスポーザブルのプラスチックヘラを使用し，冷凍用密閉保存袋に採集する。

のは避け，比較的新しいもののみ採集することで，時期を特定した解析が可能となる。1個ずつジップロック®（旭化成ホームプロダクツ）など密封・冷凍可能なプラスチックバッグに入れ，分析時まで冷凍保存とする。このとき，後述するDNA分析を併用する場合は，糞1個に対し1本のヘラを使用し，糞同士が混ざらないように注意する。実験室にて解凍後，家庭用洗剤を混和し，乳化させたのち，ふるい上で洗浄する。もしくはナイロンメッシュの袋に入れ，洗濯機を使用する方法もある[25]。0.5 mmメッシュのふるい上で泥質部分を除去後，残存する魚類骨格，耳石，頭足類顎板などから餌生物の種同定を行う。糞の場合は，いつ摂餌されたものかわからず，頭足類の顎板のように複数回の摂餌分がまとまって出現することもあることから，量的評価は行わず，出現頻度に基づく評価を行う。タラ科魚類など大型の耳石は，サケ科魚類などの小型の耳石と比較して糞中に残存しやすいなど偏りが生じることが多いことから[26]，残存する小骨片なども可能なかぎり細かく分類し，同定に努

めることが望ましい。

　餌生物由来のDNAによる分析は，より多くの種の検出が可能である。現在では次世代シーケンサーの普及により，多数の標本処理と高感度の分析が可能となっている。糞からの総DNA抽出には，市販のキットを用いることが多い（例えば，Qiagen社 QIAamp Fast DNA Stool Mini Kitなど）。鰭脚類の糞は大量のため，事前によく攪拌するとともに，余裕があれば1個の糞から複数サンプルを分注して分析することが望ましい。サーマルサイクラーによるDNAの増幅は，通常ユニバーサルプライマーを用いる。種の同定は，シーケンサーにより得られた比較的短い塩基配列をもとにデータベースから検索し，相同性の高い魚種を決定する方法（DNAバーコーディング法）[27]，魚種間の塩基配列の差異を電気泳動によって検出するSSCP（single-strand conformation polymorphism）法や RFLP（restriction fragment length polymorphism）法などがある[28]。

　定量的な評価の試みは，次世代シーケンサーにより得られた餌生物の配列のリード数に対して，あらかじめ実験により求めた補正係数を適用することにより各種の構成比を求める方法[29]，real-time PCRを用い摂餌された量を推定する方法[30] などが飼育個体において検討されている。

2.3.　化学分析

　化学分析による食性研究は，近年急速に発展してきた分野である。一方で後述するように，分析結果を数理モデルで解析することにより，餌生物の種類（定性的情報）や量（定量的情報）

を得ることが可能になりつつある。また，非致
死的手法で得た試料を用いることで，同じ個体
から継続的な食性情報が得られる利点もある。
致死的手法で得た胃内容物情報と組み合わせる
ことができれば，高い精度の結果を得られるこ
とが期待できる。化学分析手法は鯨類と鰭脚類
で大きな違いがないため，以下，手法別に解
説する。

2.3.1.　安定同位体分析

　近年の食性解析の分野で特に注目されてきて
いる化学分析が，安定同位体分析である。安定
同位体を用いた食性解析は，捕食者（ここでは
海棲哺乳類）の体組織に含まれる炭素および窒
素，さらに水素や酸素などの同位体比により栄
養段階を求め，餌生物を推定する。また，さま
ざまな餌生物をどのくらいの割合で摂取してい
るか，ベイズ推定を用いて推定することができ
る。本手法には，統計解析言語 R "siar（Stable
Isotope Analysis in R）" が利用できる [31,32]。一
般に，海棲哺乳類では試料としてダートバイオ
プシーなどで得られた表皮を用いることが多い。
表皮の場合は 1 ヵ月程度前の食性を反映すると
考えられているが，代謝速度の速い筋肉や肝臓
は数日前から数十日前の食性を反映していると
考えられ，それらをふまえた分析結果の解釈が
必要になる。ヒゲクジラ類のヒゲ板や鰭脚類の
歯や洞毛を調べることで，長期間の摂餌履歴や
索餌回遊域の履歴を把握することも可能であ
る [33,34]。安定同位体分析の欠点は，餌生物の
栄養段階が似ていると区別が非常に難しいこと
である。また，捕食者の体内の脂皮や筋肉など
各組織に餌生物の安定同位体比が反映されるに
はある程度の時間が必要であり，その摂餌時期
を正確に推定することは現在のところ困難であ
る。

2.3.2.　脂肪酸分析

　脂肪酸分析は，体組織から総脂質の抽出を
Bligh-Dyer 法 [35] などの定法に従って行い，
精製メチルエステルをガスクロマトグラフィーに
て分析し，得られた各脂肪酸の組成比をもとに
主成分分析など多変量解析を用いて解析する方
法である。近年では，統計解析言語 R "QSAFA"
による解析も推奨されている [17]。分析部位に
よって餌生物から移行，蓄積される脂肪酸の種
類が異なるため注意が必要である。皮下脂肪を
層別に分析した研究では，内側の層で食性を反
映していたという報告がある [36] ものの，皮膚側
の脂肪層については，食性よりも年齢に依存し
て変化するため，脂肪酸組成が食性を反映する
かどうか疑わしいとする報告もあり [37]，結果の
解釈には慎重を要する。特定の脂肪酸に着目し
て，食性を反映する手がかりとすることが多い
が，潜在的に餌となりうる生物の情報および試
料の収集も含め，慎重な検証が必要となること
から，手間と費用のかかる解析方法と言える。

3　栄養状態

　脂皮厚や胴周，体重などは海棲哺乳類の栄
養状態を測る指標となる。近年では，解析手法
の進展により個体の栄養状態モニタリングのみ
ならず，個体群の栄養状態モニタリングも試み
られている。

3.1. 鯨類

従来から，栄養状態を測る指標として，特定の部位の脂皮厚や胴周が用いられてきた。体重も重要な指標であるが，大型鯨類の体重を測ることは大がかりで困難であった。南極海で1980年代後半から開始された捕獲を伴う科学調査（南極海鯨類捕獲調査：JARPA）では，脂皮厚や胴周の計測に加え，体重を測定するための秤を船上に備え，現在は50 tまでを一度に計測している。これらの栄養指標データに，個体の採集年月日，採集場所，体長，性別，年齢など，栄養状態に関係があると考えられるデータ（共変量）を加え，「重回帰分析」や「一般化線型モデル」を用いて分析したところ，南極海のクロミンククジラの栄養状態が1987〜2005年の期間，脂皮厚で0.2 mm/年，胴周で0.46 cm/年，脂肪全重量で17 kg/年のペースで減少しており，本種の栄養状態が悪化していることが明らかになった[38]。同様の研究はノルウェーなどでも展開されている[39]。

3.2. 鰭脚類

陸棲哺乳類と異なり鰭脚類は内臓脂肪を蓄積しないため[40]，有蹄類で行われているような腎脂肪による栄養状態の判定は難しい。通常，皮下脂肪厚や肥満度を用いて栄養状態の指標とする。飼育個体や生体捕獲が可能な場合は，血液性状などの生化学検査も行われている[41]。

栄養状態のモニタリングは，餌生物環境と個体群動態との関連について解明するために重要である。野生のトドでは，利用している餌の種類が変化することによって，栄養状態や体重に変化が起こるかどうかの検討がなされている[42]。

国内において，野外個体の栄養状態の把握は，一部生体捕獲個体や人為的に死亡した個体（採捕・混獲）に限られるため，データの蓄積が難しい。なお，ときおり発生するストランディングでは，個体の体重の変化が病気による可能性があるため，データの取り扱いに注意が必要である。また，近年ではImageJ（https://imagej.nih.gov/ij/［アクセス日：2023年2月1日］）など，写真による外部形態の3次元計測が可能な無償ソフトウエアもさまざま開発されており，それらを活用するのも新たな手段となろう。

4 摂餌量の推定

ここでは，鯨類や鰭脚類の摂餌量推定の方法について簡単に解説する。胃は，前述したようにヒゲクジラ類の場合が4つ，鰭脚類が1つで構成されており，すべての胃に含まれている内容物を測定することで，摂餌量推定の基本的なデータとする。特に餌生物の鮮度が良い場合は，1回分の摂餌に対応していることが考えられる。捕獲を伴うため，1頭からは1つのデータしか得ることができない。したがって，個体群レベルでの摂餌量推定を行うには，多くの標本が必要となる。

飼育が可能であれば給餌量から摂餌量を求めるのは容易であるが，体が大きく，飼育に広大な施設を必要とするヒゲクジラ類ではそれも現実的ではない。摂餌量推定は，大きく分けて胃内容物重量や充満度の経時変化から推定する方法と，エネルギー代謝などから推定する方法がある。

4.1. 胃内容物重量や充満度の経時変化からの推定法

一般にヒゲクジラ類の摂餌活動は，朝と夕方に活発である。第一胃が満胃状態であるときの胃内容物重量値が体重のおよそ 1 ～ 2%であったことから，1日に満胃状態が 2 ～ 3 回あるとして，1日の摂餌量は体重の 4%程度であると推定された[43, 44]。Tamura and Konishi[45] は，クロミンククジラの胃内容物重量の経時変化と想定される消化速度から 1 日の摂餌量を推定し，本種では体重の 3.3 ～ 3.6%とした。

4.2. 生体エネルギーモデルに基づく推定法

本手法は，個体の体重や基礎代謝量，餌生物のエネルギー量などを用いた推定式（生体エネルギーモデル）に基づき，1日の摂餌量を推定する。もっとも単純な摂餌量推定式は，

$$R = AM^B$$

で表すことができる。ここで，Rは摂餌量（kg），AとBは係数，Mは体重（kg）を示している。ここで注意が必要なのが係数Bで，体重Mが重くなればなるほどBの大小によって指数関数的に摂餌量Rは大きな値となる。近年，摂餌量推定式のレビューも行われているが，そこでもBに関する議論が行われている[46]。また，最近のトピックとして"uncertainty"（不確実性）の問題があり，これは摂餌量推定を行うにあたり，さまざまなパラメータに存在する不確実性をどのように取り込み，またその範囲をどのように減少させるのかというところに焦点が当たってきている[47]。それを改善するために，モンテカルロシミュレーションを用いた摂餌量推定も行われ始めて

いる[48, 49]。このように，今後は算出した摂餌量について，その精度とともに妥当性についても評価をする必要がある。ここではヒゲクジラ類を主な例として取り上げたが，同様の手法は他種にも適用できる。

4.3. バイオテレメトリ・バイオロギングの活用

近年，急速に発展しているバイオテレメトリ・バイオロギングから得られる個体レベルのデータを活用し，生体エネルギーモデルの改善が進展している。生体エネルギーモデル（餌の取り込みから排出，成長，運動，回遊）と個体群レベルの分布・資源動向などを統合して，摂餌生態の解明が試みられるようになってきた[50~54]。個体レベルの情報収集のために，データロガーや衛星標識の装着が行われている。現在の課題としては，特に鯨類の場合，装着に関してはまだ発展途上であり，今後の器具や技術の向上が待たれる。

鰭脚類では，カナダのブリティッシュコロンビア大学にある海棲哺乳類研究チームとバンクーバー水族館の提携による「Open Water Research」というトドの飼育実験施設があり，飼育個体から得られたデータの野外個体への適用が積極的に試みられている（https://mmru.ubc.ca/tag/open-water-research/ ［アクセス日：2023 年 2 月 1 日］）。いずれも，摂餌量推定の項で述べたような，さまざまなパラメータに存在する不確実性の課題があり，今後はそれに取り組んでいく必要があると考える。

5 おわりに

　今後の鯨類や鰭脚類の食性研究としては，短期的で断片的な摂餌履歴ではあるが，確実な情報である消化管内容物分析および糞分析と，長期的な摂餌履歴を反映する安定同位体比や脂肪酸組成などの化学分析を組み合わせて摂餌生態を詳細に解析する。それとともに，データロガーや衛星標識を活用した生体エネルギーモデルのさらなる開発や，計量魚探などを用いた海洋環境情報を組み合わせることが重要になると考える。また，生態系モデルにこれらの情報を取り込んで，海棲哺乳類の捕食が生態系に与える影響を明らかにしていくことが，海棲哺乳類の保全・管理だけでなく，海洋生物資源全般の保全・管理の点からもさらに重要になっていくに違いない。

引用文献

　1）　Nemoto T.: Prey of baleen whales with reference to whale movements. Sci. Rep. Whales Res. Inst., 14: 149-290, 1959.

　2）　Kawamura A.: A review of food of Balaenopterid whales. Sci. Rep. Whales Res. Inst., 32: 155-197, 1980.

　3）　和田一雄: 三陸沖のオットセイの食性について. 東海水研報, 64: 1-37, 1971.

　4）　Kato H.: Food habits of Largha seal pups in the pack ice area. Sci. Rep. Whales Res. Inst., 34: 123-136, 1982.

　5）　Whittow G. C., Hampton I. F. G., Matsuura D. T., Ohata C. A., Smith R. M. and Allen J. F.: Body temperature of three species of whales. J. Mammal., 55: 653-656, 1974.

　6）　Hokkanen J. E.: Temperature regulation of marine mammals. J. Theor. Biol., 145: 465-485, 1990.

　7）　Surma S. and Pitcher T. J.: Predicting the effects of whale population recovery on Northeast Pacific food webs and fisheries: an ecosystem modelling approach. Fish. Oceanogr., 24: 291-305, 2009.

　8）　Ruzicka J. J., Steele J. H., Ballerini T., Gaichas S. K. and Ainley D. G.: Dividing up the pie: Whales, fish, and humans as competitors. Prog. Oceanogr., 116: 207-219, 2013.

　9）　Alexander K. A., Heymans J. J., Magill S., Tomczak M. T., Holmes S. J. and Wilding T. A.: Investigating the recent decline in gadoid stocks in the west of Scotland shelf ecosystem using a foodweb model. ICES J. Mar. Sci., 72: 436-449, 2015.

　10）　Hinga K. H.: The prey requirements of whales in the Southern Hemisphere. Deep Sea Res., 26A: 569-577, 1979.

　11）　Lockyer C.: Growth and energy budgets of large baleen whales from the Southern Hemisphere. Mammals in the Seas, 3,〔FAO Fisheries Series No. 5〕, 379-487, 1981.

　12）　Innes S., Lavigne D. M., Eagle W. M. and Kovacs K. M.: Estimating feeding rates of marine mammals from heart mass to body mass ratios. Mar. Mamm. Sci., 2: 227-229, 1986.

　13）　Armstrong A. J. and Siegfried W. R.: Consumption of Antarctic krill by minke whales. Antarct. Sci., 3: 13-18, 1991.

　14）　Sigurjónsson J. and Víkingsson G. A.: Seasonal abundance of and estimated prey consumption by cetaceans in Icelandic and adjacent waters. J. Northw. Atl. Fish. Sci., 22: 271-287, 1997.

15) Olsen M. A., Nordøy E. S., Blix A. S. and Mathiesen S. D.: Functional anatomy of the gastrointestinal system of Northeastern Atlantic minke whales (*Balaenoptera acutorostrata*). J. Zool., 234: 55-74, 1994.

16) Lindstrom U., Fujise Y., Haug T. and Tamura T.: Feeding habits of western North Pacific minke whales, *Balaenoptera acutorostrata*, as observed in July-September 1996. Rep. Int. Whal. Commn., 48: 463-469, 1998.

17) Tollit D. J., Pierce G. J., Hobson K. A., Bowen W. D. and Iverson S. J.: 9. Diet. *In*: Marine Mammal Ecology and Conservation: A Handbook of Techniques (Boyd I. L., Bowen W. D. and Iverson S. J. eds.), Oxford University Press, Oxford, 2010, pp. 191-221.

18) Harvey J. T. and Antonelis G. A.: Biases associated with non-lethal methods of determining the diet of northern elephant seals. Mar. Mamm. Sci., 10: 178−187, 1994.

19) Stanland I. J., Taylor R. I. and Boyd I. L.: An enema method for obtaining fecal material from known individual seals on land. Mar. Mamm. Sci., 19: 363-370, 2003.

20) Schell D. M., Saupe S. M. and Haubenstock N.: Bowhead whale (*Balaena mysticetus*) growth and feeding as estimated by techniques. Mar. Biol., 103: 433-443, 1989.

21) Smith S. C. and Whitehead H.: The diet of Galapagos sperm whales *Physeter macrocehalus* as indicated by fecal sample analysis. Mar Mamm. Sci., 16: 315-325, 2000.

22) Mogoe T., Tamura T., Yoshida H., Kishiro T., Yasunaga G., Bando T., Konishi K., Nakai K., Kanda N., Kitamura T., Nakano K., Katsumata H., Handa Y. and Kato H.: Preliminary report of efficiency and practicability of biopsy sampling, faecal sampling and prey species identification from genetic analyses in 2014, and workplan for non-lethal research in JARPN II. The IWC Scientific Committee, Paper SC/66a/SP11, 2015.

23) Zeppelin T. K. and Orr A. J.: Stable isotope and scat analyses indicate diet and habitat partitioning in northern fur seals *Callorhinus ursinus* across the eastern Pacific. Mar. Ecol. Prog. Ser., 409: 241-253, 2010.

24) Tollit D. J., Wong M. A. and Trites A. W.: Diet composition of Steller sea lions (*Eumetopias jubatus*) in Frederick Sound, southeast Alaska: a comparison of quantification methods using scats to describe temporal and spatial variabilities. Can. J. Zool., 93: 361-376, 2015.

25) Orr A. J., Laake J. L., Dhruv M. I., Banks A. S., DeLong R. L. and Huber H. R.: Comparison of processing pinniped scat samples using a washing machine and nested sieves. Wildl. Soc. Bull., 31: 253-257, 2003.

26) Ainly D. J., Huber H. R., LeValley R. R. and Morrel S. H.: Stomach contents and feces as indicators of harbor seal, *Phoca vitulina*, foods in the Gulf of Alaska. Fish. Bull., 78: 797-798, 1980.

27) Pompanon F., Deagle B. E., Symondson W. O. C., Brown D. S., Jarman S. N. and Taberlet P.: Who is eating what: diet assessment using next generation sequencing. Mol. Ecol., 21: 1931-1950, 2012.

28) Danshea G.: DNA-based diet analysis for any predator. PLoS ONE, 4: e5252, 2009.

29) Thomas A. C., Deagle B. E., Eveson J. P., Harsch C. H. and Trites A. W.: Quantitative DNA metabarcoding: improved estimates of species proportional biomass using correction factors derived from control material. Mol. Ecol. Res., 16: 714-726, 2016.

30) Deagle B. E. and Tollit D. J.: Quantitative analysis of prey DNA in pinniped faeces: potential to estimate diet composition? Conserv. Genet., 8: 743-747, 2007.

31) Borrell A., Abad-Oliva N., Gómez-Campos E, Giménez J. and Aguilar A.: Discrimination of stable isotopes in fin whale tissues and application to diet assessment in cetaceans. Rapid Commun. Mass Spectrom., 26: 1596-1602, 2012.

32) Ryan C., Berrow D., McHugh B., O'Donnell C., Trueman C. N. and O'Connor I.: Prey preferences of sympatric fin (*Balaenoptera physalus*) and humpback (*Megaptera novaeangliae*) whales revealed by stable isotope mixing models. Mar. Mamm. Sci., 30: 242-258, 2014.

33) Mitani Y., Bando T., Takai N. and Sakamoto W.: Patterns of stable carbon and nitrogen isotopes in the baleen of common minke whale (*Balaenoptera acutorostrata*) from the western North Pacific. Fish. Sci., 72: 69-76, 2006.

34) Stricker C. A., Christ A. M., Wunder M. B., Doll A. C., Farley S. D., Rea L. D., Rosen D. A. S., Scherer R. D. and Tollit D. J.: Stable carbon and nitrogen isotope trophic enrichment factors for Steller sea lion vibrissae relative to milk and fish/invertebrate diets. Mar. Eco. Prog. Ser., 523: 255-266, 2015.

35) Bligh E. G. and Dyer W. J.: A rapid method of total lipid extraction and purification. Can. J. Biochem. Physiol., 37: 911-917, 1959.

36) Guerrero A. I. and Rogers T. L.: Blubber fatty acid composition and stratification in the crabeater seal, *Lobodon carcinophaga*. J. Exp. Mar. Biol. Ecol., 491: 51-57, 2017.

37) Grahl-Nielsen O., Haug T., Lindstrom U. and Nilssen K. T.: Fatty acids in harp seal blubber do not necessarily reflect their diet. Mar. Ecol. Prog. Ser., 426: 263-276, 2011.

38) Konishi K., Tamura T., Zenitani R., Bando T., Kato H. and Walløe L.: Decline in energy storage in the Antarctic minke whale (*Balaenopters bonarensis*) in the Southern Ocean. Polar Biol., 31: 1509-1520, 2008.

39) Solvang H. K., Yanagihara H., Øien N. and Haug T.: Temporal and geographical variation in body condition of common minke whales (*Balaenoptera acutorostrata acutorostrata*) in the Northeast Atlantic. Polar Biol., 40: 667-683, 2017.

40) King J. E.: Seals of the World, Cornell University Press, New York, 1983, 240 pp.

41) Paez-Rosas D., Hirschfeld M., Deresienski D. and Lewbart G. A.: Health status of Galápagos sea lions (*Zalophus wollebaeki*) on San Cristóbal Island rookeries determined by hematology, biochemistry, blood gases, and physical examination. J. Wildl. Des., 52: 100-105, 2016.

42) Kumagai S., Rosen D. A. S. and Trites A. W.: Body mass and composition responses to short-term low energy intake are seasonally dependent in Steller sea lions (*Eumetopias jubatus*). J. Comp. Physiol. B, 176: 589-598, 2006.

43) Ohsumi S.: Feeding habits of the minke whale in the Antarctic. Rep. int. Whal. Commn., 9: 473-476, 1979.

44) Bushuev S. G.: Feeding of minke whales, *Balaenoptera acutorostrata*, in the Antarctic. Rep. int. Whal. Commn., 36: 241-245, 1986.

45) Tamura T. and Konishi K.: Prey composition and consumption rate by Antarctic minke whales based on JARPA and JARPAII data. The JARPA II Special Permit Review Workshop, Paper SC/F14/J15, 2014.

46) Leaper R. and Lavigne D.: How much do large whale eat? J. Cetacean Res. Manege., 9: 179-188, 2007.

47) Tamura T., Konishi K., Isoda T., Okamoto R., Bando T. and Hakamada T.: Some examinations of uncertainties in the prey consumption estimates of common minke, sei and Bryde's whales in the western North Pacific. The IWC Scientific Committee, Paper SC/61/JR2, 2009.

48) Winship A. J. and Trites A. W.: Prey consumption of Steller sea lions (*Eumetopias jubatus*) off Alaska: How much prey do they require? Fish. Bull., 101: 147-167, 2003.

49) Smith L. A., Link J. S., Cadrin S. X. and Palka D. L.: Consumption by marine mammals on the Northeast U. S. continental shelf. Ecol. Appl., 25: 373-89, 2015.

50） Winship A. J., Hunter A. M. J., Rosen D. A. S. and Trites A. W.: Food consumption by sea lions: existing data and techniques. *In*: Sea Lions of the World（Trites A. W., Atkinson S. K., DeMaster D. P. Fritz L. W., Gelatt T. S., Rea L. D. and Wynne K. M. eds.）, Alaska Sea Grant College Program University of Alaska Fairbanks, Fairbanks, 2006, pp. 177-191.

51） Friedlaender A. S., Lawson G. L. and Halpin P. N.: Evidence of resource partitioning between humpback and minke whales in the Antarctic. Mar. Mamm. Sci., 25: 402-412, 2008.

52） Friedlaender A. S., Johnston D. W., Fraser W. R., Burns J., Halpin P. N. and Costa D. P.: Ecological niche modeling of sympatric krill predators around Marguerite Bay, Western Antarctic Peninsula. Deep Sea Res. II, 58: 1729-1740, 2011.

53） Young B. L., Rosen D. A. S., Haulena M., Hindle A. G. and Trites A. W.: Environment and feeding change the ability of heart rate to predict metabolism in resting Steller sea lions（*Eumetopias jubatus*）. J. Comp. Physiolo. B, 181: 105-116, 2011.

54） Friedlaender A. S., Johnston D. W., Goldbogen J. A., Tyson R. B., Stimpert A. K., Hazen E. L., Kaltenberg A. and Nowacek D. P.: Two-step decisions in a marine central-place forager. Proc. Roy. Soc. Open Sci., 3: 160043, 2016.

Column.07

真冬の北海道での
青空サンプリング

石名坂豪
知床財団

筆者が学位論文のために鰭脚類の生殖器を多数サンプリングしていた1990年代後半は，北海道のさいはての僻地が大らかな時代から，様々な社会的事情を気にしなければならない窮屈な時代に向かって変化していた，ちょうどそんな時期にあたっていたように思う。ここでは，そんな古き良き時代の残照期に行われていた，真冬の北海道における野外サンプリングの思い出を背景と共に紹介したい。

トドやアザラシは漁業被害をもたらすため，北海道内各地において過去から現在まで，規模の変化はあれども長く有害駆除（捕殺）の対象とされてきた。90年代当時，筆者らは知床半島の羅臼町，積丹半島および礼文島などで，ハンターによって猟銃で捕殺されたトドやアザラシを解体し，内臓などのサンプリングを行っていた。ハンターは，トド肉については羅臼や札幌の郷土料理店へ，アザラシ肉は土産用の缶詰業者に売り渡していた。私たちは，通常なら廃棄される部位を研究用サンプルとして採取し，同時にこまかい外部計測なども実施させてもらう代わりに，解体作業のうち食肉採取以外の大部分の工程を担っていた。現地でのサンプリングには，さまざまな大学から大学院生や学部学生が多数集まり，宿舎で共同自炊生活をしながら，頭部（頭骨），肺，胃，腸管，肝臓，生殖器（卵巣・子宮・精巣・陰茎），胎仔，血液などを日々サンプリングし，各研究室に随時送っていた。院生からの「助っ人募集」の要請に応えて全国の大学から集まってくれた，主に低学年の学部学生たち（しかも女子の割合が高い）は，2週間単位で入れ替わっていた。そのため，私たちの宿舎は海獣ハンターの皆さんの憩いの場として（？），大変好評であった。鍋の材料などを持参して毎晩のように来訪されるため，食費が浮いた上にハンターさんとの交流がとても深まった。一方で，羅臼の海獣ハンターの間でそれまで使われていたアザラシの種別の呼称（ゴマフアザラシ：バオイ，クラカケアザラシ：アラハ）が若い学生には通じにくいため，ハンターも標準和名の方を使うように変わってしまったことは，地域の独自文化消失という観点からは，私たちが羅臼へ来たことの弊害だったかもしれない。ち

なみに前述の呼称は，サハリン先住民（ウィルタ民族）が使っていた名称[1]に由来する。どうやら，私たちがお世話になった方々よりも一世代前の羅臼の海獣ハンターが，当時のソビエト連邦（ソ連）による200海里漁業水域設定前の1940〜1970年代にオホーツク海で盛んに行われていた氷上アザラシ猟[2]などに参加した際，サハリン先住民系のハンターと一緒に働くうちに，その影響を受けて自分たちも使うようになった呼称のようだ。彼らサハリン先住民は，旧日本軍の戦犯としてソ連に扱われたため，本来の故郷（樺太）ではない北海道に引き揚げてきた人たちである[3]。

　さて，鰭脚類はときに6 cmを超えるような厚い皮下脂肪によって体温を保持しているため，撃った死体をそのままにしていると，熱がこもって肉が腐敗してしまう。そのため海獣ハンターは港に戻ると，獲ってきたトド，ゴマフアザラシ，およびクラカケアザラシの腹部正中線を刃物（マキリ）で深く切開し，冬の冷たい海水を胸腔や腹腔内に入れることで冷却と血抜きを兼ねていた。その上で，トドでは下顎に開けた穴にロープを通し，アザラシ類の場合は後肢の付け根を縛った丈夫な細いロープの輪に，更に太いロープを通して，港内の海水中に1〜数日間吊るしておき，解体まで一時保管していた。当初，私たちは漁港内の斜路にブルーシートを敷き，上述の死体を1頭ずつ船の脇から斜路まで運び，胴付きを履いて，時には吹雪の中で鼻水を垂らし，腰まで水中に漬かりながらサンプリングを実施していた。強風でトスロンバケツ（密封可能なフタ付きバケツ）やサンプル入りのチャック付きビニール袋が吹き飛ばされたり，岸壁沿いに斜路まで死体を引っ張って来る最中に油断し，結構な高さから海中に落ちたこともあった。今となってはそれらも良い思い出である。しかし野外で，しかも漁港内の斜路で，よそ者が何人も集まって作業をしていると非常に目立つものである。ハンター不在時に海上保安庁の職員から職務質問のようなことを受けたり，反感を持った漁業者に漁港を汚すなと詰め寄られたり，流氷期のワシ観察目的の観光船の乗客たちから解体作業中の写真を撮られたりといったことが続き，ほどなく野外でのサン

プリングは行われなくなった。サンプリングはハンター所有の解体小屋の中で実施されるようになり，雪が降り積もる中で何時間も作業を続ける苦行から解放された。ただし，作業が終わって解体小屋の外に出たら，吹雪で車が完全に埋まっていて，車の掘り出し作業で結局雪まみれになったりすることは時々あったのだが，そこは北国ゆえに仕方ないことである。あれから20数年。私は同じ解体小屋で，今は業務として時々ヒグマを解体、サンプリングしている。

図1　野外でゴマフアザラシを計測している様子（1996年羅臼で撮影）

図2　ゴマフアザラシの精管を露出させている筆者（1996年羅臼で撮影）

引用文献

　1) 犬飼哲夫: 昔のオロッコのアザラシ猟における祭儀. In: オロッコ・ギリヤーク民俗資料調査報告書（北海道教育庁振興部文化課 編），北海道文化財保護協会，札幌, 1974, pp. 5-6.

　2) 吉田主基: 日本のアザラシ産業の紹介, 遠洋, 27: 1-8, 1977.

　3) 田中　了: 母と子でみる20 戦争と北方少数民族あるウィルタの生涯, 草の根出版会, 東京, 1994, 135 pp.

第9章 環境化学

安永玄太

1 はじめに

　人間活動によって排出される汚染物質について研究する環境化学は，海棲哺乳類の保全・管理と一見無関係のように思えるかもしれない。しかしながら，重金属や有機塩素化合物などの汚染物質は，汚染源に近い陸上よりむしろ海洋中において生物濃縮されることが知られており，食物連鎖の高次に位置する海棲哺乳類はもっとも影響を受けやすい生物と言える。ただし，その影響は即時に死につながるというより，長期的な曝露により，免疫力や繁殖力に時間をかけて効いてくるものである。外見上，同じように見える個体，あるいは個体群であっても，体内の汚染物質の濃度によっては，感染症への罹りやすさや平均余命が異なる。環境化学は，ある個

体群がもつ健康上の潜在的なリスクに関する情報を提供することで，保全・管理に貢献する。なお，保全・管理の観点で，健康影響を評価する単位は，個体群となる。国際捕鯨委員会（International Whaling Commission : IWC）においても，環境変動が鯨類に与える影響評価については，個体群を対象に実施されている[1]。これは，生息域，生態学的特性および，遺伝的近似性（生物学的特性，汚染物質への感受性など）を考慮してのことである。

　本章では，鯨類をメインとして，体内の汚染物質の蓄積レベルの調査・研究手法，汚染物質曝露によって引き起こされる悪影響を検出，あるいは測定する手法，およびこれらの手法を用いた研究事例を紹介する。ただし，環境化学に関する一般的な手法は，多くの動物に応用できるものが多く含まれることから，鯨類を海棲哺

Survey and analysis methods for conservation and management of marine mammals (9): Environmental chemistry

Genta Yasunaga / Institute of Cetacean Research（一般財団法人日本鯨類研究所）

Abstract : Environmental chemical approaches contribute to conservation and management of marine mammals providing information on health risk for exposure to pollutants, such as organochlorines and heavy metals. These pollutants could increase probabilities of occurrence of morbidity, impaired reproduction and mortality at population level. Survey and analysis methods to monitor pollutant levels in their body and detect adverse effects of pollutants at the molecular, cellular, individual and population levels are reviewed in this article. Study methods on assessment of adverse effects of pollutants on health of marine mammals is also reviewed.

Keywords : environmental chemistry, toxicology, whale health, pollutants

乳類に置き換えて読んでいただいて構わない。

2　体内における汚染物質の蓄積レベルの調査・分析

2.1. 標本採集

　体内に蓄積しやすく，かつ毒性も高いことから，鯨類に対する健康影響リスクが高い汚染物質に重金属（水銀），および有機塩素化合物（ポリ塩化ビフェニル（Poly Chlorinated Biphenyl：PCB），ダイオキシン類など）があげられる。これらの汚染物質の影響を調べるためには，評価対象となる汚染物質の濃度が体内で上昇した際，最初に障害が現れる組織や臓器（標的組織あるいは臓器という）に含まれる濃度を測定し，鯨類の体内にどの程度の汚染物質が蓄積されているかを調べる必要がある。これは，標的組織や臓器の汚染物質濃度が閾値（障害が発現する境目となる値）以下であれば影響がなく，閾値以上であれば潜在的な影響を受けていると判断することができるからである。しかし，このような直接的な測定が標的組織や臓器の性状，分析コストの理由から困難，または現実的でない場合，代替手段として汚染物質がもっとも高濃度に蓄積する部位や標的組織や臓器の濃度と相関がある別の組織や臓器の標本を採集し，測定することもある。

　標本の採集は，致死的手法，および非致死的手法の2つに分けられる。前者は鯨類捕獲調査や商業捕鯨から標本を得る方法で，捕獲された個体の生物調査あるいは解体時に，汚染物質ごとに定められた測定プロトコルに従い，標本を採集して保存する。後者は大きく分けて2種

類ある。ストランディング調査（偶発的に座礁によって死亡した個体を対象とする調査）は，現地において実施される生物調査時に標本を採集して保存する。もう1つは，洋上で遊泳している野生の鯨類の皮膚を採集するバイオプシーサンプリング調査である。この方法は，小型船舶上からラーセン銃（産業用銃砲の1種），あるいはコンパウンドクロスボー（銃に弓を水平にとりつけた洋弓）などを用い，先端に直径5mm程度の返しのあるスチール管が装着されたダーツを発射して，体表の組織の一部を採取する方法である。この手法で採取される標本はわずか数グラム程度の表皮，および皮下脂肪組織であり，これまでは系群などの情報を得るためのDNA解析に用いられてきたが，近年，鯨類の有機塩素化合物モニタリング研究などでもバイオプシーサンプルを活用する試みがなされている[2]。

2.2. 汚染物質分析

2.2.1. 水銀

　長期間，鯨類が水銀の曝露を受け続けると，最初に中枢神経障害が発現する[3]。しかしながら，障害が発現した神経組織を特定し分析することは困難なため，蓄積濃度が高くなる肝臓や腎臓を測定することが多い。

　水銀は環境中において，金属体，無機体，有機体など複数の形態で存在するが，鯨類の健康影響を考える場合は，生物濃縮性が高く，中枢神経毒性の高い有機体のメチル水銀の挙動を把握する必要がある[3]。しかしながら，メチル水銀の標準分析法は回収率が悪く，高コストである。一般的に魚介類では，メチル水銀の代

わりに総水銀濃度を用いることがほとんどである。これは、魚介類に含まれる総水銀のほぼすべてがメチル水銀で占められているためで[4]、生物中の水銀濃度のモニタリングという目的であれば、比較的低コストで分析精度も高い総水銀で十分評価が可能だからである。一方、鯨類体内ではメチル水銀が無機化（毒性の高いメチル水銀を毒性の低い無機水銀へ化学変化させること）することから[5]、その割合を把握する必要があり、純水銀に加えてメチル水銀についても分析することが望ましい。

　総水銀の分析は、組織サンプルを湿式分解したのちに還元気化原子吸光光度計、あるいは加熱気化原子吸光光度計（図1）を用いて定量する[6]。またメチル水銀は、ジチゾン抽出－GC-ECD法が用いられる[7]。

図1　加熱気化原子吸光装置（MA－3000，日本インスツルメンツ）

2.2.2.　有機塩素化合物

　長期間、鯨類がPCBやダイオキシン類などの有機塩素化合物に曝露されると、最初に肝臓中で免疫毒性を発現することが知られている[8]。したがって、標的臓器は肝臓ということになる

が、肝臓中の有機塩素化合物濃度は低く、夾雑物も多いことから、脂皮中の濃度を測定することが一般的である。有機塩素化合物が脂溶性の化学物質であることから、何も処理をしない採取時の皮脂、および肝臓の重さあたりの濃度（湿重量あたり）から、それらに含まれる脂肪含有量で標準化した脂肪重量あたりの濃度に変換することで、脂皮中濃度を用いて肝臓中濃度を推定することができる。これは、PCBなどの有機塩素化合物は、脂溶性がきわめて高く、体内で速やかに分配されることから、脳など特異な脂肪組成をもつ組織・臓器を除いて、脂肪重量あたりの濃度に変換すると、どの組織や臓器の濃度も一定になるためである[9]。

　PCB、ダイオキシン類などの有機塩素化合物は、高次生物の鯨類にあってもきわめて低濃度であることから、分析試料を高度に精製したのち、高分解能ガスクロマトグラフィー質量分析計（図2）を用いて定量する。なお、詳細なプロトコルは、「野生生物のダイオキシン類蓄積状況等調査マニュアル」[10]を参照にしてほしい。

　近年、既存のデータ、および実験動物の報告

図2　高分解能ガスクロマトグラフィー質量分析計
　　写真：国立環境研究所 資源循環領域提供。

値のみから，鯨類体内の有機塩素化合物濃度レベルを予測するためのモデル構築が試みられるようになった。よく用いられるモデルとしては，個体の生活史（成長，生体エネルギー，摂餌情報，消化，出産，および授乳など）に関する変数をもとに，体内の有機塩素化合物濃度を生涯にわたって予測するための個体ベースモデル[11]や，個体ベースモデルに実験室内で培養細胞などを用いた実験から得た薬物動態学的データを加え，体内を複数に区別したコンパートメント間における汚染物質の移動，代謝，分解を取り込んだ生理学的薬物動態モデル（ネズミイルカ[12]，ザトウクジラ[13]）がある。これらのモデルは既存のデータのみで実施可能であるが，現在のところ，生化学的な特性値のほとんどが海産哺乳類以外の人間や実験動物から引用されており，実用化するためには，対象種固有の特性値を，今後どのようにして求めるかという課題がある。

3　健康影響の判定および測定手法

　汚染物質曝露による健康への悪影響の評価は，鯨類の体内で生じると想定される，悪影響を検出するための調査項目が必要である。汚染物質は，餌生物，海水，あるいは大気を通して体内に取り込まれ，血流に乗って全身に分配され，最後に各組織や器官の細胞内外に取り込まれる。汚染物質は，この過程において，生体内で正常に起こっている生体物質間の化学反応を阻害，または亢進してタンパク質や細胞にダメージを与え，さまざまな生体機能に悪影響を与える。その結果，直接死に至ることもあるが，慢性曝露の場合，免疫機能の低下，感染症の罹患率の増加，繁殖機能障害を通して，自然死亡や繁殖に悪影響を与え，最終的には個体数を減少させる。このように，汚染物質の影響は，分子レベル，細胞レベル，個体レベル，集団レベルという順で深刻化するため，できるだけ早い段階でその影響を検出することが，対策を講じるうえで重要となってくる。以下，影響がより深刻な集団レベルから順に，影響調査手法について説明する。

3.1.　集団レベルの影響調査手法

　集団レベルの影響については，目視調査による個体数の経年変化のモニタリング（第1章，第10章）や大量座礁情報の収集など，調査手法は限られている。1990年，地中海においてモルビリウイルスの感染症拡大のため，スジイルカが大量死した。感染しやすくなっていた要因として，PCB蓄積の寄与が示唆された報告がある[14]。しかし，鯨類では汚染物質の曝露に起因した個体群の減少について，直接的な因果関係が証明されたケースはまれである。これは，個体数の減少や大量座礁という事象が汚染物質に特異的なものではなく，海洋環境の変化，生息域の減少，栄養状態の悪化，そのほかの人間活動など，さまざまな複合的な要因を同時に含んでおり，因果関係を特定することが難しいためである。しかしながら，先にあげたスジイルカの例のように，汚染物質の影響が集団レベルに及んでいた場合には，当然，個体，細胞および分子レベルでも影響が顕在化していると考えられる。

3.2. 個体レベルの影響調査手法

　汚染物質曝露による個体への悪影響の例には，水銀曝露による中枢神経障害に伴う行動異常，および腎障害[3]，有機塩素化合物の曝露による免疫障害，発がん率の上昇，内分泌攪乱などがある[8]。これら個体レベルの調査においては，致死調査による剖検・サンプリングが不可欠である。バイオプシー調査に限界があるのはもちろんのこと，ストランディング調査でも病理観察の実施は可能であるが，バイオマーカーの多くを占める生化学物質は，死亡後の細胞の自己消化によって変性・分解が起こることが知られており[9]，その測定は困難である。バイオマーカーとは，体内の特定の生化学物質を測定すれば，対応する汚染物質が，どのような毒性影響を発現しているか判定できるというような指標（化学成分など）のことである[15]。致死調査では，捕殺後すみやかに生物調査，病理観察および各種標本採集などが実施できるという利点がある。汚染物質およびバイオマーカー測定用の組織や臓器は，各測定項目のプロトコルに従ってすみやかに採集し，固定および保管してその後に分析する。

3.3. 細胞・分子レベルの影響調査手法

　汚染物質濃度が高い，あるいは標的組織や臓器に病理学的異常が観察された個体や個体群については，細胞および分子レベルで分析や解析が行われる。この方法には，病理組織学的手法，生化学的手法および分子生物学的手法があり，新規性の古い順から説明する。

3.3.1. 病理組織学的手法

　過酷な環境で生きる野生生物は，細胞レベルでもさまざまなストレスにさらされているが，それが許容可能な範囲であれば，仮に細胞に障害が生じても正常な状態に修復される。しかし，そのストレスが強い場合や持続する場合には，修復不可能な状態になるか，細胞死となる。例えば，ある種の汚染物質のストレスによって障害が生じた場合，細胞に異常な物質が生じる，あるいはすでに存在している生理物質が異常に増加し沈着することで，細胞そのものの形態が変化する。そこで，病理組織学的手法を用いて，ある種の汚染物質に特異的な細胞の変性を観察することで，汚染物質の曝露と組織や器官に発現した障害，あるいは疾病との関係を検証することができる。

　鯨類に限らず野生生物に対して病理組織学的調査を実施するためには，フィールド調査の病理観察時に，その現場で適切な組織固定をすることが重要である[16]。例えば，細胞は肉眼で見えないため，組織をホルマリンなどの薬剤で固定し，それをワックスで包埋したものを切片にし，さらに目的の生化学物質と特異的に結合する染料で染色したのち，光学顕微鏡，蛍光顕微鏡，あるいは電子顕微鏡で観察する。サンプリング時には，各染色方法に合致した固定処理をしておく必要がある。さらに，これら顕微鏡診断法の実施を難しくしている点として，熟練の病理診断の専門家を必要とすることがあげられる。

　細胞の動態を検証するほかの方法に，フローサイトメトリー法がある。フローサイトメトリー法は，特定の細胞表面および細胞内エピトープを蛍光抗体で標識し，その細胞を移動相に懸濁

し，連続的に検出器を通すことで，細胞の形状，サイズ，内部の複雑性などの物理的特性を定量的に測定することができる[17]。この手法は，特に有機塩素化合物の標的組織であるリンパ系組織（胸腺，脾臓，およびリンパ節）の検査に有効であり，タンパク質，遺伝子発現，細胞シグナリングなどの測定に用いられる。

3.3.2　生化学的手法

有機塩素化合物（特にPCBおよびダイオキシン類）のバイオマーカーとしてよく使われるものに，薬物代謝酵素の1種，シトクロームP450がある。生体内（特に肝臓中）において，シトクロームP450は，有機塩素化合物がアリール炭化水素受容体（Aryl Hydrocarbon（Ah）レセプター）に結合することにより誘導される。同様に，有機塩素化合物曝露による発達や，免疫機能障害に特化したバイオマーカーとして，ビタミンA[18]や甲状腺ホルモン[19]も用いられている。免疫学的マーカーとして，血液（血漿）中の免疫細胞，リンパ球刺激テスト，サイトカインの分析，坑原タンパク反応，およびリンパ球拡散も用いられるが[20]，これらのマーカーは，汚染物質と無関係の感染症や外傷，および毒素にも影響を受けるため，注意を要する。

3.3.3.　分子生物学的手法

鯨類の汚染物質影響調査にも，近年，生物学分野で盛んに用いられている新しい技術であるオミックス（omics）解析が適用され始めた。オミックス解析とは，生物体中にある分子全体を網羅的に解析する手法であり，扱う対象の違いにより，それぞれトランスクリプトーム解析（遺伝子発現），プロテオーム解析（タンパク質），およびメタボローム解析（代謝物）と呼ぶ。これら手法を鯨類の環境化学へ適用した例としては，北西太平洋のミンククジラ[21]，およびアメリカ東海岸のバンドウイルカ[22]に対し，DNAマイクロアレイを用いた有機塩素化合物，あるいは臭素化合物曝露の潜在的影響評価に関する研究がある。現時点で，オミックス解析は鯨類の健康影響評価手法として十分に確立した技術ではないが，今後の改善・改良によって，鯨類が実際に曝露されている膨大な種類の汚染物質の累積的影響の評価が可能になると期待される。

4　汚染物質の影響評価研究

汚染物質の影響評価をする場合，実験動物を用いるのであれば，作為的に汚染物質を投与して観察するというような介入研究ができる。しかし，ヒトや野生動物の場合は倫理的にそのような手段をとることができないため，実際に，ある状態のありのままを観察・観測し，記述する観察研究に限られる。観察研究は，記述研究と分析的観察研究に分けられる。前者は比較対照（コントロール）を設定しない，あるいはできない研究を言い，比較的サンプル数や調査手法の制約を受けにくいという利点と，汚染物質と観察された影響の関係の検証に限界があるという欠点がある。これに対し後者は，汚染物質と影響の関係の検証が可能となるが，野生生物では適切なコントロールを設定することがきわめて困難であるという欠点がある。以下に具体的な事例をまじえつつ解説する。

4.1. 記述研究

　観察研究のなかでも，比較対照のない個体群を対象とした手法を記述研究といい，ある海域に生息する個体群のスナップショット的な汚染物質の蓄積実態を解明するような場合に用いられる。ここで影響評価に関してできることは，すでに報告されている汚染海域，あるいは非汚染海域の鯨類（同種か近縁種が望ましい）の蓄積レベルと比較するか，鯨類，あるいは実験動物の毒性学的閾値と比較することのみである。しかしながら，野生個体への汚染物質の投与試験は倫理的に実施が困難なことから，鯨類の毒性学的閾値に関する報告は数少ない。そのため，鯨類のPCBの免疫毒性の閾値についは，Kannan et al.[23] が，イタチ科のミンク（家畜）へのPCB投与試験から得たEC_{50}（最大反応の50%を生じさせる薬物の濃度）に不確実性を考慮して算出した値，皮脂中PCB濃度で17,000ppb（脂肪重量あたり）を提案している。

　有機塩素化合物のなかでもきわめて免疫毒性の強いダイオキシン類（コプラナーPCBを含む）については，世界保健機関（World Health Organization：WHO）[24] が，もっとも毒性の強い 2,3,7,8-四塩化ジベンゾ-パラ-ジオキシンの毒性の強さを基準にして，ほかの異性体の毒性の強さを相対的に表す換算係数（毒性等価係数（Toxic Equivalency Factor：TEF））を決め，個々の異性体ごとにその存在量（重量）にTEFを乗じて毒性換算した毒性量を算出し，ダイオキシン類のすべての異性体について毒性量を総和して毒性等量（Toxicity Equivalency Quantity：TEQ）として用いることを提唱した。WHOは，実験動物を用いた各種毒性試験の結果から，ヒトの耐容1日摂取量を 4pgTEQ/kg/日としており[25]，鯨類の閾値を考えるうえでもこれが1つの基準となっている。

　一方，水銀の中枢神経毒性の閾値については，Tompson[26] が野生の陸棲哺乳類（キツネ，カワウソおよびミンクなど）で肝臓あるいは腎臓中の総水銀濃度が，30ppm（湿重量あたり）を提案しているが，海棲哺乳類でこれにあたる基準は報告されていない。水銀（メチル水銀）は中枢神経系損傷を引き起こし，食欲不振や活動量の低下，運動失調および視覚障害が毒性の過程として現われる。海棲哺乳類は陸棲哺乳類の閾値よりはるかに多量の水銀を蓄積しているにも関わらず，これまでに疫学的な水銀の毒性影響が認められた例はきわめてまれである。高濃度に水銀を蓄積している鯨類の肝臓では，そのほとんどが無機体であることがわかっている[27, 28]。また，水銀を高濃度に蓄積している鯨類の肝臓はセレン濃度も高く，水銀とセレンとの間に何らかの相互作用がはたらき，毒性を軽減しあっていることが示唆されてきた[29]。このように，メチル水銀の無機化，およびセレンの拮抗作用のはたらきにより，鯨類は水銀毒性リスクが低く，肝臓および腎臓中の水銀濃度がきわめて高くても，水銀とセレンのモル比が1：1であれば，毒性は発現しないと考えられている[30]。

4.2. 分析的観察研究

　観察研究のなかでも，比較対照（汚染地域・非汚染地域）を設定する方法を分析的観察研究，あるいはケースコントロールスタディーという。具体的には，汚染海域に生息する野生生物種

の影響を評価する場合，この個体群を汚染群とし，それと同種あるいは近縁種で，汚染物質濃度の低い海域に生息している個体群を対照群と設定する。そのうえで，汚染物質の濃度（原因）と影響指標（アウトカム）を同時に測定・分析し，汚染群と対照群の間でアウトカムを比較・解析することで，影響を評価する。記述研究と比較すると，汚染物質の体内濃度と身体に生じている障害との間に因果関係を示すことができるが，汚染物質の濃度と障害との間に時間的な関係性がなく，原因とアウトカムを区別できないため，因果関係について強く主張できないという欠点がある。

　汚染物質の分析的観察研究の代表的なものに，カナダのセントローレンス川河口域のシロイルカの研究がある。セントローレンス川河口域には，約500頭の沿岸定着型の個体群が周年生息している。セントローレンス川は，アメリカ，およびカナダの国境に位置する五大湖と大西洋を結ぶ唯一の河川で，1970年代，これらの水域沿岸には重工業や化学工業が数多く作られた。そこからの排水が流れ込むセンローレンス川河口域は，世界でも有数の有機塩素化合物や重金属が高い地域であった。1983〜1994年の期間に，ここにストランディングしたシロイルカ73個体を剖検したところ，14個体（19%）に悪性腫瘍が認められた[31]。Wilson *et al.*[32]は，PCBなど有機塩素化合物を高濃度に蓄積するこの個体群を汚染群，北極海に生息するシロイルカ個体群を対照群として，分析的観察研究を行った。その結果，汚染群は対照群に比べて，PCBを10倍以上高濃度に蓄積していたが，予想に反し両群ともにCYP1A1（PCB曝露の代表的なバイオマーカー）レベルが高かった。汚染群同様，対照群でもCYP1A1が誘導されていた要因としては，シロイルカがほかの鯨類よりも多環芳香族炭化水素への感受性が高いことがあげられた。このように分析的観察研究を用いることで，バイオマーカーの生物間種差を考慮した評価をすることができる。

　次に，ほかの海域に適切な対照群が見つからない場合，統計学的手法を用いて1つの調査対象とする個体群のなかに汚染群と対照群を設定する手法を用いた研究の一例を紹介する[33]。イギリス沿岸部では，長期間にわたりネズミイルカのストランディング調査が実施されており，このなかで獣医師の剖検や化学分析用試料の収集が行われている。これらのデータや試料を用いて236個体のネズミイルカを寄生虫，細菌，ウイルスおよび真菌による感染性疾患によって死亡した個体を汚染群，混獲やそのほか外傷で死亡した個体を対照群と設定し，両者の脂皮中PCB濃度の差を調べた。その結果，オッズ比およびロジスティック回帰解析（交絡因子として体長と体重を含めた）のいずれも有意に，汚染群のPCB濃度が対照群よりも高かった。

　このように，分析的観察研究は，汚染物質の影響評価をするうえで記述研究よりもメリットの多い手法と言える。しかし，シロイルカの事例のように適切な対照群をもつ例はまれである。ヒトの疫学調査でも同様のことが指摘されているが，ネズミイルカの事例のように同じ母集団から汚染群と対照群を設定する場合，その選択基準によって結果が変わるため，誤分類のバイアスを避けることができない。特に，ストランディング調査においては，疾患そのものが加齢や栄

養不良のような別の要因から副次的に起こっている可能性もあることから，その評価にはさらなる注意が必要である。

5 おわりに

本章では，鯨類の事例を中心に汚染物質の影響評価を念頭においた調査・研究手法を紹介してきたが，これらの手法は鰭脚類にも広く適用できるものである。ここで紹介したように，鯨類における汚染物質の悪影響を評価する研究においても，ヒト研究で用いられている最新の調査・解析方法が導入されつつある。しかしながら，毒性影響評価に必要な生理学的，あるいは薬物動態学的な対象種固有の特性値がないという問題をかかえている。また，そもそも汚染物質の曝露により健康に悪影響がでている個体群はすでに数が減っていることが多く，そこから十分なデータを収集することは困難である。今後は，汚染物質の濃度が高く，すでに影響を受けている可能性がある種や集団の調査も重要であるが，影響を受けていない健康な個体群の調査・研究を行って，毒性影響評価に必要な対象種固有の特性値を推定するなど，影響評価に資する基礎研究を充実させる必要がある。

引用文献

1)　International Whaling Commission: Third Meeting of the Special Scientific Working Group on Management Procedures, Honolulu, 20-26 March 1980, Rep. Int. Whal. Commn., 31: 41-49,1981.

2)　Gauthier J. M., Metcalfe C. D. and Sears R.: Validation of the blubber biopsy technique for monitoring of organochlorine contaminants in balaenopterid whales, Mar. Environ. Res., 43: 157-179, 1997.

3)　Law R. J.: Metal in marine mammals *In*: Environmental Contaminants in Wildlife (W. Nelson Beyer, W. N., Heinz, G. H. and Redmon-Norwood, A. W. eds), CRC Press, Florida, pp. 357-376, 1996.

4)　Konovalov Y. D.: Mercury in the fish organism, Hydrobiol. J., 36: 51-65, 2000.

5)　永沼　章: 無機 (イオン型) 水銀, *In*: 佐藤洋 (編著), Toxicology Today 中毒学から生体防御の科学へ, 金芳堂, 東京, pp. 79-85, 1994.

6)　吉村悦郎, 田口　正: 生物試料を中心とした水銀測定技術, 地球環境, 13: 219-225, 1991.

7)　Akagi H. and Nishimura H.: Speciation mercury in the environment, *In*: Advances in Mercury Toxicology 2nd edition (Suzuki T., Imura N., Clarkson T. W. Eds.), Plenum Press, New York, pp. 53-76, 1991.

8)　Loseto L. L. and Ross P. S.: Organic contaminants in marine mammals -concepts in exposure, toxicity, and management, *In*: Environmental Contaminants in Biota 2nd edition (Beyer W. N., Meador J. P.Eds.), CRC Press, Florida, pp. 349-376, 2011.

9)　Aguilar A., Borrell A. and Pastor T.: Biological factors affecting variability of persistent pollutant levels in cetaceans, J. Cetacean Res. Manage., (Special Issue 1): 83-116, 1999.

10)　環境省: 野生生物のダイオキシン類蓄積状況等調査マニュアル [https://www.env.go.jp/chemi/report/h14-06/index.html], 2002.

11) Hickie B. E., Cadieux M. A., Riehl K. N., Bossart G. D., Alava J. J. and Fair P. A.: Modeling PCB-Bioaccumulation in the bottlenose dolphin (*Tursiops truncatus*) : Estimating a dietary threshold concentration, Environ. Toxicol. Tech., 47: 12314-12324, 2013.

12) Weijs L., Roach A. C., Yang R. S. H., McDougall R., Lyons M., Housand C., Tibax D., Manning T., Chapman J., Edge K., Covaci A. and Blust R.: Lifetime PCB 153 bioaccumulation and pharmacokinetics in pilot whales: Bayesian population PBPK modeling and Markov chain Monte Carlo simulations, Chemosphere, 94: 91-96, 2014.

13) Cropp R., Nash S. B. and Hawker D.: A model to resolve organochlorine pharmacokinetics in migrating humpback whales, Environ. Toxicol. Chem., 33: 1638-1649, 2014.

14) Aguilar A. and Borrell A.: Abnormally high polychlorinated biphenyl levels in striped dolphins (*Stenella coeruleoalba*) affected by the 1990-1992 Mediterranean epizootic, Sci. Total Environ., 154: 237-247, 1994.

15) National Research Council: Committee on biological markers, Environ. Health Perspect., 74: 3-9, 1987.

16) International Whaling Commission: Planning workshop to develop a programme to investigate pollutant cause-effect relationships in cetaceans: 'POLLUTION 2000＋', J. Cetacean Res. Manage., (Special Issue 1): 83-116, 1999.

17) de Guise S., Flipo D., Boehm J. R., Martineau D., Béland P. and Foumier M.: Immune functions in beluga whales (*Delphinapterus leucas*) : Evaluation of phagocytosis and respiratory burst with peripheral blood leukocytes using flow cytometry, Vet. Immunol. Immunopathol., 47: 351-362, 1995.

18) Desforges J. -P. W., Ross P. S., Dangerfield N., Palace V. P., Whiticar M. and Loseto L. L.: Vitamin A and E profiles as biomarkers of PCB exposure in beluga whales (*Delphinapterus leucas*) from the western Canadian Arctic, Aquat. Toxicol., 142-143: 317-328, 2013.

19) Kato Y., Kimura R., Yamada S. and Degawa M.: Species differences among mice, hamsters, rats and guinea pigs in PCB induced alteration of serum thyroid hormone level, Environ. Mutagen Res., 26: 101-106, 2004.

20) International Whaling Commission: Report of the workshop on chemical pollution and cetaceans, J. Cetacean Res. Manage., (Special Issue 1): 1-42, 1999.

21) Niimi S., Imoto M., Kunisue T., Watanabe M. X., Kim E.-Y., Nakayama K., Yasunaga G., Fujise Y., Tanabe S. and Iwata H.: Effects of persistent organochlorine exposure on the liver transcriptome of the common minke whale (*Balaenoptera acutorostrata*) from the North Pacific, Ecotoxicol. Environ. Saf., 108: 95-105, 2014.

22) Mancia A., Ryan J. C., Van Dolah F. M., Kucklick J. R., Rowles T. K., Wells R. S., Rosel P. E., Hohn A. A. and Schwacke L. H.: Machine learning approaches to investigate the impact of PCBs on the transcriptome of the common bottlenose dolphin (*Tursiops truncatus*) , Mar. Environ. Res., 100: 57-67, 2014.

23) Kannan K., Blankenship A. L., Jones P. D. and Giesy J. P.: Toxicity reference values for toxic effects of polychlorinated biphenyls to aquatic mammals, Hum. Ecol. Risk Assess., 6: 181-201, 2000.

24) van den Berg M., Birnbaum L., Bosveld A. T. C., Brunstrom B., Cook P., Feeley M., Giesy J. P., Hanberg A., Hasegawa R., Kennedy S. W., Kubiak T., Larsen J. C., van Leeuwenm F. X. R., Liem A. K. D., Nolt C., Peterson R. E., Poellinger L., Safe S., Schrenk D., Tillitt D., Tysklind M., Youness M., Waern F. and Zacharewski T.: Toxic equivalency factors (TEFs) for PCBs, PCDDs, PCDFs for humans and wildlife, Environ. Health Perspect., 106: 775-792, 1998.

25) van Leeuwen F. X., Feeley M., Schrenk D., Larsen J. C., Farland W. and Younes M.: Dioxins: WHO's tolerable daily intake (TDI) revisited, Chemosphere, 40: 1095-1101, 2000.

26) Tompson D. R.: Mercury in birds and terrestrial mammals: *In*: Environmental Contaminants in Wildlife (W. Nelson Beyer, W. N., Heinz, G. H. and Redmon-Norwood, A. W. eds), CRC Press Inc., Florida, pp. 341-356, 1996.

27) Itano K., Kawai S., Miyazaki N., Tatsukawa R. and Fujiyama T.: Mercury and selenium levels at the fetal and suckling stages of striped dolphins, *Stenella coeruleoalba*, Agric. Biol. Chem., 48: 1691-1698, 1984.

28) Caurant F., Navarro M. and Amiard J.: Mercury in pilot whales: possible limit to the detoxification process, Sci. Total Environ., 186: 95-104, 1996.

29) Koeman J. H., Peeters W. H. M., Koudstaal-Hol C. H. M., Tjioe P. S. and de Goeij J. J. M.: Mercury-selenium correlations in marine mammals, Nature, 245: 385-386, 1973.

30) Nigro M. and Leonzio C.: Intracellular storage of mercury and selenium in different marine vertebrates, Mar. Ecol. Prog. Ser., 135: 137-143, 1996.

31) Martineau D., De Guise S., Fournier M., Shugart L., Girard C., Lagacé A. and Béland P.: Pathology and toxicology of beluga whales from the St. Lawrence Estury, Quebec, Canada. Past, present and future, Sci. Total Environ., 154: 201-215, 1994.

32) Wilson J. Y., Cooke S. R., Moore M. J., Martineau D., Mikaelian I., Metner D. A., Lockhart W. L. and Stegeman J. J.: Systemic effects of Arctic pollutants in Beluga whales indicated by CYP1A1 expression, Environ. Health Perspect., 113: 1594-1599, 2005.

33) Hall A. J., Hugunin K., Deaville R., Law R. J., Allchin C. R. and Jepson P. D.: The Risk of Infection from Polychlorinated Biphenyl Exposure in the Harbor Porpoise (*Phocoena phocoena*): A Case-Control Approach, Environ. Health Perspect., 114: 704-711, 2006.

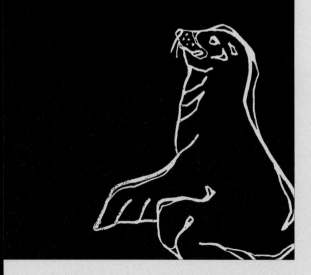

糞採り名人への道

後藤陽子
北海道立総合研究機構
水産研究本部稚内水産試験場

「糞採り名人」とはこの本の編集者の一人であるHさんである。さらにHさん以外の名人にはまだ出会えていない。訓練すれば誰でも名人になれるのかどうかは分からないが，筆者には今のところその気配はない。当コラムでは希少な名人の技を紹介しようと思うが，その前にまず凡人による糞採集のリアルをお伝えしたい。

糞採集とはなにか。ここでは主な目的を食性解析に限定して話を進める（他の用途としてはDNAによる個体識別など）。標本としての糞採集である以上，使い物にならなければそれはただのクサイモノ集めである。便宜的に「良い糞」と呼称しているが，良い糞とはどのようなものか。餌料の残滓が多く残っている，新鮮でDNAの分解が比較的少ないといった研究上有用であることに加え，採取しやすいことも大事である。鰭脚類の糞は上陸場で採集することが多いが，その場所は砂浜か岩場が多い。海外の文献では短時間で簡単にたくさん集めることができるとされる糞だが，実際には砂に染みこんでいたり，岩場ではう〇こプール状の水溜まり（図1）になっていて，回収できる状況ではないことが多い。容易に集められる現場とは一体どこにあるのか。草地は比較的拾いやすいが，筆者が調査で回った繁殖場では草地にはオットセイしかいなく，目的のトドの糞ではないと判断された。とにかく，採集するにふさわしい糞というのは容易には見つ

図1　プール状になり採集できない糞の例

からない。かつて筆者が上陸場で糞を探し回る姿がテレビで放映されたことがあるが，特段説明がなかったせいか，それを観た人から「貝殻でも探していたの？」とまるでのんびり散歩を楽しんでいたかのように聞かれたことがある。

　良い糞に対してだめな糞の代表例として，カピカピに乾いた糞がある。それらは排泄されたのが1週間前なのか1ヶ月前なのか分からないので，解析には加えない。他にハズレ糞として，先行研究[1]では，キタオットセイの場合，褐色の糞は食物片を含まないことが多いと報告している。これらの糞は縄張り形成のため，長期間上陸中で断食状態にある雄のものではないかと推察されている。北海道にはトドの繁殖場はなく，何週間も上陸したままということはないのでこのような心配はないが，食物片を含まない糞もしばしば見られる。このような糞は肉眼での食性解析用としてはハズレだが，餌由来DNAを検出できることもあるため，一見していかにも食物片を含んでいないようなつるっとしたあやしい糞でも新鮮なら拾っておいたら良いかと思う。

　良い糞（図2）を見つけたら，ヘラやスプーンなど好きなアイテムを使って拾うが，案外これもうまく袋に入らない。岩場だと隙間に入り込んでしまい，きれいに取り除けない。だが中途半端に残すと，別の採集者がまだ採ってない糞だと思って同じ糞をまた拾ってしまう。さらに，トロトロした糞は当然しずくが垂れやす

く，油断したら素肌やウエアにぽとりとつけてしまうこともある。手が汚れてしまうと，サンプルバッグのチャックを閉める際に袋の外側が汚れてしまう。外側についた糞は汚く臭いばかりでなく，乾燥して粉塵化した場合，DNA分析の際のコンタミの原因となる。とはいえ，汚いかどうかに関しては，素手でナガスクジラの糞をつかみ取るK教授の実例もあるので，いろんな考え方があるということにしよう。

　では，H名人の糞採集はどうなのか。まず名人は糞の発見が早い。名人が手際よくヘラで（スプーンよりヘラが良いらしい）大物もものともせずきれいに袋に移し終えると，当然地面にはうっすら痕跡が残るのみである。手指も汚れていないので，チャックを閉めるときも袋を汚さない。そしてさっさと次の糞を探しに行ってしまう。その姿は海辺の朝散歩と間違われることなど無いに違いない。名人は文献[2]を参考に1回のサンプリングにつき50個以上採集を目標としていたとのことである。トドが2千頭も上陸しているような宗谷岬弁天島でも，名人不在では少人数体制での50個採集はなかなか厳しい。というのも島や岩礁帯のような調査地では，潮や風の変化も気にしながらのサンプリングとなり，時間制限があるからである。糞採集では「素早く発見，丁寧に採集」を常に心がけておきたい。続けていればいつかは糞採り名人になれる日がくるかもしれない。

図2　採取しやすい糞の例

引用文献

　1) 清田雅史，河合千尋，馬場徳寿：糞及び嘔吐物の分析に基づくキタオットセイ雄獣の餌料推定．遠洋水研報, 25: 1-7, 1999.

　2) Trites, A. W. and Joy, R.: Dietary analysis from fecal samples: How many scats are enough?. J. Mammal., 86: 704-712, 2005.

第10章 個体数推定

金治 佑

1 はじめに

生物の個体数は，生態学のなかでもっとも基本的かつ重要な情報と言える。個体数を知り，その季節変動や空間パターンを把握すれば，生態系の中でのその種の相対的な役割や，ほかの種との関係，環境変動との関連などを推測することができる。また，個体数の増減から人為的な影響を把握したり，個体群増加率を考慮した許容捕獲頭数を推定したりすることが可能であり，野生動物の保全・管理の観点でも，重要な基礎情報である（第13章，第15章）。海棲哺乳類の多くの種は，海洋の広い範囲に分布していることから，生息域をくまなく探し，すべての個体数を把握することは困難な場合が多い。このため，直接に計測する代わりに，個体群を代表する一部をサンプリングし，統計解析手法

を用いて全体の個体数を推測することが行われる。こうした手法を個体数推定といい，本章では海棲哺乳類に頻繁に使われる，標識再捕法とライントランセクト法の基礎を紹介する。

2 標識再捕法

動物の個体に何らかの標識を行い，その標識を手掛かりに再捕（あるいは再発見）した場合に，その標識数と再捕数のデータから個体数を推測するのが標識再捕法である。標識には，体表の模様や各部形状を用いて自然標識としたり，プラスチックなどのタグを用いる装着型標識，体表に直接印字する焼印・凍結標識などがあり，これらは第2章で詳細に説明した。標識再捕法の基本はPetersenが用いた手法（Petersen法）で[1]，個体数推定の標準的手法の1つとして日本でも水産資源学の分野を中心に広く紹介され

Survey and analysis methods for conservation and management of marine mammals (10): Abundance estimation

Yu Kanaji / Fisheries Resources Institute, Japan Fisheries Research and Education Agency（国立研究開発法人水産研究・教育機構水産資源研究所）

Abstract : Information of animal abundance is fundamental to ecological studies, but it is usually difficult to count all individuals in a population. This is especially true for marine mammals, because most of them are widely distributed from coastal to offshore waters. Abundance estimation comprise several statistical techniques to sample small portion of a population and extrapolate it to a larger area to estimate total population size. Mark-recapture and line-transect methods which are widely used abundance estimation techniques for marine mammals are reviewed in this article.

Keywords : Mark-recapture, line-transect, distance sampling, spatial modeling.

てきた[2]。Petersen法は，1回の標識と1回の再捕獲を基本とする。例えば，ある海域で1回目の調査を行い，5個体の動物に遭遇，それらすべてに何らかの標識をしたとしよう（**図1左**）。一定期間経過後，これらの標識個体がほかの個体と十分混じりあって分布してから，2回目の調査を行ったところ6個体に遭遇し，うち1個体に標識が確認されたとする（**図1右**）。このような場合，海域全体の個体数は次のように推測される。全個体数（N）と1回目調査で標識した個体数（$m = 5$頭）の割合が，2回目調査での再捕個体数（$n = 6$頭）とそのうちの標識数（$x = 1$頭）の割合に等しいと考えると，$N/5 = 6/1$なので，$N = 5 \times 6/1$で30頭と推定できる。一般式で表せば，$\hat{N} = nm/x$となる。この公式が成り立つには，次の（1）〜（6）の条件が必要となる。（1）調査期間中に個体の移出入（死亡・加入）がない，（2）標識により死亡率が高くならない，（3）標識が脱落・消失しない，（4）標識個体と非標識個体とで再捕率が異ならない，（5）標識・非標識個体が一様に混じる，（6）再捕時にすべての標識がもれなく確実に報告される。しかし，個体の移出入がない閉鎖系を前提とした条件（1）は，海洋生物，特に移動能力の高い海棲哺乳類の場合には，非現実的とも言える。

そこで非閉鎖系にも応用できるJolly-Seber法が，海棲哺乳類の個体数推定ではしばしば用いられる[3,4]。Jolly-Seber法は，3回以上の調査により2回以上の標識放流と再捕を行い，個体数だけでなく，生残率や加入数も同時に推定できる方法である。具体的に**図2**の例を用いて説明しよう。ここでは計4回の調査を行う。最初の調査時では，個体群中に60頭の動物が生息していたが，移出入により2回目に57頭，3回目に55頭，4回目に51頭になった。これら全個体数 N_i（$i = 1, 2, 3, 4$）は，実際には未知のパラメータであり，調査から得られるデータから推定する。各調査回に15個体の捕獲を行い，それらすべてに標識したのち，再放流する。1回目の調査では，15個体すべてに標識放流を行うが，2回目の調査では，15個体中4個体にすでに標識（標識番号1）がなされていることから，残りの11個体に標識（番号2）して，15個体すべてを再放流する。同様に3回目の調査では，15個体中の7個体に標識（番号1と2）を確認したので，残りの8個体に標識（番号3）したのちに再放流し，4回目の調査では，8個体に標識（番号1〜3）を確認した。Jolly-Seber法による推定は，各調査回の捕獲数（n_i），捕獲個体中の標識数（x_i），新たに標識した数（m_i），当該調査回以前に標識されたが，再捕されず，その後の調査回で再捕された数（A_i），当該調査回で新たに標識した個体のうちその後の調査回で再捕される数（B_i），が必要である。**図2**の例について，これらの値をまとめたのが**表1**である。A_iとB_iについては，標識を用いて個体識別することにより集計できる。1回目の調査で標識された15個体（m_1）それぞれに個体識別番号1〜15を付し，2回目の調査で新たに標識された11個体（m_2）に個体識別番号16〜26を，3回目の調査で新たに標識された8個体（m_3）に個体識別番号27〜34を，4回目の調査で再捕された個体のうち標識されていない7個体に個体識別番号35〜41を付す（**図3**）。これらが各調査回で再捕されたかどう

1回目の調査

2回目の調査

個体群全体（点線中の全個体）の中から，黒色で
示す5個体を捕獲し，標識を装着後に放流。

標識個体が個体群全体に十分混じりあったのち，
黒色で示す6個体を捕獲。そのうち1個体に標識
を確認。

**図1　Petersen 法に従った
調査・解析の流れ**

1回目の調査

2回目の調査

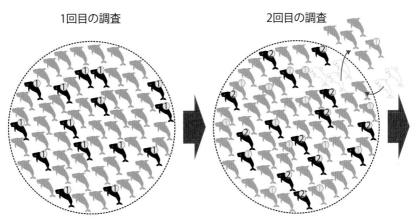

個体群全体（$N_1 = 60$）中から，黒色で示す15個体
（n_1）を捕獲し，標識（丸囲み標識番号$h=1$）を装着
後に放流（新たな標識放流数$m_1 = 15$）。

5個体が移出し，2個体が移入した個体群全体（$N_1 = 57$）の中から，
黒色で示す15個体（n_2）を捕獲し，4個体に標識（標識番号$h=1$）を
確認。残りの個体（$m_2 = 11$）に新たな標識（標識番号$h=2$）を装着
後に放流。

3回目の調査

4回目の調査

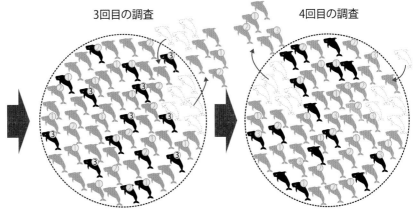

**図2　Jolly － Seber 法に従った
調査・解析の流れ**

5個体が移出し，3個体が移入した個体群全体（N_2
$= 55$）の中から，黒色で示す15個体（n_3）を捕獲し，
7個体に標識（標識番号$h=1$が4個体，$h=2$が3個
体）を確認。残りの個体（$m_3 = 8$）に新たな標識（標
識番号$h=3$）を装着後に放流。

5個体が移出し，1個体が移入した個体群全体（N_2
$= 51$）の中から，黒色で示す15個体（n_4）を捕獲し，
10個体に標識（標識番号$h=1$が3個体，$h=2$が3
個体，$h=3$が2個体）を確認。残りの個体（$m_4 = 7$）
に新たな標識（標識番号$h=4$）を装着後に放流。
4回目の調査の新規標識は個体数推定に用いない
ので，図中には示さない。

表1 4回の調査を行った例（図2）でのJolly−Seber法の計算に必要な各値のまとめ

調査	全個体数	再捕数	再捕獲個体中の標識数	標識番号別の標識数			新たな標識数		
i	N_i	n_i	x_i	$h=1$	$h=2$	$h=3$	m_i	A_i	B_i
1	60	15	0	—	—	—	15	—	10
2	57	15	4	4	—	—	11	6	5
3	55	15	7	4	3	—	8	4	2
4	51	15	8	3	3	2	7	—	—

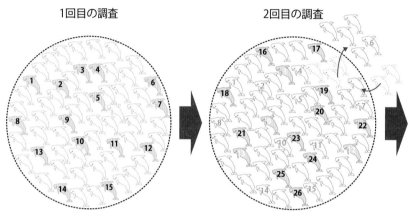

1回目の調査

個体群全体（$N_1=60$）中から，灰色で示す15個体（n_1）を捕獲し，新たな標識放流個体（$m_1=15$）に個体識別番号1-15を付与。

2回目の調査

個体群全体（$N_2=57$）中から，灰色で示す15個体（n_2）を捕獲し，新たな標識放流個体（$m_2=11$）に個体識別番号16-26を付与。

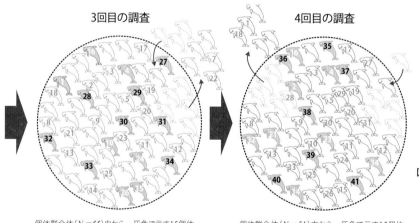

3回目の調査

個体群全体（$N_3=55$）中から，灰色で示す15個体（n_3）を捕獲し，新たな標識放流個体（$m_3=8$）に個体識別番号27-34を付与。

4回目の調査

個体群全体（$N_4=51$）中から，灰色で示す15個体（n_4）を捕獲し，新たな標識放流個体（$m_4=7$）に個体識別番号35-41を付与。

図3 Jolly−Seber法での個体標識の例

1〜41番目の標識個体について，再捕履歴に基づき集計表を作成する。

かの再捕履歴を，0か1かで表した集計表を作成する（表2）。例えば，1番目の個体は1回目調査で標識，3回目で再捕され，2・4回目では再捕されなかったことから，［1010］のように表される。この集計表から，例えば，1回目の調査で標識され，2目目には再捕されず，その後

表2　図3の例に対応する標識個体の再捕履歴集計表

個体識別番号	調査			
	1回目	2回目	3回目	4回目
1	1	0	1	0
2	1	0	0	1
3	1	1	0	0
4	1	0	1	1
5	1	0	0	0
6	1	0	0	0
7	1	0	0	0
8	1	0	0	0
9	1	1	0	0
10	1	0	1	0
11	1	0	0	0
12	1	1	0	0
13	1	1	0	0
14	1	0	0	1
15	1	0	1	0
16	0	1	1	1
17	0	1	0	0
18	0	1	0	0
19	0	1	0	0
20	0	1	0	0
21	0	1	0	1
22	0	1	0	0
23	0	1	0	1
24	0	1	1	0
25	0	1	0	0
26	0	1	1	0
27	0	0	1	0
28	0	0	1	0
29	0	0	1	0
30	0	0	1	0
31	0	0	1	0
32	0	0	1	1
33	0	0	1	0
34	0	0	1	1
35	0	0	0	1
36	0	0	0	1
37	0	0	0	1
38	0	0	0	1
39	0	0	0	1
40	0	0	0	1
41	0	0	0	1

再捕される数（A_2）は，個体識別番号＝1，2，4，10，14，15の6個体であることがわかる。同様に，2回目調査で標識され，その後再捕される数（B_2）は，個体識別番号＝16，21，23，24，26の5個体である。これらのデータ一式を用いて個体数推定を行う。i回目の調査における個体群中の全標識数をX_iとして，Petersen法からは$\hat{N_i} = n_i X_i / x_i$と推定できる。しかし，移出入がある非閉鎖系では$X_i$が不明である。そこで，全標識数の推定値を$\hat{X_i}$とおいて，$A_i / (\hat{X_i} - x_i) = B_i / m_i$のように考える。$\hat{X_i} - x_i$は，個体群中で$i$回目の調査時に再捕されなかった標識個体数であり，左辺はその$i+1$回目以降の再捕率を表す。一方，右辺はi回目の調査時に標識された個体の，$i+1$回目以降の調査での再捕率を表している。この式を$\hat{X_i}$について書き換えると，$\hat{X_i} = x_i + m_i A_i / B_i$となるので，例えば，これまでのデータを使って2回目，3回目の調査の全標識数はそれぞれ$\hat{X_2} = 4 + 11 \times 6/5 = 17.2$，$\hat{X_3} = 7 + 8 \times 4/2 = 23$と推定される。あとはPetersen法に従い，$\hat{N_i} = n_i \hat{X_i} / x_i$の式を用いて，2回目，3回目の調査の個体数推定値はそれぞれ$\hat{N_2} = 15 \times 17.2/4 = 64.5$，$\hat{X_3} = 15 \times 23/7 = 49.3$と求められる。今回の例では，便宜的に小さな個体数・再捕数を仮定したため誤差が大きいが，おおむね真の値（$N_2 = 57$，$N_3 = 55$）に近い推定値が得られたことがわかる。本手法が成り立つ条件としては，（1）標識個体と非標識個体とで再捕率が異ならない，（2）すべての標識個体は等しい確率で生残し，個体群に残る，（3）再捕された個体は等しい確率で標識放流される，（4）標識が脱落，消失しない，（5）再捕時にすべての標識がもれなく確実に報告される，（6）再捕は瞬時に行われる，などがある。

標識再捕法のもとで，標識個体がその後再捕されるかどうかを確率的に表現した場合，基本となるパラメータは，i番目の調査と$i+1$番目の調査との間で，標識個体が生き残る確率ϕ_i，および生き残ったという条件下で標識個体が再捕される確率p_iとなる。再捕されるかどうかは

0か1かの二者択一であるので，これらは二項分布のパラメータとも考えられる。例えば，3回の調査を行った場合，標識個体の再捕履歴の組み合わせは［111］，［110］，［101］，［100］となり，それらの確率はそれぞれ$\phi_1 p_2 \phi_2 p_3$，$\phi_1 p_2 (1-\phi_2 p_3)$，$\phi_1 (1-p_2) \phi_2 p_3$，$1-\phi_1 p_2 - \phi_1 (1-p_2) \phi_2 p_3$と表すことができる。それぞれの組み合わせの標識個体数を$N_{(111)}$，$N_{(110)}$，$N_{(101)}$，$N_{(100)}$とおくと，得られた再捕データの同時確率は$[\phi_1 p_2 \phi_2 p_3]^{N(111)} [\phi_1 p_2 (1-\phi_2 p_3)]^{N(110)} [\phi_1 (1-p_2) \phi_2 p_3]^{N(101)} [1-\phi_1 p_2 - \phi_1 (1-p_2) \phi_2 p_3]^{N(100)}$となる。これらを尤度関数に用いれば，最尤法の枠組みでパラメータを推定することができる。Jolly-Seber法の場合，調査回ごとに移出入があるので，さらに関連するパラメータを推定することが必要となるが，同様に標識再捕法のさまざまな拡張手法を，より柔軟にモデル化することが可能である。プログラムMARKは，こうしたアプローチにより，再捕履歴のデータから，Jolly-Seber法をはじめとする拡張手法にオプションを用いて分析が可能であり[5]，標識再捕法のデータ解析でもっとも普及しているソフトウエアパッケージの1つである。

　商業捕鯨が盛んに行われていた時代，ライントランセクト法による個体数推定法は確立されていなかった。このため，ディスカバリータグと呼ばれる金属製標識銛を用いた標識調査が精力的に行われ，捕獲時に発見した標識データから，標識再捕法に基づく個体数推定が試みられてきた。特に1970年代から1980年代初頭にかけて，国際捕鯨委員会国際鯨類調査10ヵ年計画（International Decade of Cetacean Research : IDCR）に関連して，南極海のクロミンククジラ個体数推定に，標識再捕法が多く適用された[6~8]。前述のように，標識再捕法の適用にはいくつかの条件があり，その仮定が十分満たされることが重要である。南極海での一連の研究では，捕獲時に標識が確実に発見できるように金属探知機を用いたり[6]，二重の標識を用いて脱落率を推定したり[6]，自然死亡率を考慮に入れるなど[7, 8]，条件からの逸脱による個体数推定のバイアスが生じないよう，最善の努力が払われてきた。しかし，標識の脱落率や死亡率の正確な把握は依然として困難であり，また1980年代以降の商業捕鯨一時停止措置以降は，捕獲による標識再捕を大規模に実施することが難しくなったこともあり，標識銛を用いた個体数推定は行われなくなった。近年は，個体特有の模様や傷などの自然標識を用いた写真個体識別のデータを，標識再捕法に適用した個体数推定が，いくつかの種や海域で行われている[9~13]。自然標識の場合，個体に直接触れることがないため，標識自体や装着に伴う影響によって再捕率や生残率にバイアスがかからない点が利点である。また，長期にわたり，標識個体の再捕履歴を追跡できることから，Jolly-Seber法など複数回の標識・再捕を前提とする個体数推定法に適している。一方，自然標識を用いる場合，必ずしもすべての個体が識別可能な標識を有しているとはかぎらない。このため標識再捕法のいくつかの条件のうち，「標識個体と非標識個体とで再捕率が異ならない」とする仮定は明らかに満たされない。遭遇個体のうち，標識可能な個体の割合を用いるなどして補正することが必要である[10]。また，個体識別に有効な自然標識を有していない種については，

当然ながら本手法は適用できない。

3 ラントランセクト法

3.1. 従来型の方法

ディスタンスサンプリング手法の1つであるライントランセクト法は、ランダムに設定した複数本の直線の調査線（トラックライン）上を移動しながら対象動物を探し、調査距離、発見数、トラックラインから発見動物までの横距離のデータを用い、個体数を推定する方法である[14]。図4の例を用いて説明しよう。例えば、100×200kmの範囲を調査海域として、その中に10本のトラックラインを設定する。左右2.5km以内の範囲（図4の灰色の帯）の動物を探索し、発見時に、もれなくすべて記録したとすると、探索面積は100km（1本のトラックラインの長さ）×10本×2.5km（探索範囲）×2（左右）＝5,000km²となる。ここでは、5つの発見（図4の灰色の帯上のプロット）が記録されているので、この動物の密度は5個体／（5,000km²）＝0.001と計算できる（この推定法はストリップトランセクト法と呼ばれる）。これを全体の面積

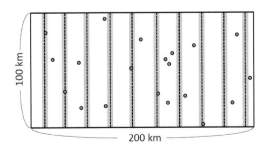

図4　ライントランセクト法の調査例
　点線がトラックライン、灰色の帯が探索範囲、丸が対象動物を示す。

100×200km＝20,000km²に引き延ばすと、調査海域全体の個体数は20個体と推測することができる。ここで問題になるのが、2.5km先の動物をまったくの見逃しなく発見することが可能かということである。トラックラインから発見動物までの横距離が大きくなればなるほど、見落とす確率は高くなるだろう。図5の左の棒グラフは、北太平洋で行われた目視調査で発見・記録されたハシナガイルカ127群の横距離頻度分布である[15]。イルカなどの小型鯨類は、複数頭からなる群れで生息するため個体の頻度ではなく、群れの頻度を用いて発見関数を推定する。これを見ると、実際に横距離が遠くなればなるほど発見頻度が少なくなることがよくわかる。この発見頻度を発見確率に置き換えて、横距離との関係を関数で表したものを、発見関数$g(y)$と呼ぶ。発見関数を用いて理論上、ある距離以下での見落とし率と以上での発見率が等しくなる境界を求めることができる。この境界となる距離を有効探索幅と呼び、見落としと発見それぞれを相殺すれば、有効探索幅以内で対象動物はすべて発見・記録されるとみなすことができる。図5では頻度を縦軸にとっているが、発見関数では通常発見確率が縦軸となる。横距離ゼロ、つまりトラックライン上ではすべての対象動物が発見されると仮定すれば、発見確率は$g(y=0)=1$となる。発見関数を0〜任意の距離（例えば2.5海里）で積分すると、関数下面積が得られる。この面積は、有効探索幅を底辺に、$g(y=0)=1$を高さにもつ長方形の面積に相当するので、発見関数の積分値が有効探索幅そのものに相当する。有効探索幅が得られれば、探索面積は全トラックライン長L×有効

探索幅$\mu \times 2$で表されるので，密度Dは発見数nを$2L\mu$で除したものとして推定できる。これを全体の面積Aに掛ければ個体数推定値が得られる。この方法は，従来型のディスタンスサンプリング（conventional distance sampling：CDS）という。イルカなどのように群れで生活する種では，発見群数をnとおき，平均群れサイズ（頭数）sを用いて，$N = nsA/2L\mu$のように個体数を推定する。

　発見関数には，ハーフノーマル関数とハザードレート関数がよく使われる。ハーフノーマル関数は，文字どおり正規分布の確率密度関数を$0 \leqq$の右半分だけにした関数形をしており，$g(y) = \exp(y^2/2\sigma^2)$で表される。一方，ハザードレート関数は生存時間解析に用いられるハザード関数を距離に置き換えて扱ったもので，$g(y) = 1 - \exp(-(y/\sigma)^{-b})$として表される。両者の大きな違いは横距離ゼロ付近での形で，ハーフノーマル関数は横距離の増加とともになだらかに発見確率が減少するのに対し，ハザードレート関数は一定の横距離まで発見確率が減少せず，それを越えるとなだらかに減少する。横距離ゼロ付近の発見関数が一定となる部分を肩（ショルダー）といい，正確に距離測定が行われていれ

ば，一般に目視調査で得られる横距離の頻度分布は肩をもつ。ハザードレート関数は，この肩の特徴をうまく表現した関数である。しかし，距離測定が正確ではなかったり，動物が観察者や船に反応して接近してくるような場合には，横距離ゼロ付近で発見数が多くなる，いわゆる"スパイク"の傾向を示す。こうしたデータに発見関数を当てはめると有効探索幅を過小に推定し，その結果，個体数を過大推定することになる。特に，ハザードレート関数では顕著なバイアスが生じる。前述のハシナガイルカのデータにハーフノーマル関数，ハザードレート関数を当てはめた例を図5（曲線グラフ，点線と実線）に示すが，ややスパイクの傾向がある。小型鯨類は航行中の船が生じさせる波（船首波）に乗って遊泳する行動がしばしばみられ，これがスパイクの一因となる。また，2つの発見関数のもう1つの違いとして，ハーフノーマル関数はスケールパラメータと呼ばれるパラメータσのみで表されるのに対し，ハザードレート関数はスケールパラメータに加えてシェイプパラメータbの2つのパラメータで表されることがあげられる。パラメータ数の少ないハーフノーマル関数のほうが，より単純な構造の発見関数と言うことが

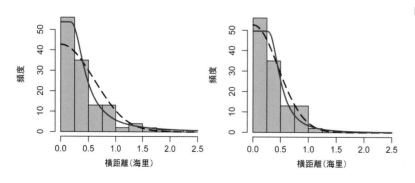

図5　北太平洋で行われた目視調査で発見・記録されたハシナガイルカ127群の横距離頻度分布（左）および上位5%をライトトランケーションした横距離頻度分布（右）

それぞれに，ハーフノーマル関数（点線）とハザードレート関数（実線）を当てはめた例。

できる。これら発見関数$g(y)$を積分したものが有効探索幅であることはすでに述べたが，$g(y)$を有効探索幅で除した関数$f(y)$は，確率密度関数として扱うことができる。これは正規分布などと同様，関数全体の積分値が1となり，連続変数で表される確率を表現できるからである。発見関数のパラメータ推定は，確率密度関数$f(y)$を用いて最尤法により推定が可能である。最尤法を用いれば尤度や赤池情報量規準（AIC）が計算できるので，今あるデータにハーフノーマル関数を使うべきか，ハザードレート関数を使うべきかといったモデル間の比較や，後述する共変量の選択などが容易である。

　図5の例では，全般に横距離の増加とともに発見頻度が少なくなる傾向であるが，一方1.25〜1.5海里の区間では単調減少から若干はずれた値となっている。このような横距離頻度分布の右側裾野付近でのはずれ値は，除外することでモデルの当てはまりを良くすることができる[14]。これはライトトランケーションと呼ばれるもので，図5の右側グラフには上位5%のデータを除外して発見関数を当てはめた例を示した。一方，航空機を用いた目視調査データでは機体直下が見えにくく，横距離ゼロ付近での発見率が落ちる。こうしたデータにそのまま発見関数を当てはめるとバイアスが生じることから，調査線からある一定程度の距離までのデータを除外することがよく行われる。これはレフトトランケーションと呼ばれる[14]。対象動物の発見確率は，調査時の海況・気象など，観察条件によっても変わってくることが予想される。霧などで遠方まで見通せない場合や，風が吹いて白波が散見される場合などでは，当然発見確率は落ちる。

こうした場合，より狭い有効探索幅をもつ発見関数で表すのが適当であろう。そこで，発見関数のスケールパラメータを$\sigma = a_0 + a_1 x$のように，各種の観察条件xを線形関数の共変量として表すことで，xの値によって異なる発見関数を表現できる[16]。本手法は多変量ディスタンスサンプリング（multiple covariate distance sampling：MCDS）と呼ばれ，近年，頻繁に用いられるようになった。共変量には，ビューフォート風力階級のような離散的な値を扱うことも，視界のように連続的な値を扱うことも，どちらもよく行われる。また，群れサイズを共変量に含めることもある。観察場所から遠く離れていると，大きな群れは発見しやすいが，小さな群れは見落としやすい。この傾向を考慮するためである。加えて，平均群れサイズの推定にも，こうした距離の影響を考慮するのが一般的である。観察された群れサイズを横距離に対して回帰させ，横距離ゼロでの頭数を平均群れサイズに用いることで，距離に依存したバイアスを補正できる。

　ライントランセクト法による個体数推定には，調査デザインに関する条件と，モデル推定に関する3つの条件が必要とされる。

　前者は，対象生物がラインから独立して分布するという条件で，調査海域内にトラックラインを十分ランダムに配置することで満たされる。トラックラインを完全にランダムに配置するには，必要なトラックラインの数だけ開始点と進行方向をそれぞれランダムに設定すればよい。しかし，複数のトラックラインが相互に交差したり，調査海域の周縁に対して斜めにトラックラインが配置されることでエッジエフェクトと呼ばれるバイアスが生じやすくなること，海域全体に均

等にカバーされない可能性が高いこと，トラックライン間の移動にロスが生じることなどから，通常このような完全なランダム配置は採用されない[17]。十分なランダム性を確保しつつ，これらの問題に対処するため，等間隔平行配置，等間隔ジグザグ配置，等角度ジグザグ配置，調整角度ジグザグ配置などによってトラックラインを規則的に配置する方法が通常使われる[17, 18]。平行配置の場合，異なるトラックラインは交差せず，またジグザグ配置の場合，調査海域の周縁部でのみ交差する。周縁部に対してはできるだけ直角近くに交わることでエッジエフェクトを軽減し，かつ1本あたりの調査距離を短くして，トラックライン数を増やすことで，遭遇率の推定精度を向上させることにもつながる。

一方，モデル推定に関する条件の1つめは対象動物の発見位置が観察者に影響されないこと，2つめは観測値が正確であること，3つめはトラックライン上での見逃しがないこと，である。1つめと2つめの条件は，主に調査手法によって改善される。前述のように小型鯨類の一部の種では船首波に乗って泳ぐために，横距離ゼロ付近で発見が多くなることがある。反対に船を避けるような種では，横距離ゼロ付近で発見が少なくなる。どちらのケースもバイアスの原因となるので，こうした接近・逃避行動が起こる前に発見できるように，常に前方を注意深く観察する必要がある。また，発見時の距離・角度が正確に推定されるために，目盛り付双眼鏡や角度盤を用いたり，あるいは調査前に推定訓練を実施する。これらの調査方法については，第1章で詳しく説明されているので，参照してほしい。さらに，3つめの条件に関しては，潜水個体の見逃しによる可用性バイアス（availability bias）と観察者の見逃しによる認識バイアス（perception bias）があり，ともに不可避な場合も多く，それぞれを補正する方法が考案されている。目視調査では水面を探索するため，動物が潜水している間は発見できず，見落とすことになる。これに起因して$g(0) < 1$となり，個体数を過小評価することを可用性バイアスという。可用性バイアスは，電子タグを装着して動物の潜水行動パターンを調べ，潜水時間と浮上時間とによって補正することができる。簡便な方法としては，潜水行動を追跡した全時間中の潜水時間割合を求め，潜水時間分の個体数を引き延ばして補正する[19]。また，潜水－浮上パターンを確率的に扱うために，点過程モデルを用いた方法も提案されている[20]。一方，調査員の不注意や経験不足により動物を見逃し，$g(0) < 1$の仮定が満たされない場合は認識バイアスとされる。認識バイアスは，独立観察者実験あるいはダブル・プラットフォーム実験と呼ばれる，独立の調査員2組による同時探索を行い，それぞれの発見データを用いて補正する[21]。各組が動物を発見する確率は，発見関数を用いて表すことができ，それぞれ$p_1(y)$，$p_2(y)$とすると，1組目，2組目に関わらず発見する確率は$p_.(y) = p_1(y) + p_2(y)[1-p_{(1|2)}(y)]$，または$p_.(y) = p_2(y) + p_1(y)[1-p_{(2|1)}(y)]$のように表せる。$p_{(1|2)}(y)$は，2組目が発見した場合に1組目が発見する確率で，両者が完全に独立であれば$p_1(y)$となる。$p_{(2|1)}(y)$はその逆である。i番目の発見における，調査員2組の発見有無の組み合わせは，1組目のみが発見（$\underline{\omega}_i = 1, 0$），2組目のみが発見（$\underline{\omega}_i = 0, 1$），両組とも発見

$(\underline{\omega}_i = 1, 1)$ の3通りあり，それぞれの確率 P_r $(\underline{\omega}_i|y_i)$ は，$p_1(y_i)[1-p_{(2|1)}(y_i)]$，$[1-p_{(1|2)}(y_i)]p_2(y_i)$，$p_{(1|2)}(y_i)p_2(y_i)=p_{(2|1)}(y_i)p_1(y_i)$ となる。この組み合わせに関する尤度は，$Pr(\underline{\omega}_i|y_i)/p.(y_i)$ をすべての発見数分総乗したものになり，さらに発見関数部分の尤度を加えたものが全体の尤度となる。1組目の発見を標識，2組目の発見を再捕と考えれば，発見関数をベースに標識再捕法に基づき見落とし率を補正する手法と言うことができる。本手法がMRDS（Mark-recapture distance sampling）法と呼ばれる由縁である。

　ここまで説明したライントランセクト法の一連の解析は，専門のソフトウエアであるプログラムDISTANCE[22]，あるいは統計解析言語Rのmrdsパッケージ[23] を用いて実行可能である。プログラムDISTANCEには，前述の調査デザインに必要なエンジンも含まれている。ランダムに選択された開始点から各種の規則的配置を設計し，任意に設定したグリッドを用いてカバー率の計算も自動的になされることから，複数設計した調査デザインのなかから調査海域を十分にカバーする最適なものを選択することが可能である[17, 18]。また，ここでは目視データによる解析例を紹介したが，音響データによる解析も行われている[24]。

3.2. 空間モデルを用いた方法

　従来型のライントランセクト法は，いわばトラックライン上の個体密度を白地図上に拡大するように，全体の個体数を推定する。モデルの構造が比較的単純であるため少ないパラメータで推定ができるが，一方でバイアスを生じさせ

ないように，調査海域の設定やトラックラインの配置に十分注意する必要がある。このため，従来型の方法はデザインベースの方法とも言われる。また，動物の分布は水温や海底地形，餌の分布などさまざまな環境要因によって変わるため，調査設計の意図に反した動物の分布になる可能性もある。さらに，当初からランダムサンプリングとせずに，日和見的な調査を行った場合，従来型のライントランセクト法を用いると個体数の推定結果にバイアスを生じやすい。ホエールウォッチング船による発見データがその一例で，対象動物がいそうな海域を中心に探索を行うため，トラックラインの配置がランダムでなく，高密度海域に集中しがちになる。このような調査データに対しては，空間モデルを用いて，環境変数との関係から個体数推定を行う方法が有効である[25]。空間モデルについては別途，第11章でも詳しく扱うが，一連の解析の流れをここで簡単に紹介する（図6）。まず，トラックラインを等間隔のセグメントやグリッドに分割する。それぞれのセグメント・グリッドに水温や地形などの環境変数 (x) を対応させるとともに，調査距離 (l)，発見数 (n) を集計したデータセットを作成する。別途発見関数から推定された有効探索幅 μ から，各セグメント・グリッドに対応する有効探索面積は $a = 2\mu l$ となるので，環境変数を説明変数にもつ個体密度の推定モデルは $d = n/a = b_0 + b_1 x$ のように表せる。発見数 n は必ず離散的な値をとるため，ポアソン分布や負の二項分布を誤差に仮定する場合が多い。その場合，対数リンク関数を用いて $\log(d) = \log(n/a) = b_0 + b_1 x$ の形となり，これを書き換えれば $n = \exp(\log(a) + b_0 + b_1 x)$ となる。式中

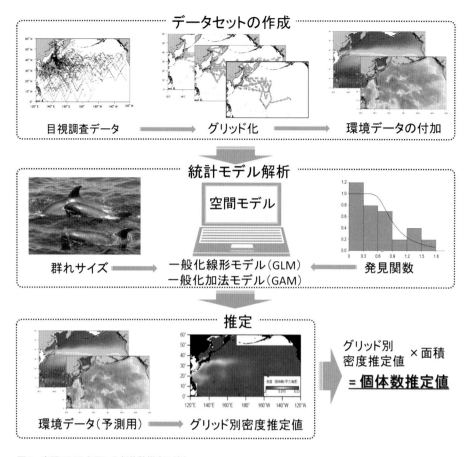

データセットの作成

目視調査データ　➡　グリッド化　➡　環境データの付加

統計モデル解析

空間モデル

群れサイズ　➡　一般化線形モデル（GLM）　⬅　発見関数
一般化加法モデル（GAM）

推定

環境データ（予測用）　➡　グリッド別密度推定値

グリッド別
密度推定値　×面積
＝個体数推定値

図6　空間モデルを用いた個体数推定の流れ

の log（a）は係数をもたない変数で，オフセット
と呼ばれる。この線形モデルを用いれば，水温
などの環境変数から発見数・密度の予測ができ
るので，これにセグメント・グリッドごとの面積，
群れサイズを掛ければ個体数推定値が得られ
る。調査エリア全体のセグメント・グリッドに対
して，環境勾配に応じた個体数推定値が得られ
ているので，これらの総和をとれば全体の個体
数推定値となる。線形モデルの推定は，一般化
線形モデル（GLM）の枠組みで行われるほか，
最近では一般化加法モデル（GAM）による場
合が多い。GAMは，複数の多項式をつないだ

スプライン関数を用いるため，複雑な変数関係
を表現することができる。空間モデルを用いる
場合，発見関数，空間モデル，群れサイズの回
帰モデルによって構成され，階層になることか
ら，推定個体数の信頼区間などはブートスト
ラップ法を用いて推定される。また，複数モデ
ルを統一的に扱うために階層ベイズモデルが使
われる場合もある [26]。ライントランセクト法を
ベースにして，空間モデルを用いた一連の個体
数推定法はモデルベースの方法とも呼ばれ，統
計解析言語Rのdsmパッケージを用いて実行で
きる [27]。近年，空間モデルによる個体数推定法

の重要性が増していることから，国際捕鯨委員会科学委員会（International Whaling Commission's Scientific Committee：IWC/SC）では現在，本手法のガイドライン作成が進められている[28]。

4 まとめ

　日本周辺海域には多くの種の鯨類，鰭脚類が生息している。鯨類のなかには商業捕獲や調査捕獲されているものがあり，鰭脚類の一部は漁業被害軽減のために間引きが行われている。また，鯨類・鰭脚類を観光目的で観察するツアーも各地で行われている。海棲哺乳類の管理・保全への関心も高く，こうしたニーズに対応して，日本の個体数調査は大規模なプロジェクトとして行われることが多い。また，対象種は沿岸～沖合に広く分布することが多いため，大型船を用いたライントランセクト法に基づく調査・解析が一般的である。ライントランセクト法のメリットは，一度の調査でスナップショットとして個体数推定値を得ることができ，調査海域を明確に定義できること，調査設計が適切であればランダム性が担保できることなどがあげられる[10]。一方，標識再捕法の場合，複数回調査の必要があり，その間の移出入などがあるため調査海域が明確でないほか，標識可能な個体のみを扱うこと，調査ラインがランダムな設計でないことなどにデメリットがある[10]。標識個体を再発見し，継続的に観察しなければならないため，広域に分布する種には不向きであるが，定住性の比較的小さな個体群を対象とする場合には，小型船を用いて小規模な調査体制で実施できる。また，標識再捕法は個体数推定のための情報のみならず，移動や生残率，繁殖周期，寿命など多くの付随情報が得られることが大きなメリットとなる。

　日本周辺では，捕鯨業や，イルカ漁業での捕獲頭数上限を設定するための根拠として，ライントランセクト法に基づく個体数推定値が多くの鯨類で報告されてきた（例えば，Miyashita[29]）。鰭脚類は繁殖場や上陸場での観察が可能なため，推測によらず直接カウントで個体数を求める場合もある。また，上陸数や新生仔数のカウントデータから個体数を推測する方法も用いられる。一方近年，北海道周辺のトドを対象に，飛行機を用いたライントランセクト調査も精力的に行われている[30]。日本周辺での標識再捕法による個体数推定の事例は，近年あまり多くないが，島しょ周辺の定住性鯨類を継続して観察・記録している研究グループもあり[31]，こうした観察データが将来，個体数推定に適用される可能性がある。大規模なライントランセクト調査ではカバーできない沿岸域個体群の動向把握のためにも，今後の研究展開が期待される。

　ライントランセクト法は，研究対象の時間・空間が明確に定義されているので，空間モデルのデータとして利用しやすい。空間モデルによる個体数推定は近年急速に発展した分野であり，日本でも適用事例が増えつつある[15]。管理・保全への意識の高まりからも，個体数推定の研究は今後さらに必要性を増し，技術的な発展が進むであろう。

　本章では標識再捕法とライントランセクト法の基礎を紹介したが，いずれも高度な数理手法であり，より詳しくはそれぞれの専門書を参照さ

れたい。また最近では，遺伝マーカーを用いた近親遺伝分析（Kinship analysis）による個体数推定の適用も試みられつつあり[32]，今後の進展が期待される。

引用文献

1) Petersen, C. G. J.: The yearly immigration of young plaice into the Limfjord from the German Sea, Rep. Danish Biol. Stat., 6: 1-48, 1896.

2) 能勢幸雄, 石井丈夫, 清水　誠: 水産資源学, 東京大学出版会, 1988, 217 pp.

3) Jolly, G. M.: Explicit estimates from capture-recapture data with both death and immigration-stochastic model, Biometrika, 52: 225-247, 1965.

4) Seber, G. A. F.: A note on the multiple-recapture census, Biometrika, 52: 249-259, 1965.

5) Cooch, E. and White, G.: Program MARK: a gentle introduction, 17th ed. Available: http://www.phidot.org/software/mark/docs/book, 2017. （accessed on 25 August 2017）

6) Buckland, S. T. and Duff, E. I.: Analysis of the southern hemisphere minke whale mark-recovery data, Rep. Int. Whal. Commn., Special issue II: 121-143, 1989.

7) Miyashita, T.: Estimates of the population size of minke whales in Areas III and IV in 1980/81 using a mark recapture method, Rep. Int. Whal. Commn., 32: 897-898, 1982.

8) Miyashita, T.: Estimates of the population size of the Antarctic minke whale using various mark recapture methods, Rep. Int. Whal. Commn., 33: 379-382, 1983.

9) Calambokidis, J. and Barlow, J.: Abundance of blue and humpback whales in the eastern North Pacific estimated by capture-recapture and line-transect methods, Mar. Mamm. Sci., 20: 63-85, 2004.

10) Gormley, A. M., Dawson, S. M., Slooten, E. and, Bräger, S.: Capture-recapture estimates of Hector's dolphin abundance at Banks Peninsula, New Zealand, Mar. Mamm. Sci., 21: 204-216, 2005.

11) Gerondeau, M., Barbraud, C., Ridoux, V. and Vincent C.: Abundance estimate and seasonal patterns of grey seal (*Halichoerus grypus*) occurrence in Brittany, France, as assessed by photo-identification and capture-mark-recapture, J. Mar. Biol. Ass. U. K., 87: 365-372, 2007.

12) Silva, M. A., Magalhães, S., Prieto, R., Santos, R. S. and Hammond P. S.: Estimating survival and abundance in a bottlenose dolphin population taking into account transience and temporary emigration, Mar. Ecol. Prog. Ser., 392: 263-276, 2009.

13) Alves, F., Dinis, A., Nicolau, C., Ribeiro, C., Kaufmann, M., Fortuna, C. and Freitas, L.: Survival and abundance of short-finned pilot whales in the archipelago of Madeira, NE Atlantic, Mar. Mamm. Sci., 31: 106-121, 2015.

14) Buckland, S. T., Anderson, D. R., Burnham, K. P., Laake, J. L., Borchers, D. L., Thomas, L.: Introduction to distance sampling. Oxford University Press, Oxford, 2001, 432 pp.

15) Kanaji, Y., Okazaki, M. and Miyashita, T.: Spatial patterns of distribution, abundance, and species diversity of small odontocetes estimated using density surface modeling with line transect sampling, Deep-Sea Res. Pt II., 140: 151-162, 2017.

16) Marques, F. F. C. and Buckland, S. T.: Covariate models for the detection function. In: Buckland, S. T., Anderson, D. R., Burnham, K. P., Laake, J. L., Borchers, D. L., Thomas, L. T. （Eds.）, Advanced Distance Sampling, Estimating Abundance of Biological Populations, Oxford University Press, Oxford, pp. 31-47, 2004.

17) Strindberg, S., Buckland, S. T. and Thomas, L.: Design of distance sampling surveys and Geographic Information Systems. In: Buckland, S. T., Anderson, D. R., Burnham, K. P., Laake, J. L., Borchers, D. L., Thomas, L. T.（Eds.）, Advanced Distance Sampling, Estimating Abundance of Biological Populations, Oxford University Press, Oxford, pp. 31-47, 2004.

18) Thomas, L., Williams, R. and Sandilands, D.: Design of distance sampling surveys and Geographic Information Systems. J. Cetacean Res. Manag., 9: 1-13. 2007.

19) Heide-Jørgensen, M. P., Laidre, K. L., Burt, M. L., Borchers, D. L., Marques, T. A., Hansen, R. G. Rasmussen, M. and Fossette, S.: Abundance of narwhals（*Monodon monoceros*）on the hunting grounds in Greenland, J. Mammal., 91: 1135-1151, 2010.

20) Okamura, H., Minamikawa, S., Skaug, H. J. and Kishiro, T.: Abundance estimation of long diving animals using line transect methods, Biometrics, 68: 504-513, 2011.

21) Laake, J. L. and Borchers, D. L.: Methods for incomplete detection at distance zero. *In*: Buckland, S. T., Anderson, D. R., Burnham, K. P., Laake, J. L., Borchers, D. L., Thomas, L. T.（Eds.）, Advanced distance sampling, estimating abundance of biological populations, Oxford University Press, Oxford, pp. 108-189, 2004.

22) Thomas, L., Buckland, S. T., Rexstad, E. A., Laake, J. L., Strindberg, S., Hedley, S. L., Bishop, J. R.B., Marques, T. A. and Burnham, K. P.: Distance software: design and analysis of distance sampling surveys for estimating population size, J. Appl. Ecol., 47: 5-14, 2010.

23) Laake, J. L., Borchers, D. L., Thomas, L., Miller, D. L. and Bishop, J. R. B.: mrds: Mark-Recapture Distance Sampling, R package version 2.1.18, URL https://cran.r-project.org/web/packages/mrds/index.html, 2017.（accessed on 25 August 2017）

24) Marques T. A., Thomas L., Martin S. W., Mellinger D. K., Ward J. A., Moretti D. J., Harris D. and Tyack, P. L.: Estimating animal population density using passive acoustics, Biol. Rev., 88: 287-309, 2013.

25) Hedley, S. L., Buckland, S. T. and Borchers, D. L.: Spatial modelling from line transect data, J. Cetacean Res. Manag., 1: 255-264. 1999.

26) Gerrodette, T. and Eguchi, T.: Precautionary design of a marine protected area based on a habitat model, Endang. Species Res., 15: 159-166, 2011.

27) Miller, D. L., Rexstad, E., Burt, L., Bravington, M. V. and Hedley, S.: dsm: Density Surface Modelling of Distance Sampling Data, R package version 2.2.15, URL https://cran.r-project.org/web/packages/dsm/index.html, 2017.（accessed on 25 August 2017）

28) International Whaling Commission (IWC).: Appendix 6 Report of the pre-meeting on model-based abundance estimation（7-8 may 2017）. J. Cetacean Res. Manage., 19（suppl.）, *in press*.

29) Miyashita, T.: Abundance of dolphin stocks in the western North Pacific taken by the Japanese drive fishery, Rep. Int. Whal. Comm., 43: 417-437, 1993.

30) Hattori, K., Isono, T., Wada, A. and Yamamura, O.: The distribution of Steller sea lions（*Eumetopias jubatus*）in the Sea of Japan off Hokkaido, Japan: A preliminary report, Mar. Mamm. Sci., 25: 949-954, 2009.

31) Funasaka, N., Okabe, H., Oki, K., Tokutake, K., Kawazu, I. and Yoshioka, M.: The occurrence and individual identification study of Indo-Pacific bottlenose dolphins *Tursiops aduncus* in the waters around Amami Oshima Island, southern Japan: A preliminary report, Mamm. Study., 41: 163-169, 2016.

32) Bravington M. V., Skaug H. J. and Anderson E. C.: Close-Kin Mark-Recapture, Statist. Sci., 31: 259-274, 2016.

Column.09

新たな鯨類の
摂餌量推定方法について

田村　力
日本鯨類研究所

鯨類は，その体の大きさゆえに，人間にとって大きな興味をひくのが，「鯨はいったいどのくらい食べるのか?」ということではないだろうか。1日にどのくらい食べるのか，1年にどのくらい食べるのか，一生にどのくらい食べるのか。今から30年以上前，学生の身分で初めて鯨類捕獲調査に生物調査員として参加したときにも，一体どのくらい餌を食べるのだろうと疑問に感じていた。鯨の摂餌量が明らかになれば，生態系内での鯨の役割を理解するにも役に立ち，人間の漁業との競合問題も明らかにすることが出来るのではないかと考えていた。当時はそのことが，今の自分の研究につながるとは夢にも思わなかった。

船上では，大きなバキュームポンプを使ってヒゲクジラの4つある胃袋の中身を大きなポリバケツにかき出し，当時はバネ秤で重量をkg単位で測定していた。古い教科書的な書物を読み返してみると，ヒゲクジラ類の1日の摂餌率（体重当たりの餌量）は，体重の4%と推定されている。Lockyer[1]は1981年に，ナガスクジラ科の摂餌率は摂餌期間（餌を多く食べる夏の時期，およそ120日間）においては一日に体重の4%，それ以外の時期は夏の10分の1程度（体重の0.4%）で，1年の平均で表すと2%前後であろうと発表している。

一般的に食べる量を調べるために，従来は前述したような胃内容物の量を"直接的"に測定する方法が用いられてきたが，致死的手法であるため今日，捕鯨国を除き世界的には実施が難しくなってきている。近年，新たな非致死的手法による"間接的"な推定が試みられている。

2021年の科学雑誌に，鯨類の捕食量が従来推定されていた量の2倍から3倍である可能性があるという論文が掲載された[2]。対象としているヒゲクジラ類は，海水と餌生物を一緒に飲み込み，その後ヒゲ板を使って濾し取る摂餌戦略をとっているが，スタンフォード大学などの国際研究チームは，シロナガスクジラ，ナガスクジラ，ザトウクジラおよびクロミンククジラなどのヒゲクジラ類に小型カメラやマイク，加速度計，全地球測位システム（Global Positioning System : GPS）

を組み込んだデータロガーをクジラに取り付け，海中で餌を食べる行動を把握するほか，ドローンを使用し体長・体重推定を行い，1日の摂餌量を見積もった。簡単に紹介すると，それぞれのクジラのろ過水量をドローン画像から計測した体長との関係から，また利用している餌生物の密度は計量魚探を用いてそれぞれ推定した上で，データロガーの潜水行動情報から摂餌回数を考慮して，1日の摂餌量を推定した。その結果，北太平洋のシロナガスクジラが1日に食べる量は16t，北大西洋のセミクジラは5tなどと推定され，従来推定されている摂餌量の3倍から4倍と報告している。

　この論文を読んだ時の最初の感想としては，この推定値は過大ではないだろうか，ということであった。今から20年以上前，世界の鯨類の摂餌量を推定して[3]，大きな議論をまき起こし，過大推定との批判も浴びた身としては，摂餌量が大きく推定されたことは喜ぶべきことなのだが，それでも推定値が過大に感じたのは，20年以上現場で胃内容物を扱った経験によるものである。もし仮に，Savocaらの出した値が本当であれば，捕獲調査で採集した鯨の大半は，かなりの胃内容物で満たされていないといけない。ところが，現実にはそのようになっていない。図1にJARPA（南極海鯨類捕獲調査）で日本が南極海で捕獲したクロミンククジラの摂餌率の経時変化を示した[4]。摂餌率は朝方に高く，次第に減少している。潜水毎にある程度の量の餌を食べているのであれば，消化の影響を考慮してもこのグラフは一定になるのではないかと考える。1回あたりの摂餌量の最大値は，Savocaらに近いので，この疑問を解くカギは，クジラの潜水回数と

摂餌成功率（摂餌効率?）だと考える。

　クジラの行動記録から潜水回数を調べると，非常に多くの潜水をしていることが分かる。鯨が潜水する目的は，餌を食べることがもっとも大きいのは間違いない。しかし，毎回お腹いっぱいの餌を食べることができるのか，本当に潜水は餌を食べるためだけの行動なのかについては，今後の大きな課題だと思う。例えば，早朝は餌を多量に食べる頃ができるが，時間を経るにつき食べにくくなったり，ひょっとすると潜水行動は餌を食べるためだけではなく，用を足したり仲間を探すのに必要な行動なのではないか，とも思える。この大きな，興味ある鯨類生態に全般におよぶ課題には新旧の手法を組み合わせることにより挑む必要がある。

引用文献

1) Lockyer, C. : Growth and energy budgets of large baleen whales from the Southern Hemishere, FAO Fish. Ser. (5) . Mammals in the Sea. 3. 379-487, 1981.

2) Savoca, M. S., Czapanskiy, M. F., Kahane-Rapport1, S. R., Gough1, W. T., Fahlbusch, J. A., K. C. Bierlich, K. C., Segre, P. S., Clemente, J. D., Penry, G. S., Wiley, D. N., Calambokidis, J., Nowacek, D. P., Johnston, D. W., Pyenson, N. D., Friedlaender, A. S., Hazen, E. L. and Goldbogen, J. A.: Baleen whale prey consumption based on high-resolution foraging measurements. Nature, 599, 2021.

3) Tamura, T. : Regional assessments of prey consumption and competition by marine cetaceans in the world. In Responsible Fisheries in the Marine Ecosystem. Pp. 143-170. Ed. By Snclair, M. and Valdimarsson, G. 448pp, 2003.

4) Tamura, T. and Konishi, K. : Food habits and prey consumption of Antarctic minke whales *Balaenoptera bonaerensis* in the JARPA research area. Paper SC/D06/J18 presented to the JARPA Review Meeting, 23p, 2006 (unpublished).

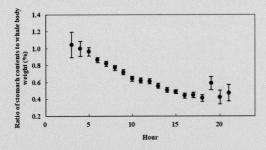

図1　1987年から2005年に南極海で採集したクロミンククジラの摂餌率の経時変化[4]。

第
11
章

空間モデル

村瀬弘人・金治　佑・佐々木裕子

1　はじめに

Maury[1] や Townsend[2] がアメリカ式捕鯨の航海日誌をもとに作成した大型鯨類の捕獲位置図などにみられるように，海棲哺乳類の空間分布に関する研究は古くから行われてきた（近年になり，これらはデジタル化されている[3]）。その後，漁場形成の解明という観点での研究が行われるようになり，例えば，Uda[4] は商業捕鯨捕獲位置を水温図に重ね合わせ（オーバーレイ），空間分布とそれを決める環境要因に関する研究を展開した。鯨類では，商業捕鯨の一時停止（モラトリアム）が国際捕鯨委員会（International Whaling Commission：IWC）で採択された1982年以降，目視調査で得られ

たデータを活用した研究が中心となったが，しばらくは目視発見位置と餌生物分布図のオーバーレイ[5]，あるいは分布要因を解明するための目視発見位置と環境要因（水温など）の単相関[6] といった比較的単純な解析手法が主流であった。なぜならば，調査データの処理に多大の時間を要する，環境データの入手が難しいなど，解析上の制限があったためである。しかしながら，パーソナルコンピュータの高性能化，人工衛星による地球環境観測網の整備とインターネットを通じたデータ配信，さらには地理情報システム（Geographic Information System: GIS）や数理統計手法の開発などが著しく進展した結果，2000年代以降，これらを統合的に用いた対象生物の空間的な出現確率や，個体数推定に関する研究が精力的に行われるようになった。現

Survey and analysis methods for conservation and management of marine mammals (11): Spatial model

Hiroto Murase / Tokyo University of Marine Science and Technology（国立大学法人東京海洋大学）

Yu Kanaji, Hiroko Sasaki / Fisheries Research Institute, Japan Fisheries Research and Education Agency（国立研究開発法人水産研究・教育機構水産資源研究所）

Abstract : Information on spatial distribution of animals is fundamental for conservation and management, and thus spatial models are widely applied to marine mammals in recent years. Two types of environmental variables are often used in spatial modeling: static (e.g. topography) and dynamic (e.g. sea surface temperate) variables. Spatial models can be broadly categorized into qualitative and quantitative models. Modeling approach is further divided into three methods: machine learning, profile and regression methods. Generalized additive model (GAM), a type of regression methods, is most commonly used to construct models that quantitively estimate abundance in spatial context. During modeling, caution should be paid for spatiotemporal scale, collinearity, cross correlation, spatial autocorrelation.

Keywords : density surface model, habitat model, species distribution model

在，日本周辺でも鯨類を対象とした研究が展開されている[7~9]。鰭脚類は洋上での目視による発見が難しいため，洋上分布は不明な点が多かったが，衛星標識のようなバイオテレメトリなどによって生息域のデータが得られるようになり，現在では，これを活用した研究が広く行われている[10]。

　海棲哺乳類の保全・管理の観点では，分布の季節的変化の把握[11]，船との衝突低減を目的とした空間分布図の作成[12]，調査設計に必要な主要分布域の把握[13]，保全・管理海区抽出の検討[14]，海洋環境の変化に対する長期的応答の予測[15]などを目的として空間モデルが活用されている。

　空間モデルを扱う英語の専門書は数多く[16~18]，鯨類に特化した概説も発表されている[19]。Murase et al.[20]は，1997～2016年にヒゲクジラ類に適用された空間モデルの概説，およびそれに基づくガイドラインの提案を予備的に行っている。日本語でも，海洋生物を対象にした解説文がある[21]。空間モデルの解析手法は多岐にわたり，本章ですべてを網羅的に紹介することはできないため，今回は海棲哺乳類に多く適用されているいくつかの手法をあげて，必要となる基礎知識を説明する。

2　空間モデルの概念

　ここでは，空間モデル（spatial model）を生物の空間分布特性を表現する，数理統計モデルと定義する。空間モデルは，スナップショット写真のように，ある時点（例えば，目視調査時など）の空間における，対象生物の分布を明らか

にする静的なモデルを指すことがほとんどである。バイオテレメトリ・バイオロギング（第3章）により，生物の位置を連続的に得て，個体の環境選択プロセスを動的に把握することは可能であるが，個体群レベルで分布の動的変化を推定するには，膨大な標本数を必要とする。現状のバイオテレメトリ・バイオロギング手法は，数個体から多くて数十個体を対象とした研究が主体であり，広域での分布特性を動的に表現するには不十分な場合が多い。以降，本項では主にスナップショットモデルに絞った解説を行う。

　生物が分布する空間を表現するために用いられる環境変数は，静的なものと動的なものに区分できる[18]。前者は，水深や海底傾斜など，時間による変化がない変数である。一方，後者は水温や餌密度など，時間とともに変化する変数である。空間モデルは，これら変数と対象生物

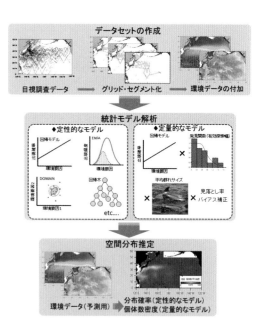

図1　空間モデル解析の流れ

の出現との関係をもとに構築される。静的，動的な環境変数だけで十分に分布特性を表現できないときは，これとは別に，緯経度などの位置情報や年，月などの時間を静的，動的変数の補完として用いることもある。海棲哺乳類の調査データは，分布域の一部をサンプリングしたものであるから，そのデータで構築したモデルを用いることにより，分布域全体に内挿する推定（estimation）が行われる。また，調査を行っていない海域や過去，未来へと外挿する予測（prediction）を行うこともある。空間モデルの一連の流れを図1に示した。

生態学的見地から構築される空間モデルは，解析者が解明したい事象により，生息地分布モデル（habitat distribution model）[22]，生態的地位（ニッチ）モデル（ecological niche model）[18]，種分布モデル（species distribution model：SDM）[16]，および資源選択関数（resources selection function）[23] などの名称が与えられている。一方，個体数推定を目的とした空間モデ

ルとして，密度面モデル（Density surface model：DSM）[24] と呼ばれるものもある。なお，本項で取り上げたモデルの呼称は，後述する特定の数理統計モデルに直接結びついていない点に留意が必要である。

3 説明変数

海棲哺乳類の場合，ある個体が観察された地点における水温や餌生物など，動的な環境データを同時に収集するのは難しい場合が多い。このため，データが得られた時点での空間分布，個体数推定が主目的であれば，水深などの静的環境変数を使って空間モデルを構築するほうが容易かもしれない。しかし，例えば，将来の水温上昇による海棲哺乳類の空間分布変動を予測する場合，時間軸に沿って変化する動的環境変数を用いる必要がでてくる。また，多くの海棲哺乳類は広域に分布するので，空間モデル構築後に分布の推定・予測を行うには，その範囲全

表1　空間モデルの説明変数として利用可能な環境データ例

データ	観測方法	時間解像度	空間解像度	プロダクト例
底質	現場計測		1km	底質数値データ
海底地形	現場計測		1km〜	水深，海底傾斜
海岸線	各種測量			海岸線
水温	人工衛星 海洋モデル	1日〜	1km〜 0.1経緯度〜	海表面水温，層別水温
クロロフィルa濃度	人工衛星	1日〜	1km〜	海表面クロロフィルa濃度
海面高度	人工衛星 海洋モデル	1日〜	0.25経緯度〜 0.1経緯度〜	海面高度偏差
流速	人工衛星 海洋モデル	1日〜	0.25経緯度〜 0.1経緯度〜	地衡流速，渦運動エネルギー
塩分	人工衛星 海洋モデル	1日〜	0.4経緯度〜 0.1経緯度〜	海表面塩分，層別塩分
海氷	人工衛星	1日〜	25km	海氷密接度，氷縁

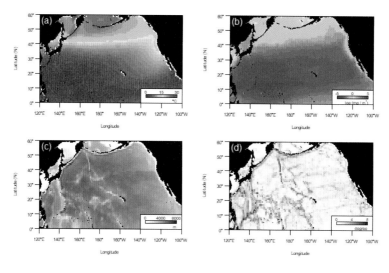

図2　北太平洋に生息する鯨類の空間モデル[7]に用いられた環境変数の例
（a）表面水温，（b）クロロフィル*a*濃度，（c）水深，（d）海底傾斜。

体の環境変数が必要となる。ここでは，空間モデルの説明変数として用いられる静的環境変数と動的環境変数（**表1**）について解説する。例として，**図2**にKanaji *et al.*[7]で用いた環境変数を図示した。

3.1.　静的環境変数

　静的環境変数でもっとも代表的なものは，底質データと海底地形データである。底質データは，底生生物を餌として利用する海棲哺乳類にとって餌の分布を決める重要な変数となりうる（例えば，Macleod *et al.*[25]など）。海底地形データは水深を指すことが多いが，水深から算出される海底傾斜や凹凸度，高低差，複雑度なども含まれる。陸棲哺乳類の分布と地形データに関する総説[26]があるが，その内容は海棲哺乳類にも応用することができる。海岸線，河口および海山といった陸標（ランドマーク）からの距

離も静的環境変数として扱われる。ランドマークからの距離は，そのランドマークが引き起こす湧昇流などの海洋現象の代替変数として用いることも可能である。

3.2.　動的環境変数

　動的環境変数は，大きく分けて餌生物データ，海洋環境データの2種類がある。これらの観測を海棲哺乳類の調査に並行して行うこともある（例えば，Murase *et al.*[27]など）。この場合，漁網などの各種採集具や計量魚群探知機による餌生物調査，水温などの海洋環境観測を行い，海棲哺乳類の観察地点で餌生物データ・海洋環境データを同時に収集する。また，対象生物の分布を面的に推定・予測する場合，現場観測の地点データを用い地球統計学的手法などにより，内挿や外挿による面的データを作成する必要がある。このため，最初から面的に提供され，

同時性・広域性・継続性に優れた人工衛星デー
タが広く使われている。人工衛星データは 1980
年代から本格的に収集され，海表面水温，海表
面クロロフィル a 濃度（植物プランクトン量），
海面高度偏差などのプロダクトがあり，空間モ
デルの説明変数として使用することで，海棲哺
乳類が分布する海域の海洋環境特性を把握する
ことができる [7,9,28]。なお，人工衛星や海洋モデ
ルから抽出した情報は，一般にプロダクトと呼
ばれる。また，極域では海氷（密接度や氷縁デー
タ）も空間モデルの説明変数として利用される
場合もある [29]。ほとんどのプロダクトは，研究
目的であればインターネットを通じて無償で入
手することができる。また，プロダクトによって
異なるものの，多くのデータで，時間解像度は
1 日〜月平均，空間解像度は 1km 〜 1 経緯度グ
リッドである。最新の人工衛星は，空間解像度
250m グリッドの高解像度データが得られるよう
になってきている。しかし，人工衛星データは，
海表面のデータに限られること，雲がある海域
では海表面水温やクロロフィル a 濃度データに
欠損が生じること，などの欠点もある。これらの
欠点を補うため，近年では海洋モデルの予測値
も説明変数として利用されている [30]。海洋モデ
ルからは，日ごとに水温，塩分，流速の鉛直デー
タを得ることが可能であり，雲による欠損値が
生じることもない。また，空間解像度の最小単
位は，0.1 経緯度（約 10km）グリッドである。
これらの面的な海洋環境データがもつ時空間解
像度は，広大な海域を対象に長期間実施する目
視調査データと組み合わせる場合，十分な解像
度である。一方，バイオロギングデータは 1 秒
など詳細な時間単位でデータ取得が可能である

ため，人工衛星や海洋モデルデータの時空間解
像度は相対的に粗くなる。これらの海洋環境デー
タを説明変数として使用する際は，適切な時空
間解像度の検討が重要になってくる。

4   **海棲哺乳類の出現データ**

　海棲哺乳類の出現データは，在のみが記録さ
れているもの，在と不在が記録されているもの，
群数・頭数・努力量の情報が記録され，出現
個体数の密度として扱えるもの，の 3 つに区分
できる。在は「1」，不在は「0」と表記される
のが一般的である。空間モデルを構築するにあ
たっては，上述の環境変数と対応させるため，
出現データに位置および日時が付加されている
必要がある。

　バイオテレメトリ・バイオロギングからは，そ
れらの電子標識を装着した個体の在のみのデー
タが得られる。大型鯨類については，IWC が
管理する捕獲データベース [31] などに捕獲位置
の記録があり，これは在のみデータとして扱え
る。商業捕鯨データは，あるグリッド内におけ
る捕鯨船の操業隻数を捕獲努力量として用
い，在／不在のデータとして用いられることも
ある [32]。ホエールウォッチング船は事前に調査
航路を定めるのではなく，鯨類の発見が期待で
きる海域を日和見的に探索することから，その
データの性質は商業捕鯨データと似ている。ま
た，不在のないデータセットであっても，調査
対象海域全体からランダムサンプリングした偽
不在データを準備することで，在／不在データ
と同等，あるいは類似のデータとして扱う場合 [12]
や，在データが得られた分布域内の環境データ

（背景データ）を不在データの代替として用いる場合[33,34]がある。

鯨類では，個体数推定を主目的とした目視調査が行われており，努力量データが正確に記録されているほか，鯨類の発見時には種，群数，頭数とそれらの位置情報が記録されている。これらデータから，単位面積あたりの群数・頭数として，個体数密度を得ることができる。

5　数理統計手法

前述のように空間モデルに用いられる出現データには，単に出現だけを記録したものから，付随するさまざまな情報を付加したものまでいくつかの段階があり，利用可能なデータセットに応じて，それぞれ適した数理統計手法が提案されている。在のみデータや在／不在データは，データ構造が単純であるため，適用可能な数理統計手法にはさまざまなものがある。これらは大きく回帰型，プロファイル型，機械学習型に分けられる[35]。しかし，いずれの型を用いた場合でも，推定されるのは相対的な分布確率であり，大まかな分布域を推定するために用いられる定性的なモデルと言える。バイオテレメトリ・バイオロギングで得られるデータが主体となる鰭脚類では，定性的なモデルが多く使われる。

一方，発見群数，頭数，努力量などのデータが記録されている場合は，個体数密度を絶対量として推定可能なため，定量的なモデルと言うことができる。鯨類では目視調査からこれらのデータが得られるため，定量的なモデルを用いることが多い。この場合，変数間の複雑な関係を応答変数−説明変数間の関係として，明示的

に表現可能な回帰型のモデルが一般に用いられる。保全・管理の観点では，分布確率よりも個体数密度のほうがより有用な情報となる。使用する変数との関係も加味した数理統計モデルの分類を表2に示した。また，図3に同じデータを用い，異なるモデルにより推定した鯨類の分布推定図例[36]を示した。以下，大きな分類ごとにモデルについて簡単に説明する。

5.1.　定性的なモデル
5.1.1.　回帰型

一般化線形モデル（generalized linear model：GLM）や一般化加法モデル（generalized additive model：GAM）が回帰型の空間モデルとして用いられる。GLMは$y = ax + b$といった単純な回帰式や，それに複数の説明変数を追加した重回帰式に最尤法を適用することで，さまざまな確率分布を扱えるようにしたものである。在／不在データを対象とする場合は，0−1の二値データを扱う確率分布として二項分布が用いられ，説明変数と応答変数の関係はS字型のロジスティック曲線として表される。しかし，生物の分布をモデルで表現する場合，水温が高ければ高いほど出現確率が高くなる，といった単調なものではなく，どこかに最適な水温があり，最適水温以上でも以下でも出現確率が低くなる，といった関係を仮定するのが自然である。こうした極値を与えるために，二乗項を与えて釣鐘型の関係式とする場合も多い。一方，GAMは，低次〜高次の多項式，あるいはその結合として表されるため，複雑な非線形の変数関係を表現できることに利点がある。最適な次数も自動で計算されるため，計算が容易である。

表2　空間モデルとして用いられる数理統計モデルのモデル型および応答変数
（海棲哺乳類の出現データ）による分類

モデル型	海棲哺乳類の出現データ		
	在／不在	在／背景	在のみ
回帰型	一般化線形モデル（GLM）	—	—
	一般化加法モデル（GAM）		
プロファイル型	—	生態的ニッチ因子分析（ENFA）	BIOCLIM
			DOMAIN
機械学習型	ブースト回帰木（BRT）	最大エントロピー（Maxent）	—
	ランダムフォレスト（RF）		
	人工ニューラルネットワーク（ANN）		
	サポートベクターマシーン（SVM）		
	ベイジアンネットワーク（BN）		

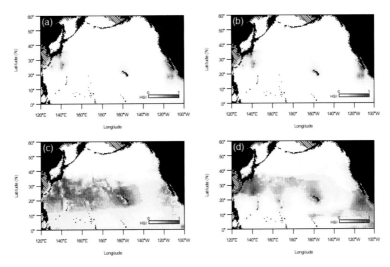

図3　4つの定性的なモデル

（a）一般化線形モデル，（b）一般化加法モデル，（c）生態的ニッチ因子分析，
（d）最大エントロピー法による南方型コビレゴンドウの分布推定図の例[36]。

高次の関数によって複雑な変数関係が推定された場合，説明変数と応答変数の関係は波線状の湾曲した曲線で表され，いくつもの最適水温が推定される。データに忠実なフィッティングを得るにはGAMが，推定結果の生態学的解釈が容易なのはGLMが適している。在／偽不在データを用いる場合も，偽不在データは不在データと同等として扱われるため，モデリング手法は在／不在データを用いる場合と基本的には変わらない。

5.1.2.　プロファイル型

在のみデータに基づき，対象生物が分布していた環境状態の特徴から生息地を推定する空間

モデルはプロファイル型で，BIOCLIM（bioclimatic analysis and prediction system）[37]，DOMAIN[38] などがこれに分類される。これらは，生物の出現場所における環境勾配をもとにエンベロープを描き，その中心付近で分布確率が高いと考える方法である。生態的ニッチ因子分析（ecological niche factor analysis：ENFA）[34] は，分布を特徴づける因子を多変量解析の枠組みで抽出し，その因子に対してプロファイル型の分布推定を行う。ただし，ENFAでは在のみデータのほかに，調査域全体から抽出した背景データを用いる。いずれも古典的な手法であり，近年では，在データを対象とした解析にも洗練された機械学習型の手法を用いるのが主流となりつつある。

5.1.3. 機械学習型

モデル推定方法の1つとして近年注目されているのが機械学習法である。最初にランダムな値を与え，得られた値を何らかのルールで評価し，重みを換える計算を繰り返しながら，徐々に最適な結果を導いていく手法である。代表的なものに最大エントロピー法（maximum entropy：Maxent）[33] があり，前述のENFAと同様に在データに加えて，背景データを用いてモデリングを行う。相対出現確率と背景データの確率分布によって定義される相対エントロピーを最大にするように，機械学習法を使ってモデルを構築する。バイオテレメトリ・バイオロギングデータのように，在データしか得られていない場合でも利用可能なこと，グラフィカル・ユーザ・インターフェイス（GUI）を備えたアプリケーションソフトウエアによって容易に

モデリングが行えることから，海棲哺乳類の空間モデルとして頻繁に利用されている。最近になり，統計解析言語Rを通じてのモデリングも可能になった[39]。また，在／不在データをもとに，関係する説明変数を分類する計算を繰り返して，出現確率を推定するブースト回帰木（boosted regression tree：BRT）を海棲哺乳類の空間モデルに用いた例もある[12]。このほかにも，ランダムフォレスト（random forest：RF），サポートベクターマシーン（support vector machine：SVM），人工ニューラルネットワーク（artificial neural network：ANN），ベイジアンネットワーク（Bayesian network：BN）など，さまざまな機械学習型のモデルがあるが，現時点で海棲哺乳類の空間モデルとして使われているものは少ない。

5.2. 定量的なモデル

ここでは，発見群数，頭数，努力量などのデータを用いて，対象生物の空間分布を生息個体数や個体数密度などとして，定量的に推定する空間モデルについて説明する。絶対量の情報があれば，個体数動向の把握や間引き可能頭数の検討が可能となるため，特に管理・保全の観点では重要な研究手法となっている。定量的な空間モデルとしてもっともシンプルな方法は，単位距離（セグメント）あたりの発見群数を遭遇率として応答変数に，環境変数を説明変数に用いた回帰モデルをGLMやGAMの枠組みで推定するものである。発見群数は常に正の整数をとることから，確率分布には離散変数を扱うポアソン分布がしばしば用いられる。遭遇率の低い種を対象とする場合，多くの不在データが存

在し過分散の原因となる。こうしたケースに対処するため，ポアソン分布に過分散パラメータを追加した負の二項分布や，不在となる確率とそれ以外となる確率を推定したうえで，不在以外のデータに対して発見群数を推定するような2段階型のモデルを用いる場合もある。離散的な変数を応答変数に用いる場合，遭遇率の分母となる努力量（調査距離）は，オフセットとして説明変数に含める必要がある点に注意が必要である（第10章）。

　海棲哺乳類は群れで発見されることが多いため，群れサイズを推定する空間モデルを別途構築する場合がある。また，発見群数と努力量から計算される遭遇率に有効探索幅，あるいは発見確率を加えれば，単位面積あたりの推定群数が計算できるので，これを応答変数として空間モデルを構築することも可能である。この場合，有効探索幅（あるいは発見確率）は，第10章で紹介した発見関数を用いて推定される。したがって，空間モデルから個体数を定量的に推定しようとした場合，空間分布を推定する基本構造となるモデル部分に加えて，群れサイズを推定するモデルと，発見関数からなる3種類のモデルを連結した構造となる。古典的なアプローチでは，それぞれを独立したモデルとして扱い，誤差の部分だけブートストラップ法を用いて推定が行われる [24]。しかし，空間モデルのオフセットは発見関数から得られるものであり，また遠くの小さな群れは見落としやすい，といった距離のバイアスを群れサイズ推定に考慮する場合にも発見関数から推定された発見確率を変数の1つとして用いる。このように，各モデルが実際には独立していないため，誤差推定の面で問題

が残る。そこで，近年は階層構造をもつ複雑なモデルを適切，かつ柔軟に推定できるベイズ法を用いて，空間モデル推定を行う試みも行われている [40]。ベイズ法の柔軟性を利用して，ランダム効果を考慮した空間モデル [41] や，個体群動態モデルを結合したモデル [42] も開発されている。また，時空間プロセスをより柔軟にモデリングするために，点過程モデルを用いたアプローチも提案されている [43]。

6　空間モデル構築に関わる注意点

6.1.　時空間スケール

　空間モデルの推定は，結果的に対象生物の環境選択性を調べることにつながる。この選択性は，時空間単位の異なる複数要因によって決まると考えられている。例えば，大型鯨類の分布は，マクロスケールにおいて繁殖場から摂餌場を季節回遊し，メソスケールにおいて数日から数週間かけて餌生物の現存量が多い範囲を探し，マイクロスケールにおいて潜水を行いながら摂餌対象を探索し，捕食するという3つの異なるスケールでの選択から成り立っている [44]。用いることのできる環境データの時空間スケール（1日単位かつ数百m程度）を勘案すると，空間モデル構築の対象となるのは，多くの場合でメソスケールとなる。海棲哺乳類は一般に高い移動能力を有しており，大型鯨類では摂餌場において1日間に100〜260km程度移動することが報告されている [45]。時空間スケールが空間モデルの結果に与える影響を検討したシミュレーション研究では，1日単位の水温データの空間スケールを粗くしても，モデルの結果に大きな

違いはみられなかったが，水温データの時間スケールを粗くした場合（例えば，月や季節平均など）は，モデルの推定結果が悪くなる傾向が認められる[46]。海棲哺乳類の空間分布は餌生物と密接に関係していると考えられるが，餌生物の空間分布も動的であるため，空間モデルで変数として用いる際，適切な時空間スケールのデータを収集するのは困難である。このため，海洋環境データを餌生物の代替指標として用いることが多い。空間モデルを構築するにあたり，対象とする海棲哺乳類の行動特性や使用できるデータの性質，さらには管理・保全の目的を検討したうえで，時空間スケールを決定する必要がある。

6.2. 数理統計解析上の注意点

説明変数間に相関がある場合，多重共線性の問題が指摘される。例えば，海表面水温だけで海棲哺乳類の分布を十分説明できるのに，似たような説明力をもつ水深50m水温を説明変数として同時に用いると，変数がもつ説明力が過小評価されることで結果の判断を誤ったり，変数のわずかな変動で推定結果が変わったりなどモデルが不安定になる。このため，VIF（Variance Inflation Factor）などの指標値を基準に，共線性の原因となる説明変数を事前に取り除くことが推奨されている[47]。しかしながら，取り除かれた変数は，推定結果に何ら貢献もしないことになる。そこで，相関のある複数の変数を主成分分析によって結合し，合成変量として空間モデルの説明変数に用いることも考えられる。すべての変数を有効に利用できることになる一方で，変数を合成しているために結果の解釈が難

しくなるという欠点がある。

回帰型のモデルの場合，すべてのデータは独立であるとの仮定を置いている。生物の出現は，同じような場所に集中して観察される傾向にあるため，独立のセグメント（あるいはグリッド）として扱った場合でも，推定されたモデルの誤差には独立しない空間構造が残ることがある。つまり，近くのセグメント同士では，誤差に似たような傾向を示すことがあり，これを空間的自己相関という。また，バイオテレメトリ・バイオロギングからは，同一の個体から連続したデータが得られるため，系列相関が生じる可能性がある。緯度・経度などの位置情報を説明変数に加えることで，空間構造をモデルに含めることも1つのアイデアである。しかし，環境変数と自己相関を分けて考えるためには，残差に空間構造を含めたモデルや隣接するセグメント間での相関を考慮した，自己回帰モデルなどを検討する必要がある[48]。データを間引くことも，自己相関への対処の1つである[49]。多重共線性，空間的自己相関，および系列相関は，モデルの結果に大きな影響を及ぼすことも考えられるが，空間モデルに用いるデータの性質上，これらを完全に排除するのは技術的に困難である点に留意を要する。

7 おわりに

空間モデルが海棲哺乳類に適用されるようになってからかなりの年月が経過し，この研究分野も成熟期を迎えつつある。特にGAMによる空間モデルの進捗は著しく，現在，国際捕鯨委員会科学委員会（IWC/SC）では，本手法を利

用した空間的な個体数推定方法のガイドライン作成が進められている[50]。一方で，今回取り上げたように，階層ベイズモデルや点過程モデルといった新たな手法による空間モデル構築も試みられている。既存の手法でも数理統計学的な観点から改良が続いているなど，空間モデルに関連する情報量は飛躍的に増加しており，初学者がとりかかりにくい分野となりつつあるのも事実である。また，多くの数理統計モデルが空間モデルとして用いられるようになってきたが，モデルごとに結果が異なることがあり（図3），このような場合は，アンサンブルモデル[51]の検討も必要になってくるだろう。

　空間モデルを用いることにより，海棲哺乳類の空間分布生態に関する新たな知見も増えてきている。一方で，これまでは生態学的な仮説に基づくモデリングではなく，その時点で使用できる環境要因をとりあえず使用したモデリングが多かったように見受けられる。これは，広域に分布する海棲哺乳類の場合，人工衛星や海洋モデルなどから得られる限られた環境データに頼らざるをえないため，仕方のない面もあるが，今後，検討の余地がある1つであろう。また，本章では十分にふれることができなかったが，数理統計モデルごとにさまざまなモデル選択方法が準備されており，空間モデルを構築するにあたっては十分な検討が必要となる。

　空間モデルによる研究は，調査設計とその実施，人工衛星・海洋モデルデータの取り扱い，数理統計解析およびその結果の生態学的な解釈とそれぞれ専門の知識を要する分野を組み合わせたものであるため，1人の研究者で網羅することは困難であり，分野を跨いだ研究体制の構築が重要となる。

引用文献

1)　Maury M. F.: Whale chart of the world（The wind and current charts）, Series F. Washington, DC, 4 sheets: No. 1（North Atlantic, NE Pacific）1852, No. 2（NW Pacific）no date, No. 3（S Atlantic, SE Pacific）no date, No. 4（SW Pacific, Indian Ocean）no date, National Observatory, Bureau of Ordnance and Hydrography, Washington DC, 1852.

2)　Townsend C. H.: The distribution of certain whales as shown by logbook records of American whaleships, Zoologica, 19: 1-50, 1935.

3)　Smith T. D., Reeves R. R., Josephson E. A. and Lund J. N.: Spatial and seasonal distribution of American whaling and whales in the age of sail, PLoS ONE, 7: e34905, 2012.

4)　Uda M.: Studies of the relation between the whaling grounds and the hydrographical conditions（I）, Sci. Rep. Whales Res. Inst., 9: 179-187, 1954.

5)　Murase H., Matsuoka K., Ichii T. and Nishiwaki S.: Relationship between the distribution of euphausiids and baleen whales in the Antarctic（35°E-145°W）, Polar Biol., 25: 135-145, 2002.

6)　Kasamatsu F., Ensor P., Joyce G. G. and Kimura N.: Distribution of minke whales in the Bellingshausen and Amundsen Seas（60°W-120°W）, with special reference to environmental/physiographic variables, Fish. Oceanogr., 9: 214-223, 2000.

7)　Kanaji Y., Okazaki M. and Miyashita T.: Spatial patterns of distribution, abundance, and species diversity of small odontocetes estimated using density surface modeling with line transect sampling, Deep Sea Res. II, 140: 151-162, 2017.

8) Murase H., Hakamada T., Matsuoka K., Nishiwaki S., Inagake D., Okazaki M., Tojo N. and Kitakado T.: Distribution of sei whales (*Balaenoptera borealis*) in the subarctic-subtropical transition area of the western North Pacific in relation to oceanic fronts, Deep Sea Res. II, 107: 22-28, 2014.

9) Sasaki H., Murase H., Kiwada H., Matsuoka K., Mitani Y. and Saitoh S.: Habitat differentiation between sei (*Balaenoptera borealis*) and Bryde's whales (*B. brydei*) in the western North Pacific, Fish. Oceanogr., 22: 496-508, 2013.

10) Aarts G., MacKenzie M., McConnell B., Fedak M. and Matthiopoulos J.: Estimating space-use and habitat preference from wildlife telemetry data, Ecography, 31: 140-160, 2008.

11) Murase H., Hakamada T., Sasaki H., Matsuoka K. and Kitakado T.: Seasonal spatial distributions of common minke, sei and Bryde's whales in the JARPNII survey area from 2002 to 2013, Paper SC/F16/JR7, 2016.

12) Hazen E. L., Palacios D. M., Forney K. A., Howell E. A., Becker E., Hoover A. L., Irvine L., DeAngelis M., Bograd S. J., Mate B. R. and Bailey H.: WhaleWatch: a dynamic management tool for predicting blue whale density in the California Current, J. Appl. Ecol., 54: 1415-1428, 2017.

13) Redfern J. V., Moore T. J., Fiedler P. C., de Vos A., Brownell R. L., Forney K. A., Becker E. A. and Ballance L. T.: Predicting cetacean distributions in data-poor marine ecosystems, Divers. Distrib., 23: 394-408, 2017.

14) Raymond B., Lea M. -A., Patterson T., Andrews-Goff V., Sharples R., Charrassin J. -B., Cottin M., Emmerson L., Gales N., Gales R., Goldsworthy S. D., Harcourt R., Kato A., Kirkwood R., Lawton K., Ropert-Coudert Y., Southwell C., van den Hoff J., Wienecke B., Woehler E. J., Wotherspoon S. and Hindell M. A.: Important marine habitat off east Antarctica revealed by two decades of multi-species predator tracking, Ecography, 38: 121-129, 2015.

15) Hazen E. L., Jorgensen S., Rykaczewski R. R., Bograd S. J., Foley D. G., Jonsen I. D., Shaffer S. A., Dunne J. P., Costa D. P., Crowder L. B. and Block B. A.: Predicted habitat shifts of Pacific top predators in a changing climate, Nat. Clim. Change, 3: 234, 2012.

16) Franklin J.: Mapping species distributions: spatial inference and prediction, Cambridge University Press, Cambridge, 2009, 338 pp.

17) Guisan A., Thuiller W. and Zimmermann N. E.: Habitat Suitability and Distribution Models with Applications in R, Cambridge University Press, Cambridge, 2017, 478 pp.

18) Peterson A. T., Soberón J., Pearson R. G., Anderson R. P., Martínez-Meyer E., Nakamura M. and Araújo M. B.: Ecological Niches and Geographic Distributions, Princeton University Press, Princeton, 2011, 328 pp.

19) Redfern J., Ferguson M., Becker E., Hyrenbach K., Good C., Barlow J., Kaschner K., Baumgartner M., Forney K., Ballance L., Fauchald P., Halpin P., Hamazaki T., Pershing A., Qian S., Read A., Reilly S., Torres L. and Werner F.: Techniques for cetacean-habitat modeling, Mar. Ecol. Prog. Ser., 310: 271-295, 2006.

20) Murase H., Friedlaender A., Kelly N., Kitakado T., McKinlay J., Palacios D. M. and Palka D.: An update of review of species distribution models (SDMs) applied to baleen whales and a guideline on the techniques and underlying assumptions of the models, Paper SC/67a/EM15, 2017.

21) 村瀬弘人: 海洋生物へ適用する生息地モデルの概要, 海洋と生物, 214: 445-452, 2014.

22) Guisan A. and Zimmermann N. E.: Predictive habitat distribution models in ecology, Ecol. Model., 135: 147-186, 2000.

23) Manly B. F. J., McDonald L. L., Thomas D. L., McDonald T. L. and Erickson W. P.: Resource selection by animals: statistical design and analysis of field studies, Kluwer Academic Publishers, Dordrechut, 2002, 221 pp.

24）　Miller D. L., Burt M. L., Rexstad E. A. and Thomas L.: Spatial models for distance sampling data: recent developments and future directions, Methods Ecol Evol., 4: 1001-1010, 2013.

25）　Macleod K., Fairbairns R., Gill A., Fairbairns B., Gordon J., Blair-Myers C. and Parsons E. C. M.: Seasonal distribution of minke whales *Balaenoptera acutorostrata* in relation to physiography and prey off the Isle of Mull, Scotland, Mar. Ecol. Prog. Ser., 277: 263-274, 2004.

26）　Bouchet P. J., Meeuwig J. J., Salgado Kent C. P., Letessier T. B. and Jenner C. K.: Topographic determinants of mobile vertebrate predator hotspots: current knowledge and future directions, Biol. Rev. 90: 699-728, 2014.

27）　Murase H., Kitakado T., Hakamada T., Matsuoka K., Nishiwaki S. and Naganobu M.: Spatial distribution of Antarctic minke whales (*Balaenoptera bonaerensis*) in relation to spatial distributions of krill in the Ross Sea, Antarctica, Fish. Oceanogr., 22: 154-173, 2013.

28）　Briscoe D. K., Fossette S., Scales K. L., Hazen E. L., Bograd S. J., Maxwell S. M., McHuron E. A., Robinson P. W., Kuhn C., Costa D. P., Crowder L. B. and Lewison R. L.: Characterizing habitat suitability for a central-place forager in a dynamic marine environment, Ecol. Evol., 8: 2788-2801, 2018.

29）　Forcada J., Trathan P. N., Boveng P. L., Boyd I. L., Burns J. M., Costa D. P., Fedak M., Rogers T. L. and Southwell C. J.: Responses of Antarctic pack-ice seals to environmental change and increasing krill fishing, Biol. Conserv., 149: 40-50, 2012.

30）　Becker E., Forney K., Fiedler P., Barlow J., Chivers S., Edwards C., Moore A. and Redfern J.: Moving towards dynamic ocean management: How well do modeled ocean products predict species distributions?, Rem. Sens., 8: 149, 2016.

31）　Allison C.: IWC individual catch database Version 6. 1; Date: 18 July 2016, International Whaling Commission, Cambridge, 2016.

32）　Monsarrat S., Pennino M. G., Smith T. D., Reeves R. R., Meynard C. N., Kaplan D. M. and Rodrigues A. S. L.: Historical summer distribution of the endangered North Atlantic right whale (*Eubalaena glacialis*): A hypothesis based on environmental preferences of a congeneric species, Divers. Distrib., 21: 925-937, 2015.

33）　Phillips S. J., Anderson R. P. and Schapire R. E.: Maximum entropy modeling of species geographic distributions, Ecol. Model., 190: 231-259, 2006.

34）　Hirzel A. H., Hausser J., Chessel D. and Perrin N.: Ecological-niche factor analysis: How to compute habitat-suitability maps without absence data?, Ecology, 83: 2027-2036, 2002.

35）　Hijmans R. J. and Elith J.: Species distribution modeling with R (January 8, 2017), 2017 78 pp, avirable from https://cran.r-project.org/web/packages/dismo/vignettes/sdm.pdf, accecced on 18 May, 2018.

36）　金治　佑, 岡崎　誠：鯨類を対象とした生息地モデリング, 海洋と生物, 214: 453-460, 2014.

37）　Busby J. R.: BIOCLIM-a bioclimatic analysis and prediction system. *In*: Nature conservation: cost effective biological surveys and data analysis (Margules C. R. and Austin M. P.: eds), CSIRO, Canberra, pp. 64-68, 1991.

38）　Carpenter G., Gillison A. N. and Winter J.: DOMAIN: a flexible modelling procedure for mapping potential distributions of plants and animals, Biodivers. Conserv., 2: 667-680, 1993.

39）　Phillips S. J., Anderson R. P., Dudík M., Schapire R. E. and Blair M. E.: Opening the black box: an open-source release of Maxent, Ecography, 40: 887-893, 2017.

40）　Gerrodette T. and Eguchi T.: Precautionary design of a marine protected area based on a habitat model, Endanger. Species Res., 15: 159-166, 2011.

41） Pardo M. A., Gerrodette T., Beier E., Gendron D., Forney K. A., Chivers S. J., Barlow J. and Palacios D. M.: Inferring cetacean population densities from the absolute dynamic topography of the ocean in a hierarchical bayesian framework, PLoS ONE, 10: e0120727, 2015.

42） Boyd C., Barlow J., Becker E. A., Forney K. A., Gerrodette T., Moore J. E. and Punt A. E.: Estimation of population size and trends for highly mobile species with dynamic spatial distributions, Divers. Distrib., 24: 1-12, 2017.

43） Yuan Y., Bachl F. E., Lindgren F., Borchers D. L., Illian J. B., Buckland S. T., Rue H. and Gerrodette T.: Point process models for spatio-temporal distance sampling data from a large-scale survey of blue whales, Ann. Appl. Stat., 11: 2270-2297, 2017.

44） International Whaling Commission: Report of the Scientific Committee, J. Cetacean Res. Manage., 6（sppl.）: 1-92, 2003.

45） Ishii M., Murase H., Fukuda Y., Sawada K., Sasakura T., Tamura T., Bando T., Matsuoka K., Shinohara A., Nakatsuka S., Katsumata N., Okazaki M., Miyashita K. and Mitani Y.: Diving behavior of sei whales *Balaenoptera borealis* relative to the vertical distribution of their potential prey, Mamm. Study, 42: 191-199, 2017.

46） Scales K. L., Hazen E. L., Jacox M. G., Edwards C. A., Boustany A. M., Oliver M. J. and Bograd S. J.: Scale of inference: on the sensitivity of habitat models for wide-ranging marine predators to the resolution of environmental data, Ecography, 40: 210-220, 2017.

47） Dormann C. F., Elith J., Bacher S., Buchmann C., Carl G., Carré G., Marquéz J. R. G., Gruber B., Lafourcade B., Leitão P. J., Münkemüller T., McClean C., Osborne P. E., Reineking B., Schröder B., Skidmore A. K., Zurell D. and Lautenbach S.: Collinearity: a review of methods to deal with it and a simulation study evaluating their performance, Ecography, 36: 27-46, 2012.

48） Dormann C. F., McPherson J. M., Araújo M. B., Bivand R., Bolliger J., Carl G., Davies R. G., Hirzel A., Jetz W., Kissling W. D., Kühn I., Ralf O., Peres-Neto P. R., Reineking B., Schröder B., Schurr F. M. and Wilson R.: Methods to account for spatial autocorrelation in the analysis of species distributional data: a review, Ecography, 30: 609-628, 2007.

49） Edrén S. M. C., Wisz M. S., Teilmann J., Dietz R. and Söderkvist J.: Modelling spatial patterns in harbour porpoise satellite telemetry data using maximum entropy, Ecography, 33: 698-708, 2010.

50） International Whaling Commission: Appendix 6 Report of the Pre-Meeting on Model-Based Abundance Estimation （7-8 May 2017）, Annex Q: Report of the Ad Hoc Working Group on Abundance Estimates, Stock Status and International Cruises, Report of the Scientific Committee., J. Cetacean Res. Manage., 19（suppl.）: 393-398, 2018.

51） Oppel S., Meirinho A., Ramírez I., Gardner B., O'Connell A. F., Miller P. I. and Louzao M.: Comparison of five modelling techniques to predict the spatial distribution and abundance of seabirds, Biol. Conserv., 156: 94-104, 2012.

時系列データと
状態空間モデル

金治　佑
水産研究・教育機構
水産資源研究所

　海棲哺乳類を対象とした調査・解析の目的のひとつ
に，刻一刻と変化する動物の生きざまを知り，客観的
に検証することが挙げられる。実際の研究では，調査
時点での観察結果をスナップショットとして解析対象
にすることも多いが，動物の行動，成長，繁殖などの
様々な生命現象は時間と共に変化している。こうした
時間的変化までを観察・解析対象にした海棲哺乳類
の調査研究例としては，長期にわたって衛星標識をク
ジラの体表に装着し，遠隔で位置情報を受信して行動
パターンを知ろうとする研究がある（第3章）。また，
個体数の長期モニタリングから年変動やトレンドを明
らかにし，将来の保全・管理に役立てようとする研究
がある（第13章）。これらはいずれも時間の経過に伴っ
て変化する生物情報を記録した時系列データを解析
対象としている。

　時系列データの特徴として，各時点での観測値がそ
れぞれ互いに独立していない点が挙げられる。例え
ば，岸近くで衛星標識を装着したイルカは翌日にはま
だその付近にとどまっている可能性が高く，数十日経
過して沖合に回遊したイルカがその翌日に沿岸に戻っ
ている可能性は低いだろう。動物行動を追跡した場
合，ある時点の遊泳位置は一つ前の時点の遊泳位置
に影響を受ける。同じように，あるクジラの個体数が
十分豊富であれば，翌年の個体数の水準も高い可能
性が高い。個体群が絶滅寸前まで枯渇した状態にあ
れば，翌年の個体数も低水準にあると予想できるだろ
う。したがって，ランダムに測定したイルカの体長と
体重の相関を調べる，といったように標本個体の順番
を並べ替えても結果に影響しないというものではな
い。時系列データは時間軸に沿って相関していること
が特徴の一つであり，単純な線形回帰などで扱えない
難しさを持っている。

　もう一つの特徴は欠測値の存在である。衛星標識
はユーザー自身で任意に発信間隔や発信時間を設定
できる。しかし，人工衛星は常時地球上空を周回して
いるため，イルカの浮上地点と人工衛星による受信範
囲がタイミングよく一致しないと位置情報が得られな
い。高頻度に位置情報を受信しようと設定していても，

何らかの理由で数時間，ときには数日間受信が途切れることもしばしばである。また，海棲哺乳類の個体数推定でよく使われる目視調査は天候・海況の影響を直接に受けやすい。風が強く白波が多くなればイルカのジャンプとの見分けがつかなくなり，さらに時化れば安定して船を走らせることも難しくなる。定期的なモニタリングを計画していても，様々な理由で目視調査が行えず，年によって個体数推定値の時系列に欠測値を出してしまうケースはしばしばある。こうした欠測値を上手く補間しながら，時々刻々と変化する動物の生態的特徴を上手くモデリングすることが求められる。

そこで，時系列データの強力な解析ツールとなるのが状態空間モデルである。状態空間モデルは，私たちが直接観察できるが本来の関心対象ではないデータ取得過程，すなわち観測過程を記述する部分と，動物の行動や個体数の動向など直接には観察できないが，私たちがもっとも関心のある真の状態を記述する部分とで構成される。衛星標識の例について見てみよう。標識を装着した動物そのものの行動は，例えば，遊泳速度と遊泳方向で表現できる。ある時点でイルカの衛星標識から発信された座標 $[lon_t(緯度), lat_t(経度)]$ の位置情報が得られた場合，次の時点（例えば翌日）にどの場所に移動しているだろうか？1日前の座標の推移は $[lon_t-lon_{t-1}, lat_t-lat_{t-1}]$ と表現できるので，遊泳方向の変化を表すパラメータ θ とともに回転行列の公式を使って，次の地点の座標は $[lon_t +((lon_t-lon_{t-1})\cos\theta-(lat_t-lat_{t-1})\sin\theta), lat_t +((lon_t-lon_{t-1})\sin\theta +(lat_t-lat_{t-1})\cos\theta)]$ のように予測できる。遊泳速度が変化する場合は，パラメータ γ を与えて $[lon_t + \gamma ((lon_t-lon_{t-1})\cos\theta-(lat_t-lat_{t-1})\sin\theta), lat_t + \gamma (lon_t-lon_{t-1})\sin\theta +(lat_t-lat_{t-1})\cos\theta)]$ のようになる。あくまで θ, γ は追跡個体に平均的な遊泳方向・速度の変化を表すパラメータなので，移動地点ごとのランダムな行動の違いは2次元の多変量正規分布を追加することで表現される。ここまでは，対象動物の移動という"状態"を表現している。私たちはこれら一連の"状態"すべてを定期的に観察することができなくても，その一部分は衛星標識の発信機を通してデータとして間接的に"観測"してい

る。しかし，標識を装着したイルカが十分水面に浮上していたか，人工衛星が上空で正確に位置情報を受信できていたか，といった様々な要因で"観測"にも誤差が含まれる。この観測部分の誤差にも，正規分布やt分布などの確率分布を加える。こうして状態空間モデルでは，"状態"方程式と"観測"方程式に分けて構成されることで，欠測を補完しながら生物の真の状態を推測し，不完全ながら私たちが実際に観測したデータをうまく表現できる。個体数の動態に状態空間モデルを用いる場合も基本的な考え方は一緒で，状態方程式は次のようなモデルを考える。ある年の個体数から捕獲頭数を差し引き，増加率を乗じたものに，さらにランダムな誤差を加えたものが翌年の個体数になる，この個体数変動プロセスを何年も繰り返す。一方，私たちが目視調査などで観測する個体数推定値は誤差を含むので，その誤差部分を対数正規分布などで表現することで観測方程式を構成する。

状態空間モデルは"状態"の誤差と"観測"の誤差が階層的に含まれ，複雑な構造を持つため，従来用いられてきた最尤法などの枠組みでは推定が難しいこともあった。しかし近年は，ベイズ法を用いて複雑な階層モデルを推定可能なソフトウエアが多く開発され，その多くは無料で入手・利用可能である。それぞれの解析目的に特化した統計解析言語Rのパッケージも開発されており，動物の移動解析であれば"bsam"が有名である[1]。ベイズMCMCサンプラーJAGSを背景に動かしながら解析を行うが，JAGSコーディングやベイズ解析の知識がなくても分析が容易に実行できる。状態空間モデルを実装した個体群動態モデルも多く開発され，ソースコードがいくつか公開されている[2,3]。こうした既存のパッケージ・コードを利用すれば，誰でも手軽に時系列データの解析が可能になるであろう。

引用文献

1) Jonsen, I. D., Basson, M., Bestley, S., Bravington, M. V., Patterson, T. A., Pedersen, M. W., Thomson, R., Thygesen, U. H., and Wotherspoon, S. J. State-space models for bio-loggers: A methodological road map. Deep-Sea Res. Part II Top. Stud. Oceanogr. 88-89: 34-46, 2013.

2) Meyer, R. and Millar, R. B. Bugs in Bayesian stock assessments. Can. J. Fish. Aquat. Sci. 56: 1078-1086, 1999.

3) Kanaji, Y., Maeda, H., Okamura, H., Punt, A. E. and Branch, T. Multiple-model stock assessment frameworks for precautionary management and conservation on fishery-targeted coastal dolphin populations off Japan. J. Appl. Ecol. 58: 2479-2492, 2021.

第12章 集団遺伝学的解析

北門利英・西田　伸・吉田英可

1 はじめに

　近年，科学技術の発展に伴い，生物の遺伝情報（DNAの塩基配列や配列長）を比較的容易に扱えるようになった。遺伝情報は，種の分類や個体の識別などさまざまな研究に使われており，ごく少量の試料から入手できることから，海棲哺乳類の研究にとっても有用と考えられる。本章では，海棲哺乳類の保全・管理に用いる集団遺伝学的解析について，主に鯨類を事例に紹介する。

2 保全・管理単位

　海棲哺乳類をはじめ野生生物を保全・管理するには，まず，取り扱う単位を明らかにする必要がある。ワシントン条約（Convention on International Trade in Endangered Species of Wild Fauna and Flora : CITES）や国際自然保護連合（International Union for Conservation of Nature : IUCN）のレッドデータリスト（絶滅のおそれのある野生生物の種のリスト）には，種の単位で記載がなされている。では，ある種が絶滅しないよう，注意してさえいればそれでよいのであろうか。世界中の海はつながっているから，海棲哺乳類は世界中を行き来しているかといえば，そんなことはまずない。海には，島や半島，海盆や海山などがあり，地形は複雑である。また，寒流や暖流も複雑に流れている。これら海洋環境の違いが障壁となり，また，餌となる生物の分布状況に応じ，海棲哺乳類の移動や分布は制限されているものと考えられる。この結果，海棲哺乳類は往々にして集中分布を示す。各地に分かれた集団の間では，同じ種であっても交流が疎遠になっている

Survey and analysis methods for conservation and management of marine mammals (12) : Population genetic analysis

Toshihide Kitakado / Tokyo University of Marine Science and Technology（国立大学法人東京海洋大学）

Shin Nishida / University of Miyazaki（国立学校法人宮崎大学）

Hideyoshi Yoshida / Fisheries Research Institute, Japan Fisheries Research and Education Agency（国立研究開発法人水産研究・教育機構水産資源研究所）

Abstract : Understanding the underlying population structure is essential for the conservation and management of marine mammals. In this paper, we outlined the genetic markers that form the basis of genetic analysis, followed by an introduction to the methods of analyzing genetic data. In addition, we discussed some related topics such as population estimation using genetic data.

Keywords : genetic marker, genetic population structure, population genetics, population subdivision, population mixing

と考えられる。

　水産資源学では個体数変動の基礎的単位を「系群」と呼ぶことが多いが[1]，集団遺伝学的な解析手法を述べる際は，より一般的に（遺伝的）集団と表現したほうが用語として適している。そこで，ここでは系群と集団を同義として使うことにする。

　ところで，集団間でも遺伝子の交流はあるものの，その頻度は各集団の内部のそれより小さくなる。この結果，生残や親子関係を通した集団内部での数量（例えば，加入個体数など）関係が集団間の関係より密接になり，集団間では一定の関係を保ちながらも，各集団はかなり独自に数量を変動させることとなる。したがって，保全・管理のための単位としての集団構造と，それぞれの集団が置かれている状況を把握しておかないと，ある海域の集団が何らかの要因で個体数を減らしても，ほかからそれを補う来遊がなければ，あるいは個体数回復の試みがなければ，気づかないうちに消滅してしまう可能性もある。このようなことから，海棲哺乳類では，保全・管理の単位としてしばしば集団が設定され，遺伝情報をもとにその識別が行われてきた[2]。次節でまず，遺伝情報（遺伝マーカー）にはどのようなものがあるか概要を述べ，次に遺伝情報の統計解析手法について説明する。

3　遺伝マーカー

3.1.　中立遺伝マーカーと適応遺伝子マーカー
　種や集団の系統関係，遺伝的構造および遺伝子多様度の推定といった研究目的や対象とする種・種群により，適切な遺伝マーカー（解析

領域）を設定する必要がある。タンパク質をコードするDNA塩基配列の突然変異には大きく2つがある。1つはアミノ酸の配列を変化させる，つまりタンパク質の構造を変化させる非同義置換であり，もう1つはDNA配列が変化しているものの翻訳されたアミノ酸は変化しない同義置換である。同義置換ではタンパク質は変化していないので，多くの場合，自然選択を受けず中立的にふるまう（中立遺伝マーカー）。突然変異の60％以上がこの中立なものであることがわかっている（非同義置換で自然選択を受けていないものも含む）。この進化的に中立な突然変異は，時間の経過とともに徐々に蓄積され，これが分子時計として利用できる。また，この中立な多型が集団中に固定されるか否かは，集団の大きさに依存して偶然の影響（遺伝的浮動）を強く受ける。結果として，中立遺伝マーカーは，種や集団が経験してきた集団サイズの変遷（集団動態），変異の蓄積の度合いである遺伝子多様度の推定，さらに分子時計を用いた種や集団の系統関係・分岐年代の推定を可能とし，保全管理に必須である集団の識別に広く利用されている。

　一方で，非同義置換は直接的にタンパク質を変化させるため，そのほとんどは有害な突然変異となって自然選択により集団から排除される。他方，有利な突然変異は比較的すみやかに集団に固定されることとなる。こういった自然選択を受ける「環境に」適応的な遺伝子（適応遺伝子マーカー）において，集団間で差異が検出された場合，解析した遺伝子の機能とあいまって，なにかしらの適応的な変化が生じていることが予想される。ただし，集団間の違いが検出され

なくても，集団の分化がないとは判断できない
ことに注意が必要である。また，強い負の自然
選択を受けている遺伝子（少しでもタンパク質
が変化すると適応度が下がる遺伝子）では，端
的に言うと同義置換のみしか生じないため，こ
れらは結果として中立な突然変異とみなすこと
ができる。

3.2. 塩基置換の検出方法

突然変異，すなわち塩基置換の検出は歴史
的に多くの方法がある。かつてはRFLP
（restriction fragment length polymorphism：制
限酵素断片長多型）やAFLP（amplified
fragment length polymorphism）といった制限
酵素を用いてゲノムを切断し，その断片長の変
化により多型をみる方法もよく利用されていた。
現在では，塩基配列解析が簡易化され，かつ
コストが低下したため，シーケンス（塩基配列
を直接読み取ること）により，塩基レベルで変
異を検出するのが一般的となっている。古典的
なシーケンスでは，解析領域をPCR（polymerase
chain reaction）で増幅し，これを鋳型としてシー
ケンサー（塩基配列解析用電気泳動装置）を用
いて，サンガー法（ジデオキシ法）により配列
を決定する。また，後述するマイクロサテライ
トDNAの場合は，座位をPCRで増幅後，シー
ケンサーによりその長さを読み取る。近年では，
いわゆる次世代シーケンサー（next generation
sequencer：NGS）による解析が急速に増えて
きている。原理はNGSの販売会社によりさまざ
まであるが（東樹[3]などが詳しい），ランダム
に切断された数千万〜数億のDNA断片の塩基
配列を同時並行的に決定し，一度で数十億〜数

百億の塩基配列を読み取れる。コストも年々低
下しており，後述する簡易全ゲノム解析などで
は1回のシーケンスで100検体程度を数十万円
で実施可能である。

3.3. ミトコンドリアDNA：母系遺伝マーカー

ミトコンドリアDNA（mtDNA）は，細胞内
小器官であるミトコンドリアが独自にもつ環状
DNAである。哺乳類はおよそ16,000塩基対と
小さく，13個の遺伝子と2つのリボゾーマル
RNA（12S rRNA, 16S rRNA），22個の転移（運
搬）RNA（tRNA）をコードしている。遺伝マー
カーとしてのmtDNAの最大の特徴は，組換え
がなく，母性遺伝することである。祖先をたどる
場合，両親（2人）→祖父母（4人）→曾祖父母
（8人）と祖先の数は倍々に増えていくが，母か
ら子へのみ伝わるmtDNAの場合は，母親→祖
母→曾祖母と母系単系統で追跡できる。そのた
め，種や個体間の系統関係の推測に頻用される。
さらに，mtDNAは核DNAに比べて5〜10倍
も進化速度が速い（突然変異率が高い）ため，
進化的に中立な遺伝マーカーとして利用されて
いる。mtDNAへの自然選択圧は，もちろん皆
無ではない。特に一部鯨類では，他の哺乳類
よりも進化速度が遅いことが知られているが
（例えばJackson et al.[4]），近縁な種間，種内の
解析においては問題とならないようである。ま
た，核は1細胞あたり1つであるのに対して，ミ
トコンドリアは数百個もあり，mtDNAのコピー
数も多い。そのため，微量かつ比較的劣化の
進んだ試料からの解析も可能である。

mtDNAは組換えのない1つの環状DNAな
ので，すべての遺伝子は連鎖しているが，個々

の領域における進化速度は異なる。哺乳類においては，一般に16S rRNA：「科以上」≦12S rRNA：「科〜属間」＜cytochrome b（*cytb*）遺伝子＝cytochrome oxidase subunit I（*COI*）遺伝子：「（科）〜属〜種間，種内」＜コントロール領域（control region，D-loop領域）：「種間，種内」の解像度をもつ。鯨類においてよく用いられているmtDNA遺伝マーカーは，*cytb*遺伝子とコントロール領域で，両者を併用することも多い。両遺伝マーカーを用いたオンラインデータベースツール[5]による種判別も可能となっている（Witness for the Whales http://www.dna-surveillance.auckland.ac.nz/page/whales/title［アクセス日：2023年2月1日］）。*cytb*遺伝子は利用できるデータベースも多く，鯨類を含む多くの哺乳類共通に利用できるユニバーサルプライマーも知られており，かつ進化速度も速すぎないため，やや離れた系群の判別や系統／クレードの分岐時間の推定に便利である。コントロール領域はmtDNAの複製に関与するアミノ酸をコードしない領域で，進化速度は*cytb*遺伝子よりも少なくとも2倍以上速いことから，より詳しく種内の遺伝的構造・遺伝子多様度の推定に多用されている。注意が必要なのは，進化速度が速いため，多重置換（同じサイトにおける複数回の塩基置換）による変異の飽和が生じることであり，一般に数十万年以上の分岐を推定するには不向きとされる。基本的に解析配列が長いほど解析の解像度は上がるため，全mtDNA（1周）配列を用いた研究も増えている。全mtDNA配列を解析したシャチの研究例では，一部同所的に分布する複数の異なるエコタイプ（食性や行動などが異なる）の集団が，それぞ

れ別種である可能性を示唆した[6]。

mtDNA遺伝マーカーのメリットでもありデメリットでもあるのは，これが母系遺伝マーカーであるため，雄による遺伝的交流＝遺伝子流動が推測できないことである。これは雄分散型の種が多い鯨類において，系群／地域個体群を定義するうえで大きな問題となる（雌雄により集団の遺伝的構造が異なる例：ネズミイルカ[7]）。そのため多くの集団・系統地理学的解析においては，3.5項で述べる両系核DNAのマイクロサテライトDNAマーカーを併用し，両者を比較することが多い（例えば，カマイルカ[8]，スナメリ[9]）。ただし，mtDNAの有効集団サイズ（4.4項）は核DNAの1/4であることと，両マーカーで突然変異モデル（塩基置換：無限対立遺伝子モデル，マイクロサテライト変異＝反復数の変異：ステップワイズ変異モデル）が異なることから，両者を比較する際はこれらを考慮する必要がある。

3.4.　Y染色体：父系遺伝マーカー

Y染色体は雄性決定遺伝子である*SRY*（sex determining region Y）を有し，その大部分において組換えが生じないことから，父性単系統で遺伝する。ただし，その進化速度は遅く，属間以上の系統関係の推定には有効であるが[10]，種内における解析解像度は高くない。鯨類の保全・分子生態遺伝学分野において，Y染色体は*SRY*遺伝子や両方の性染色体上にある*ZFX/Y*遺伝子を用いた性判別に利用されており，大型ヒゲクジラ類や，シロイルカ，イッカク，ネズミイルカへの適用例がある[11]。

3.5. マイクロサテライトDNA：両系核DNA遺伝マーカー

マイクロサテライトDNAは，核DNA中に無数にある散在性の短い反復配列で，2〜6塩基を単位（モチーフ）として，AC AC AC ACやATGC ATGC ATGCといったように単一のモチーフが繰り返される。実際には，各座位（後述）における，この繰り返し回数の違いによって生じる増幅断片の長さの違いを，シーケンサーで読み取る。2塩基のモチーフ（例えばAC）の場合，5回繰り返しと7回繰り返しでは両者に4塩基分の長さの違いがあり，この増幅断片長の異なりがそれぞれの対立遺伝子（アレル）となる。この繰返し回数はその変異速度が非常に速く，かつ核DNAであるのでメンデル遺伝の法則に従って遺伝する。ある座位において父親が5回繰り返しのホモ接合体（5/5），母親が7回繰り返しのホモ接合体（7/7）の場合，子は5回と7回のヘテロ接合体（5/7）となる。通常8〜12個以上のマイクロサテライトDNA領域のそれぞれを「座位」として解析し，得られた対立遺伝子の組み合わせで個体の遺伝型が決定される。そのため非常に高い解像度をもち，個体識別，親子鑑定といった個体・個体間レベルでの遺伝的近縁性の推定や，集団間・集団内の詳細な遺伝的構造の推定に広く利用されている。mtDNAマーカーとともに定番の遺伝マーカーと言える。近年の低容量DNAからの増幅技術の進歩もあり，東京都御蔵島に定住するミナミハンドウイルカの研究例[12]では，野外において糞を採取し，そこから抽出されたDNAを用いて，マイクロサテライトDNA解析により個体間の近縁関係を調べることに成功している。

解析上の問題点は，こういったマイクロサテライト領域の探索とマーカー（プライマー）の設計に手間がかかることであるが，現在多くの鯨類において複数の有用なマイクロサテライトDNAマーカーが報告されており，これらを利用するのがよい。対象種の情報がない場合も，近縁種間や，やや離れた分類群間である程度はマーカーを共有できることが知られている（*e.g.* EVマーカーシリーズ[13]）。また次世代シーケンサーを利用することにより，マイクロサテライトDNA領域を効率的に探索する方法もある。実際の分析では，シーケンサーにより長さを泳動波形から読み取るのだが，この読み取りにおける研究者間での精度差や，そもそもどの波形のピークを読み取るかといった問題が生じる場合がある。複数の試料の結果を比較しながら検討していく必要がある。

3.6. 免疫関連（MHC）遺伝子：適応遺伝子マーカー

保全・集団遺伝学に有用な適応遺伝子マーカーとして主要組織適合遺伝子複合体（Major Histocompatibility Complex：*MHC*）を取り上げたい。*MHC*（ヒトは*HLA*：ヒト白血球型抗原と呼ばれる）は，脊椎動物の免疫反応に関与する遺伝子群で，細胞表面に発現する。*MHC*分子は，ウイルスなど外来性の非自己ペプチド（抗原）をT細胞（Tリンパ球）へ提示することで，自己と非自己の認識を行い，非自己である病原体の排除を促す。そのため，さまざまな細菌やウイルスを認識するための多様な*MHC*分子をもつことが必要であり，積極的に突然変異を保存して，遺伝子の多様性を増加させる方向，つ

まり強い正の自然選択下にある。この遺伝子の多様性は、種や集団の存続性を決定しており、保全遺伝学的な指標として有用である。*MHC*分子には、通常の細胞に発現するクラスⅠと免疫提示細胞（マクロファージやT細胞）に発現するクラスⅡの2種類がある。鯨類においては、クラスⅠの*DQA*、クラスⅡの*DQB*、*DRB*といった遺伝子が多く解析されている。国内ではスナメリにおいて解析例[14]があり、*DQB* exon 2の解析でmtDNAコントロール領域よりも高い多様性が保持されていること、正の自然選択を受けていることが示された。一方で、*DQB*対立遺伝子の頻度分布に地域性がみられ、地域個体群間での遺伝的な分化が示唆された。これは2つの可能性を示す。1つは病原体の分布や流行といった外環境が異なる状態、2つめは集団サイズの減少により、適応遺伝子にも関わらず、遺伝的浮動の影響によって遺伝的多様性を低下させている状態である。スナメリの場合、後者である可能性が高い。*MHC*遺伝子群の解析は、このように保全遺伝学的に重要な指標を与える。ただし重複遺伝子であることから、単独の座位の増幅に困難が生じることがあること、関連して座位特異的なプライマーの設計が難しいことがある。また対立遺伝子数が多いため、原則的にはクローニングによる対立遺伝子の単離が必要となる。近年の他生物での研究では、次世代シーケンサーを用い、複数の座位を同時に解析する方法も利用されている。

3.7. 一塩基多型（single nucleotide polymorphisms：SNPs）

一塩基多型（single nucleotide polymorphisms：SNPs（スニップ））は簡単にいうと、ゲノム塩基配列中に存在する1塩基の変異のことである。ヒトでは1,000塩基に1つの割合で存在するとされる。広義ではこれまで紹介してきた変異はすべてSNPsと言えるが、一般的には核ゲノム中に無数に存在する1塩基変異のことをSNPsと呼ぶ。つまり、両系核DNA遺伝マーカーとして利用可能である。これまではSNPsの探索とその解析（マイクロアレイやリアルタイムPCR-TaqMan法などを利用）に手間がかかることからハードルが高かったが、次世代シーケンサーの登場により比較的簡易に解析が可能となった。鯨類においても、いくつかの種で全ゲノムが決定されており、適応遺伝子の進化、鯨類の適応進化の解明につながるものと期待されている[15]。しかも1個体の全ゲノム配列を決定すると、その種の個体群動態や近縁種との分岐年代推定も可能（PSMC法）となる[16]。

とはいえ、全ゲノム解析はそのレベルによってはまだまだ高価であり、また膨大すぎるデータに悩まされることとなる。そこで簡易的全ゲノム探索（ゲノムワイドな塩基配列多型検出）によるSNPs解析が進んでいる。RAD-Seq.（Restriction Site Associated DNA Sequencing）と呼ばれる方法は、制限酵素で切断したゲノムDNA断片の末端配列を大量に解析し、多型を検出する。シャチのエコタイプの種分化の研究においても、RAD-seq.を用いた論文がすでに報告されている[17]。この研究では、世界規模でサンプリ

ングされた115個体から3,000個を超えるSNPs を検出している。そのうち168個が正の自然選択，179個が平衡選択を受けていることが示唆された。解析にはこれら適応遺伝子マーカーを除き，中立な約2,500個のSNPsが用いられている。また，近年開発されたMIG-Seq.（multiplexed ISSR genotyping by sequencing）は，マルチプレックスPCR（複数領域の同時増幅）によって増幅された多数のマイクロサテライト間領域のPCR産物をシーケンシング・ライブラリとする方法で，より簡易にかつ微量のDNAから，通常1,000座位程度のSNPs情報を得ることができるとされる[18]。

このように全ゲノム探索によるSNPsは，大量の中立遺伝マーカーだけでなく適応遺伝子マーカーも含んでおり，系群判別，集団史の解明とともに，その背景にある適応進化の歴史も明らかにすることが期待される。ただし，大量のデータを取り扱うことになるため，解析ソフトウエアの利用法も含めたバイオインフォマティクス（生物情報学）の知識が必要となる。

4 遺伝データの統計解析手法

遺伝データを用いた解析は多岐にわたる。例えば，種の判別や分岐・進化というマクロ的視点の解析から，集団内の個体の海域間移動パターンを探るミクロ的視点な解析まで，遺伝情報を用いてさまざまなことをひも解くことが可能となってきている。ここでは，集団構造を探る方法とその周辺にフォーカスをあて，統計遺伝学的解析手法に関連する文献もあわせて紹介する。

4.1. 集団の差異に関する解析手法

個体群の空間的な集団構造を推測する際に，最初のステップとなるのが集団の差異に関する検討である。ここでは，異なる生息地の単位をローカリティー，そこに生息する個体の集まりを個体群，それが単一の繁殖単位を構成している場合に集団と呼ぶことにする。すなわち，2節でも述べたように，研究や管理・保全の対象となるエリアにおいて，異なる海域や生息地に生息する個体群が遺伝的に同一か否かを知ることが肝要である。

個体群の遺伝的差異については古くから利用されているさまざまな指標があり，このなかでも特によく使われる指標がF_{ST}（fixation index：固定指数）である[19, 20]。F_{ST}の推定方法は，古典的な方法からメタ個体群という階層構造を考慮した方法まで多岐にわたるが，最近ではGenpopなど以前から定評ある多くのソフトウエアが統計解析言語Rでも利用できるようになっている（https://cran.r-project.org/web/packages/genepop/index.html［アクセス日：2023年2月1日］）。F_{ST}は，通常，0から1の間の値をとる。この指数が0に近いと個体群間で遺伝的差異が小さく，遺伝子流動の程度が大きいことを意味し，逆に1に近づくにしたがってローカリティー間で異なる遺伝的集団である可能性が高いことを意味する。

個体群の遺伝的差異の程度の推定だけでなく，ローカリティー間で実際に集団が異なるかどうか厳密な判断が必要な場合がある。統計的な仮説による検証は，この要請に部分的に応えることができる。ここで部分的としたのは，この場合の帰無仮説は「異なる個体群の遺伝子頻度

に差がない」であり，対立仮説は「差がある」であるが，仮説検定の性質上，帰無仮説を採択する場合には，必ずしも集団間の差異がないことを強く示すものではない。ただし，仮説検定の結果得られるp値を通して，集団間の差異に関する証拠の程度を評価することはできるであろう。また，ハーディーワインバーグ平衡からのずれを通して，集団内でランダム交配が成り立っているかどうかを検討することも必要である[21]。

4.2. 集団の混合に関する解析手法

4.1項では地理的に完全に分離された異なる個体群の存在を仮定していたが，物理的に隔離されていなければ，明確な境界線をもって異なる個体群や遺伝的集団が生息するとは言えない。あるいは，繁殖域は完全に分離されていたとしても，摂餌域では混合して分布することがある。この混合の様子を推定する方法として，最尤推定を用いるほか，ベイズ的な階層構造をとり入れることで集団間の相関を組み込むなど柔軟な解析も可能となっている[22]。

具体例として，Pastene et al.[23]はミトコンドリアのハプロタイプデータをもとに，オホーツク海に来遊するミンククジラ2つの集団（J系群，O系群）の混合率の推定を行った。また，南極海に生息するクロミンククジラは，水産資源学的にインド洋系群（I系群）と太平洋系群（P系群）と呼ばれる2つの異なる集団が存在するが，それらは摂餌域において混合する海域を有することが明らかとなっている[24]。また，その混合の様子も環境などの影響により経年的変化することが知られている[25]。

集団としての混合率を推定するだけでなく，

サンプリングした個体（バイオプシーのような個体の皮膚組織のみのサンプリングも含む）が，どの集団由来かを問う手法をアサインメント[26, 27]という。この手法には，STRUCTUREというソフトウエアが利用でき，海棲哺乳類に限らず人間の集団構造も含めて幅広い分野で利用されているが，このような発展的な手法においてもベイズ的な考えが主流となっている。

4.3. 集団数と個体のアサインメントに関する解析手法

これまで，個体の集団由来を考えてきた。個体が集団間を移動し，移動先で繁殖に参加すれば遺伝子流動が起こる。すなわち，ある個体が集団1から集団2の生息域に移住し，そこで集団2の個体と繁殖をした場合，2倍体の生物の子孫個体には母系由来と父系由来の遺伝子が共存する。このような遺伝子流動と繁殖のプロセスを経て，個体内および集団内の遺伝子の混合状態を把握することもできる。すなわち，遺伝子の混合を考えないで個体の由来を問うアサインメント（mixture）に加えて，遺伝子座における対立遺伝子の由来に踏み込むアサインメント（admixture）の2通りがあることになる。水棲生物の場合には物理的な隔離がないかぎり，admixtureを考えるほうが自然な過程となる。

ところで，集団の数が特に2や3である必要はなく，自由に仮定することが可能である。しかし，この集団数が不明なことも多く，生物保全や資源の持続的利用を実践するためには，しばしば実際の集団の個数を知る必要がある。Waples and Gaggiotti[28]では，admixtureを想定したシミュレーション実験を通して，

STRUCTUREおよびEvanno et al.の方法[29]による集団数Kの推測性能を評価した。その結果，両手法とも集団間の遺伝的差異が大きい場合にはよい性能を示す一方で，差異が小さい場合にはともに性能が劣り，その中間程度の差異の場合ではオリジナルのSTRUCTUREのほうが優ることを示した。また，モデルをさらに発展させて，集団数をより精度よく推定する方法も提案されてきている[30]。

4.4. 遺伝情報を用いた有効集団サイズの推定法

有効集団サイズ（Ne）とは，その集団と同じ遺伝的変化率（遺伝的浮動）をもつ理想集団の個体数である。この理想集団とは，性比が1：1であり，世代が離散的で重複せず，かつ交配がランダムで選択を伴わない集団を意味する。実際に集団が理想集団の条件を満たすことはない。また，有効集団サイズは実際の個体数よりも小さい。希少種を対象にした保全生態学では，この有効集団サイズが重要な意味をもつこともある。すなわち，仮に集団の個体数が大きい場合でも，有効集団サイズがごくわずかであれば，繁殖に参加する個体数が少ないことを意味し，その存続が危ぶまれる。

有効集団サイズは，現在のサイズと歴史的なサイズに区別される。現在の有効集団サイズは，遺伝的浮動（遺伝子頻度の変化）の大きさが有効集団サイズに依存することを利用して推定できるほか，遺伝子座間の連鎖不平衡の減少率を利用した推定法も考案されている。連鎖不平衡を利用する方法では，1時点における複数遺伝子座の遺伝子型情報で充分である。したがっ

て，異なる2時点における遺伝的情報があれば有効集団サイズの変化をとらえることができる。

現在の有効集団サイズを知ることは，当該種の遺伝的多様性やボトルネックの様子を知るうえで重要となるが，野生生物の現在の資源レベルをその歴史的なサイズとの比較で問う場合もある。歴史的な有効集団サイズは，サンプルとして得た個体が共通祖先に到達するまでの遺伝子の系図（gene genealogy）を利用することで推定できる。これを遡上合同法（coalescent method）と呼ぶ。有効集団サイズが大きく，かつ遺伝的多様性が高いと，共通祖先に到達するまでにかなりの世代数を要する。この考えをもとに，突然変異率あるいは塩基置換率などを考慮した尤度関数を構成し，歴史的な有効集団サイズを推定することができる。

なお，歴史的な有効集団サイズと現在の有効集団サイズを比較し，現在の資源レベルの枯渇を示唆するような研究がしばしば行われている。例えば，Roman and Palumbi[31] では，北大西洋のナガスクジラ，ザトウクジラ，そしてミンククジラの歴史的な有効集団サイズを推定し，それを個体数に変換することで，現在の個体数は鯨類資源の未開発時と比較してかなり減少していることを示した（Baker and Clapham[32] に解説記事がある）。また，安定同位体の情報も融合させた同様の解析がコククジラ東部系群に対しても行われている[33]。

4.5. 遺伝情報を用いた個体の識別と個体数の推定法

人工的な標識を用いた標識再捕法が，野生

生物に対してしばしば利用される。これにより，個体の移動パターンの把握や，個体数を推定することが可能となる。物理的な標識では，脱落のおそれや，標識を装着すること自体が標識個体の発見率および死亡率に影響を与えるなどの懸念もある。一方で，個体が生まれながら備えもつ遺伝標識が利用できれば，このような欠点を回避することができる。例えば鯨類資源では，バイオプシーサンプリングを通して遺伝情報が観測可能であり，十分なサイズの遺伝子座情報が得られれば，個体の識別が可能となる。したがって，時期をずらしてサンプリングを行う，あるいはサンプリングを経年的に実施すれば，標識再捕法と同様の方法で，移動パターンや個体数推定が可能となる。鯨類の場合はライントランセクト法による個体数推定が主流であるが，広大な海域において奇麗にデザインされた調査を実施するには，相当な努力と費用をかける必要がある。

　そこで，それとは独立した手法として，遺伝情報を用いた個体数推定も試みられた[34]。遺伝標識はどの個体にも存在し指紋のように永久的である一方で，遺伝子型同定に誤差が生じる可能性があるほか，観測する遺伝子座の数が少ないか集団内の遺伝的多様性が低い場合，再捕した個体のマッチングにも不確実性が生じる。特に，後者の不確実性を無視すると個体数推定は過小評価となる。そこで，実際には遺伝子頻度情報をもとに同一個体である確率を評価し，個体数推定値を補正する方法が利用されている。

　上述のように直接同一個体の遺伝子を再捕する方法のほか，間接的に再捕する方法も近年では主流となっている。2倍体の生物において，母仔あるいは母親－胎児のペアの遺伝的データが取得でき，さらにそれとは別にランダムにサンプリングされた雄個体からも遺伝データが得られるとする。仔の対立遺伝子ペアのうち，1つは母親から受け継いだものであり，もう片方は父親由来のものである。ここで，サンプリングされた雄個体の対立遺伝子で，母親＋父親⇒仔の関係が説明できるとき，その雄が父親候補となる。このような父親候補が雄のサンプルの中で比較的見つかりやすい場合，その集団内の雄の個体数が比較的小さいことを意味する。逆に仔，あるいは胎児の父親候補が見つかりにくい場合，雄の個体数が大きいことを意味する。したがって，これも一種の標識再捕法となり，この父系解析から個体数推定が可能となる。数学的には，母仔ペアと雄の遺伝子型データから，集団内で繁殖に貢献可能な成熟雄の個体数に関する尤度関数を構成し，これを最尤法により推定する。成熟率および性比の情報があれば，成熟雄の個体数推定値から集団全体の個体数を求めることもできる[35~37]。このような父系解析は，通常の標識再捕法と異なり，たった1度のサンプリングであったとしても，親仔関係という前提のもとで標識再捕のアイデアが利用できる例である。なお，親仔関係は父系にとどまらず，そのほかにも系統的近縁性（close-kin）の情報があれば対立遺伝子の共有情報をもとに標識再捕のアイデアで個体数推定をすることも可能であり，水産資源解析での最先端の方法として注目を浴びている[38,39]。

4.6. その他

ここまで遺伝情報を用いた集団構造の推測方法，およびそれに関連した解析手法について駆け足で眺めてきた。集団構造の理解は，集団の生態や遺伝的多様性を把握する意味で重要な要素となるが，集団の保全や管理を検討する際に大きな役割をはたす。特に，鯨類の資源管理についてもっとも厳密な議論が行われる国際捕鯨委員会（International Whaling Commission：IWC）では，集団構造の仮説の設定が変わると科学的な見解に相違が生じることが多い。その理由として，管理対象となる海域が単一の集団で占められ，かつその個体数が十分に大きければ，資源の管理は比較的容易となる。一方で，その海域が複数の集団で構成され，かつ混合もあり，さらには集団によって個体数の大きさが異なる場合，小集団への捕獲強度が過剰となるおそれがある。それを避けるために必然的に保守的な管理方法を考えることになる。さらに難しさの一因となるのが，高度回遊性の鯨類の場合，元来遺伝的交流の度合いが高く，そのため遺伝的差異が小さくなり検出することが難しい。それに加え，しばしばサンプル数を大きくできない，あるいはサンプリング場所に偏りが生じるなど，推測をする条件として必ずしも恵まれているとは言えない場合もある。したがって，複数の仮説がある場合には，エビデンスの程度に基づいてそれらに仮説のもっともらしさの相対尺度を与え，資源管理方策評価法の枠組みで管理手法を総合的に評価する[40]。なお，集団構造と資源管理については，けっして新しい論文ではないがWaples *et al.*[41] が詳しい。また，上述のようにIWCでは会議の性質上，データと解析の方法について詳細に議論が繰り広げられる。その議論の産物として，遺伝データのクオリティーコントロール，および遺伝データの解析手法に詳細なガイドラインが作成されており，これは鯨類や海棲哺乳類の範疇にとどまらず，野生生物の管理全般における遺伝データとその解析手法の位置づけを理解するうえで有用な文献と考える。

集団構造の推測では遺伝的情報が有用であることに疑いはないが，従来から利用されている形態学的・生物学的な情報，そして標識放流による移動に関する情報など，さまざまなデータを組み合わせることで，より精度の高い推測が可能になると予想される。さらに，少し話題はそれるが，分子遺伝学的情報と統計遺伝モデリングをうまく融合することで，海棲哺乳類の起源と進化の様子を考察することが可能となった。特に鯨類と鰭脚類では，それぞれ岡田[42] と米澤[43] の解説が秀逸で一読の価値がある。またJackson *et al.*[44] は，遺伝子型頻度による従来型の解析と遡上合同法を包括的に利用し，グローバルな視点でザトウクジラの遺伝的分岐や海域利用パターンなどを推定した。また，ゼニガタアザラシを対象とした個別の事例として，ミトコンドリアDNAを用いた同種の歴史的な分化の様子[45] や，核DNAの情報を用いて現在の集団構造と遺伝子流動の大きさ[46] が議論されており，異なるマーカーを用いた解析手法として当該分野の理解の参考となる。

5 おわりに

　海棲哺乳類の保全と管理のため，集団遺伝学がどのように活用されているのかを見てきた。今後，技術の発展やコンピュータの処理能力のさらなる向上に伴い，より多くの情報を取り込み，ますます複雑な解析を行うことができるようになるであろう。集団遺伝学は，海棲哺乳類の管理と保全を進めるうえで，より強力な武器になるに違いない。しかし，解析面でのめざましい発展に比べ，研究の第一歩である試料の入手については，まだ課題が多い。

　海棲哺乳類は，海洋に生息することから，人との接点が陸棲動物に比べて少ない。私たちが目にするものの多くは，漁獲物か，混獲されたか，あるいは漂着した個体である。このような個体から採取された試料は，海棲哺乳類の分布より人間の都合をより色濃く反映しているものと考えられる。人里離れた海岸より，大都市近くでの漂着のほうが人目につきやすいことは想像に難くない。混獲も漁業の活発な海域でより頻繁に発生するであろう。バイオプシー採取法の発達により，遊泳個体からのサンプリングも盛んに行われるようになった。しかし，相変わらず近づくことさえ難しい種もいる。調査活動も遠洋より沿岸域で盛んなことから，得られた試料は解析結果に影響を与えるであろう。ときに鰭脚類は上陸し，鯨類よりもサンプルを入手しやすいと考えられる。特に雌は概して場所に対し強い固執性をもっており，繁殖のため毎年，同じ島の同じ海岸に上陸するものも多い。このような場合，限られた場所でサンプリングを行う

と，試料内の近縁度のレベルが高まってしまい，解析結果に影響を与える可能性もある。解析手法とあわせ，どのようにサンプリングを行うか，事前によく検討することが望ましい。

引用文献

　1)　田中昌一: 水産資源学総論. 恒星社厚生閣, 381pp., 1985.

　2)　後藤睦夫, 上田真久: 鯨類における遺伝学的手法を用いた系群判別. *In*: 鯨類資源の持続的利用は可能か－鯨類資源研究の最前線－(加藤秀弘・大隅清治 編), 生物研究社, pp.99-105, 2002.

　3)　東樹宏和: DNA情報で生態系を読み解く: 環境DNA・網羅的群集調査・生態ネットワーク. 共立出版, 201pp., 2016.

　4)　Jackson, J. A., C. S. Baker, M. Vant, D. J. Steel, L. Medrano-Gonzalez, S. R. Palumbi: Big and Slow: Phylogenetic Estimates of Molecular Evolution in Baleen Whales (Suborder Mysticeti). Mol. Biol. Evol., 26: 2427-2440, 2009.

　5)　Ross, H. A., G. M. Lento, M. L. Dalebout, M. Goode, G. Ewing, P. McLaren, A. G. Rodrigo, S. Lavery, and C. S. Baker: DNA Surveillance: Web-based molecular identification of whales, dolphins and porpoises. J. Hered., 94: 111-114, 2003.

　6)　Morin, P. A., F. I. Archer, A. D. Foote, J. Vilstrup, E. E. Allen, P. Wade, J. Durban, K. Parsons, R. Pitman, L. Li, P. Bouffard, S. C. A. Nielsen, M. Rasmussen, E. Willerslev, M. T. P. Gilbert, T. Harkins, T.: Complete mitochondrial genome phylogeographic analysis of killer whales (*Orcinus Orca*) indicates multiple species. Genome Res., 20: 908-916, 2010.

7) Rosel, P. E., S. C. France, J. Y. Wang, T. D. Kocher: Genetic structure of harbour porpoise *Phocoena phocoena* populations in the northwest Atlantic based on mitochondrial and nuclear markers. Mol. Ecol., 8: S41-S54, 1999.

8) Hayano, A., M. Yoshioka, M. Tanaka: Population differentiation in the Pacific white-sided dolphin *Lagenorhynchus obliquidens* inferred from mitochondrial DNA and microsatellite analyses, Zoo. Sci., 21: 989-999, 2004.

9) Aizu, M., S. Nishida, J. Kusumi, Y. Tajima, T. K. Yamada, M. Amano and K. Araya: Genetic population structure of finless porpoise in Japanese coastal waters. J. Cetacean Res. Manage., SC/65a/SM/24: 1-12, 2013.

10) Nishida, S., M. Goto, L. A. Pastene, N. Kanda, and H. Koike: Phylogenetic relationships among cetaceans revealed by Y-chromosome sequences. Zoo. Sci., 24: 723-732, 2007.

11) Berube, M. and P. Palsbøll: Identification of sex in Cetaceans by multiplexing with three ZFX and ZFY specific primers. Mol. Ecol., 5: 283-287, 1996.

12) Sakai, M., Y. F. Kita, K. Kogi, M. Shinohara, T. Morisaka, T. Shiina and M. Inoue-Murayama: A wild Indo-Pacific bottlenose dolphin adopts a socially and genetically distant neonate. Sci. Rep., 6: 23902, 2016.

13) Valsecchi, E. and W. Amos: Microsatellite markers for the study of cetacean populations. Mol. Ecol., 5: 151-156, 1996.

14) Hayashi, K., H. Yoshida, S. Nishida, M. Goto, L. A. Pastene, N. Kanda, Y. Baba and H. Koike: Genetic variation of the MHC DQB locus in the finless porpoise (*Neophocaena phocaenoides*). Zoo. Sci., 23: 147-153, 2006.

15) 岸田拓士:クロミンククジラゲノムの解析. 勇魚, 64: 13-17, 2016.

16) Kishida, T., Population history of Antarctic and common minke whales inferred from individual whole-genome sequences. Mar. Mam. Sci., 33: 645-652, 2017.

17) Moura, A. E., J. G. Kenny, R. Chaudhuri, M. A. Hughes, A. Welch, R. R. Reisinger, P. J. N. de Bruyn, M. E. Dahlheim, N. Hall and A. R. Hoelzel: Population genomics of the killer whale indicates ecotype evolution in sympatry involving both selection and drift. Mol. Ecol., 23: 5179-5192, 2014.

18) Suyama, Y. and Y. Matsuki: MIG-seq: an effective PCR-based method for genome-wide single-nucleotide polymorphism genotyping using the next-generation sequencing platform. Sci. Rep., 5: 16963, 2015.

19) Allendorf, F. W. and G. Luikart: Conservation and the Genetics of Populations. Wiley-Blackwell Publishing, Oxford, 2006.

20) Nei, M.:Analysis of gene diversity in subdivided populations. Proc. Natl. Acad. Sci. USA, 70: 3321-3323, 1973.

21) Waples, R. S.: Testing for Hardy–Weinberg proportions: Have we lost the plot? J. Hered., 106: 1-19, 2015

22) Pella, J. and M. Masuda: The Gibbs and split-merge sampler for population mixture analysis from genetic data with incomplete baselines. Can. J. Fish. Aquat. Sci., 63: 576-596, 2006.

23) Pastene, L. A., M. Goto and H. Kishino: An estimate of mixing proportion of 'J' and 'O' stocks minke whales in sub-area 11 based on mitochondrial DNA haplotype data. Rep. Inter. Whal. Comm., 48: 471-474, 1998.

24) Pastene, L. A. and M. Goto: Genetic characterization and population genetic structure of the Antarctic minke whale *Balaenoptera bonaerensis* in the Indo-Pacific region of the Southern Ocean. Fish. Sci., 82: 873-886, 2016.

25) Kitakado, T., T. Schweder, N. Kanda, L. A. Pastene, and L. Walløe: Dynamic population segregation by genetics and morphometrics in Antarctic minke whales. Paper SC/F14/J29 presented to the IWC SC JARPAII Review Workshop. February 2014. Tokyo. Japan (unpublished). 20pp, 2014. [Available from the secretariat of IWC].

26） Pritchard, J. K, M. Stephens and P. Donnelly: Inference of population structure using multilocus genotype data. Genetics, 155: 945-959, 2000.

27） Falush, D., M. Stephens and J. K. Pritchard: Inference of population structure using multilocus genotype data: Linked loci and correlated allele frequencies. Genetics, 164: 1567-1587, 2003.

28） Waples, R. S. and O. Gaggiotti: What is a population? An empirical evaluation of some genetic methods for identifying the number of gene pools and their degree of connectivity. Mol. Ecol., 15: 1419-1439, 2006.

29） Evanno, G., S. Regnaut and J. Goudet: Detecting the number of clusters of individuals using the software STRUCTURE: a simulation study. Mol. Ecol., 14, 2611-2620, 2005.

30） Huelsenbeck, J. P. and P. Andolfatto: Inference of population structure under a Dirichlet process model. Genetics, 175, 1787-1802, 2007.

31） Roman, J. and S. R. Palumbi: Whales before whaling in the North Atlantic, Science, 301: 508-510, 2003.

32） Baker, S. C. and P. J. Clapham: Modelling the past and future of whales and whaling, Trend. Eco. Evol. 19: 365-371, 2004.

33） Alter, S. E., S. D. Newsome and S. R. Palumbi: Pre-Whaling Genetic Diversity and Population Ecology in Eastern Pacific Gray Whales: Insights from Ancient DNA and Stable Isotopes. PLoS ONE 7 (5)：e35039, 2012. https://doi.org/10.1371/journal.pone. 0035039.

34） Palsbøll, P. J., Allen, J., Bérubé, M., P. J. Clapham, T. P. Feddersen, P. S. Hammond, R. R. Hudson, H. Jørgensen, S. Katona, A. H. Larsen, F. Larsen, J. Lien, D. K. Mattila, J. Sigurjónsson, R. Sears, T. Smith, R. Sponer, P. Stevick and N. Øien: Genetic tagging of humpback whales. Nature, 388, 767-769, 1997.

35） Palsbøll, P. J.: Genetic tagging: contemporary molecular ecology. Biol. J. Linnean Soc., 68: 3-22, 1999.

36） Nielsen, R., D. K. Mattila, P. J. Clapham and P. J. Palsbøll: Statistical approaches to paternity analysis in natural populations and applications to the north Atlantic humpback whale. Genetics, 157: 1673-1682, 2001.

37） Ohashi, Y., M. Goto, M. Taguchi, L. A. Pastene and T. Kitakado: Evaluation of a paternity method based on microsatellite DNA genotypes for estimating the abundance of Antarctic minke whales (*balaenoptera bonaerensis*) in the Indo-Pacific region of the Antarctic, Cetacean. Pop. Ecol. 2021. https://doi.org/10.34331/cpops.2020F001

38） Bravington, M. V., P. M. Grewe and C. R. Davies: Absolute abundance of southern bluefin tuna estimated by close-kin mark‐recapture. Nature Commun., 7: 1-8, 2016.

39） Bravington, M. V., H. J. Skaug and E. C. Anderso: Close-kin mark-recapture. Statist. Sci., 31: 259-274, 2016.

40） Punt, A. E. and G. Donovan: Developing management procedures that are robust to uncertainty: Lessons from the International Whaling Commission. ICES J. Marine Sci., 64: 603-612, 2007

41） Waples, R. S., A. E. Punt and J. Cope: Integrating genetic data into fisheries management: how can we do it better? Fish. Fish., 9: 423-49, 2008.

42） 岡田典弘: 起源と進化－最新技術で語る鯨類研究 *In*: 日本の哺乳類学③水生哺乳類（加藤秀弘 編）, 東京大学出版会, pp.25-50, 2008.

43） 米澤隆弘: 鰭脚類の系統－その起源と進化 *In*: 日本の鰭脚類（服部　薫 編）, 東京大学出版会, pp. 19-42, 2020.

44） Jackson, J. A., D. J. Steel, P. Beerli, B. C. Congdon, C. Olavarría, M. S. Leslie, C. Pomilla, H. Rosenbaum and C. S. Baker: Global diversity and oceanic divergence of humpback whales (*Megaptera novaeangliae*), Proc. R. Soc. B., 20133222, 2014. http://doi.org/10.1098/rspb.2013. 322.

45) Mizuno M, T. Sasaki, M. Kobayashi, T. Haneda and T. Masubuchi: Mitochondrial DNA reveals secondary contact in Japanese harbour seals, the southernmost population in the western Pacific. PLoS ONE, 13 (1) : e0191329, 2018. https://doi.org/10. 1371/journal. pone. 0191329

46) Mizuno, M., M. Kobayashi, T. Sasaki, T. Haneda and T. Masubuchi: Current population genetics of Japanese harbor seals: Two distinct populations found within a small area, Mar. Mam. Sci., 36: 915-924, 2020.

第13章 個体群動態モデル

北門利英

1 はじめに

　目視調査のデータを用いた個体数推定値は，個体数の増加や減少などの動向を追うことを可能とし，さらにはその変化の背後にあるメカニズムを知るうえで欠かせない情報となることは言うまでもない。また，空間モデルを用いることで，調査時の水温などの環境要因が個体数推定に与える影響も調べることができる。しかしながら，これらの情報だけでは個体数がなぜ増えたり減ったりするのかといった踏み込んだ解釈もできなければ，将来どのように変化していくのかを予測することもできない。そのために，個体数の変化を表す数理的な「モデル」が必要となる。ここではそのモデル群を簡単に個体群動態モデルと呼ぶことにする（水産資源学では資源動態モデルとも呼ばれる）。個体群動態モデ

ルは，これまでさまざまな概念と仮定により発展してきた。本章では，海棲哺乳類でよく利用される代表的な個体群動態モデルの概要と，個体群動態モデルを使っていかにして観測データから個体数の推移を把握することができるのか，という2つに焦点を当てて紹介する。

2 年齢・性構成モデル（age-and-sex structured model：ASSM）の定式化

　ここでは，海棲哺乳類を対象とした個体群動態モデルの全体像を把握するため，年齢と性構成を考慮した個体群動態モデルの一般形から述べることにする。

　いま，閉じた単一の海棲哺乳類の個体群を考える。ここで閉じているとは，個体群の生息域から移出入する個体はなく，個体数の変化は自然死亡（寿命，疾病，被食など自然要因による

Survey and analysis methods for conservation and management of marine mammals (13): Population dynamics models

Toshihide Kitakado / Tokyo University of Marine Science and Technology（国立大学法人東京海洋大学）

Abstract : Models commonly used to express the population dynamics of marine mammals such as cetaceans and pinnipeds are introduced. Since reproduction, survival and density dependence are crucial components for expressing the dynamics of marine mammals, the age-and-sex structured model is fundamental. The model, however, requires several biological assumptions and parameters to reflect the whole life history. Therefore, some aggregated models such as the production model have also been used to overcome lack of such information and/or achieve robustness of estimated population trajectory to parameters with uncertainty. Some examples for whales and seals are given to show merits and caveats in modelling and estimation of population dynamics.

Keywords : age-and-sex structured model, production model, density-dependence, resilience, fecundity, estimation

死亡），再生産，そして人為的死亡（捕獲や混獲）のいずれかによることを表す。また単一とは，再生産がこの個体群の中だけで行われ，ほかの個体群との遺伝的な交流などもないことを意味する。さらに，ここでは個体群動態を表す時間的単位として「年」を考える。ただし，これらの仮定が満たされない，あるいは不適当な場合には，それぞれの状況によってモデルの枠組みを拡張することができる。例えば，鯨類のように離れた繁殖域と摂餌域を大回遊する種に対してそれぞれの海域にいる時期の違いを考慮したい場合には，1年を2分割した単位を利用すればよいし，捕食や被食の影響を明示的に取り入れたければそのように拡張できる。そのためには基本形が必要である。そこで本章では，個体群動態モデルの1つである年齢・性構成モデル（age-and-sex structured model : ASSM）について以下のように定式化する。

ここでは簡略化のため，人為的死亡が近似的に年の初めに起こると仮定したモデルを紹介する。いま $N_{t,a}^{(g)}$ を t 年始めの性別 g（$= M, F$），a（$= 0, 1, ..., A$）歳の個体数とする。ここで M，Fはそれぞれ雄と雌を表し，Aは A 歳以上をまとめた年齢（プラスグループとも呼ばれる）とする。このとき，年をまたいだ個体数の変化を表すモデルとして次のようなモデルを考える。

$$N_{t,a}^{(g)} = \begin{cases} 0.5 R_t & (a=0) \\ \left(N_{t-1,a-1}^{(g)} - C_{t-1,a-1}^{(g)}\right) S_{a-1} & (a=1, 2, ..., A-1) \\ \left(N_{t-1,A-1}^{(g)} - C_{t-1,A-1}^{(g)}\right) S_{A-1} \\ \quad + \left(N_{t-1,A}^{(g)} - C_{t-1,A}^{(g)}\right) S_A & (a=A) \end{cases}$$

(1)

ただし，S_a は年齢 a の個体の1年間の生存率

で，雌雄別とも仮定できるが，ここでは共通とする。また，$C_{t,a}^{(g)}$ は t 年における性 g，年齢 a の人為的死亡数とする。この式の意味は，各年・各年齢において自然死亡と人為的死亡を免れた個体が，翌年1歳だけ年齢を重ねた個体数として計算されることを意味し，プラスグループ年齢 A 歳については，新しく A 歳になる個体とすでに A 歳であった生き残りの合計となる（図1）。0歳の新規加入個体数 R_t については，雌雄1：1とし（それゆえ 0.5 が R_t の前にかかっている），以下の（2），（3）式のような密度依存型の再生産関係を仮定する。

$$R_t = b_t \tilde{N}_t^{(F)} \tag{2}$$

$$b_t = \begin{cases} b_0 & \text{if } N_t > K_{1+} \\ b_0 \left[1 + \frac{b_{max} - b_0}{b_0} \left\{ 1 - \left(\frac{N_{t,1+}}{K_{1+}} \right)^z \right\} \right] & \text{if } N_t \le K_{1+} \end{cases}$$

(3)

ここで，b_0 は個体群動態が初期平衡状態（人為的死亡が生じる前で，時間が経過しても個体数と組成が変化しない状態）であるときの繁殖率を，また b_{max} は個体総数が0に近づいたときの最大の繁殖率を表す。加入個体数 R_t はこれらの繁殖率に関するパラメータに加えて，

1歳以上の個体数 $N_{t,1+} = \sum_{g=M,F} \sum_{a=1}^{A} N_{t,a}^{(g)}$，
成熟雌の個体数 $\tilde{N}_t^{(F)} = \sum_{a=A_1}^{A} \beta_a N_{t,a}^{(F)}$，
そして1歳以上の環境収容力 K_{1+} に依存すると考える。ただし，β_a は a 歳雌の成熟率で，A_1 は成熟開始年齢である。（2），（3）式で表した再生産式は難しく見えるが実はそうではなく，加入個体数 R_t はその年の成熟雌の数 $\tilde{N}_t^{(F)}$ に比例し（親として t 年の始めに生存している雌個体のみが出産可能），その比率が個体総数 $N_{t,1+}$ に基

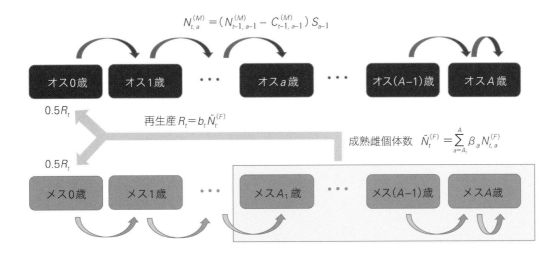

$$N_{t,a}^{(M)} = (N_{t-1,a-1}^{(M)} - C_{t-1,a-1}^{(M)}) S_{a-1}$$

オス0歳　オス1歳　$\cdots$　オスa歳　$\cdots$　オス$(A-1)$歳　オスA歳

$0.5R_t$

再生産 $R_t = b_t \tilde{N}_t^{(F)}$　　　成熟雌個体数　$\tilde{N}_t^{(F)} = \sum_{a=A_1}^{A} \beta_a N_{t,a}^{(F)}$

$0.5R_t$

メス0歳　メス1歳　$\cdots$　メスA_1歳　$\cdots$　メス$(A-1)$歳　メスA歳

図1　ASSMの概念図

づいた密度依存性を持ち（0歳個体は密度効果
として寄与しない），b_0，b_{max}，Kと形状パラメー
タzが密度依存の強さと個体群としての反発力
を規定している。

　なお，初期平衡状態では時間的変化がない
ので添え字tをとって，

$$N_a^{(g)} = \begin{cases} 0.5 \cdot R & (a=0) \\ N_{a-1}^{(g)} S_{a-1} = 0.5 \cdot R \cdot S_0 \cdots S_{a-1} \\ \quad = 0.5 \cdot R \cdot \phi_a & (a=1,2,...,A-1) \\ N_{A-1}^{(g)} \dfrac{S_{A-1}}{1-S_A} = 0.5 \cdot R \cdot S_0 \cdots S_{A-2} \dfrac{S_{A-1}}{1-S_A} \\ \quad = 0.5 \cdot R \cdot \phi_A & (a=A) \end{cases}$$

$$(4)$$

と表すことができ，また，生存率が雌雄で等しい
と仮定しているから $N_{1+} = K_{1+} = R\sum_{a=1}^{A} \phi_a$ となる。
ただし，

$\phi_a = S_0 \cdots S_{a-1} \ (a=1,2,...,A-1)$，

$\phi_A = S_0 \cdots S_{A-2} \ S_{A-1}/(1-S_A)$，

である。また同時に，

　$R = b_0 \tilde{N}^{(F)}$

および

$$\tilde{N}^{(F)} = \sum_{a=A_1}^{A} \beta_a N_a^{(F)} = 0.5 R \sum_{a=A_1}^{A} \beta_a \phi_a \qquad (5)$$

よりRを消去して，b_0は生存率と成熟率のパラ
メータから一意的かつ自動的に

$$b_0^{-1} = \frac{1}{2} \sum_{a=A_1}^{A} \beta_a \phi_a \qquad (6)$$

のように決まることがわかる。

　このASSMにおいて，個体群動態を規定して
いる重要なパラメータは，生存率S_a，環境収容
力K_{1+}，そして反発力$\gamma = (b_{max} - b_0)/b_0$である。
生存率や環境収容力は個体数のスケールに大き
く寄与するパラメータであるが，反発力γは増
加率に関係しているため，特に枯渇した個体群
の保全・管理の場面では重要で，注意深く議論
をする必要がある。図2には，反発力パラメー
タ$\gamma = 0.9$，6.0に対する南極海クロミンククジラ
のインド洋系群の個体群動態推定結果を示して
いる。この例では，環境収容力に時間的変化を
仮定したモデルであるため，1歳以上の個体群

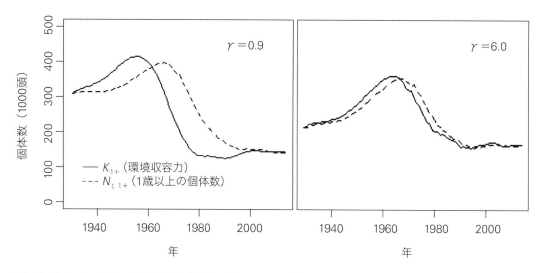

図2 南極海クロミンククジラの個体群動態の推定結果（Government of Japan[2]から転載・一部改変）
破線と実線はそれぞれ1歳以上の個体数（$N_{t,1+}$）とその環境収容力（K_{1+}），γ は反発力で 0.9 のほうが自然な値と考えられる。

と環境収容力が同時に時間変化しているが，γ の値が大きいと環境収容力の変化に個体数がすぐに追随するのに対して，γ が小さいと時間の遅れを示すことがわかり，また個体数の年変化の規模もかなり大きくなる。実は，鯨類の研究分野ではよく知られたパラメータである $MSYR_{1+}$（最大持続生産率，最大持続生産量レベルでの個体数増加率のこと）というパラメータで γ の値を解釈すると，2.5%と21%というまったく異なる結果を示していることがわかる。原著の Punt *et al.*[1] では $\gamma = 6.0$（$MSYR_{1+} = 21\%$）という推定結果を得たが，生物学的には妥当性が低く，$\gamma = 0.9$ という値は筆者が $MSYR_{1+} = 2.5$ となるように計算し直したものであり[2]，これまでの鯨類の知見[3,4]でもこのほうが妥当と考えられる（3.5節）。

3　ASSM の拡張

基本的な ASSM は2節に記載したとおりであるが，さまざまな拡張が可能である。この節ではこれらを解説する。

3.1.　パラメータの時間変化

2節の ASSM は再生産の様子が個体数密度に応じて時間的に変化するが，パラメータ自体は時間的に不変と仮定している。例えば，鯨類の個体群解析のように100年近くの動態を追うような場合，パラメータが不変と考えるよりも，その個体群をとり巻く餌環境や海洋環境が時間的に変化することも想定することで，より柔軟なモデリングが可能となる。前節の**図2**で環境収容力の変化にふれたが，南極海では20世紀初

頭にシロナガスクジラ，ナガスクジラなどの大型種が先に商業捕鯨の対象となり，急激にそれらの個体数が減少した結果，その隙間を奪うようにクロミンククジラが個体数を一気に増加させた。それを単一個体群で説明すると，クロミンククジラの環境収容力が増加したと解釈されることになる。図2の解析では，

$$K_t = K_0 \exp(\varepsilon_t), \quad \varepsilon_t = \varepsilon_{t-1} + u_t, \quad u_t \sim N(0, \sigma^2) \tag{7}$$

のように，徐々に環境収容力がランダムに変化する構造を入れて推定を行い，それによりクロミンククジラの資源量推定値や捕獲物の年齢・体長組成からパラメータの推定を行っている[1]。ここで，ε_t は環境収容力の自己相関を表す確率項で，確率変数 u_t によってその強さを表現する。このように，パラメータを時間変化させる構造は，柔軟なモデリングを可能とするが，それが可能となったのは近年の計算環境の向上が大きく寄与している。なお，Punt $et\ al.$[1] では（7）式のような環境収容力だけでなく，生存率についてもランダムな時間的変化を取り入れているが，生存率は反発力と並んで推定の難しいパラメータである。生存率を年齢ごとに推定することは難しいため，年齢依存の自然死亡係数 $M_a = \log(1 - S_a)$ に対して，区分的線形モデルやSiler式[5]などで関数的な縛りを入れた構造が仮定されている。

　ここで，例として取り上げたクロミンククジラの解析では，ほかの鯨種や餌生物であるオキアミの動態もあわせて解析することで，より詳細な個体群動態解析が可能となる。これはまさに生態系モデリングそのものであり，南極海に

おいてもいくつかの文献で詳細に議論されている[6~8]。

3.2. 生物学的パラメータに対する密度依存性

　2つめの重要な拡張は，生存率などの生物学的パラメータに対して密度効果を考えることである。再生産同様に個体数が環境収容力に近づき密度が相対的に高まると，餌の競合などにより再生産力が減少することに加えて，生存率も減少する可能性がある。それをランダムな変化ととらえようとするのが 3.1 項で述べたアプローチであったが，ランダム性で変化を説明することは，変化したことを表現できても，なぜ変化したのかを追求するきっかけには必ずしもならない。そこで，再生産と生存率のどちらに密度依存性が効いているのか，あるいは両方なのか，という疑問に答えるためにもモデルが必要となる。その候補として，先の自然死亡係数 M に対して，

$$M_t = M_0 \frac{1 + \delta\left(\frac{N_{t,1+}}{K_{1+}}\right)^z}{1 + \delta} \tag{8}$$

のように，密度効果を表現するパラメータ δ を挿入することなどが考えられる[9]。個体数が環境収容力よりも小さいとき，自然死亡係数が小さくなり，生存率が上がる構造である。このほか，ハイイロアザラシの個体数モデルでは，0歳（新生個体）に対する生存率に

$$S_0 = \frac{S_{max}}{1 + (\beta N_0)^\delta} \quad (\beta > 0, \quad \delta > 0) \tag{9}$$

のような関数形が利用されている[10]。ここで，

S_{max} は個体数が0に近づいたときの（理論上の）最大生存率である。なお，再生産と死亡率における密度効果を同時に入れて推定することは難しい。生存率や自然死亡率における密度依存性は，単一の個体群の中で閉じて考慮するよりも，生態系と絡めて考慮するほうがよいと考えられる。

このほか，個体数の増加・減少に伴い性成熟年齢も変化するかどうかを検証する場合，性成熟率 β_a に対してロジスティック関数のようなS字型のカーブ

$$\beta_a = \frac{1}{1+\exp\{-\theta(a-ASM50)\}} \tag{10}$$

を仮定し，例えば，50%成熟年齢（ASM50）に対して自然死亡係数と同様の密度効果を入れるか，年を共変量として解析するなどの方法も考えられる。ただし，$\theta(>0)$ はS字型曲線のパラメータで，値が大きいほど尖ったナイフエッジ型の曲線に近づく。成熟率の変化も成熟雌個体数に変化を与え，それが再生産にも影響を与えるので，大きな環境や個体数の変化がある場合には注意すべきパラメータである。

3.3. 確率性および確率的変動の考慮

環境収容力や生存率の時間的変化において確率的変動についてふれたが，そのほかの重要な確率性および確率的変動についてもいくつかふれておきたい。

もっとも容易に想像がつくのが出生における雌雄の比で，出生数 R_t のうち雄を $N_{t,0}^{(M)} \sim Bin(R_t, 0.5)$ とするなど，2項分布が利用できる。個体数が十分に大きな個体群であれば，出生の雌雄比はそれほど影響を与えないが，海棲哺乳類の希少種の管理やそのシミュレーションでは無視できない。また，先に述べたASSMにおける生存過程では，翌年の個体数を，その前年の個体数と生存率の積で定義したが，ここでも同様に2項分布を用いて確率性を挿入することができる。

ところで，決定論的なASSMでは，作成した式のとおりに個体数が変化すると仮定した。しかし，野生生物の変動が人間の作った簡単な式のとおりになるはずがない。モデルがおおよその変動を説明することができても，完全ではない。ただその「おおよそ」をとらえることが，限られた観測データや生物学的な知見に基づくわれわれの解析では重要であり，構造的に仮定する部分とそれ以外のランダムな変動とに分けて考えるとわかりやすい。その常套手段が，モデルにランダムな変動として確率的ノイズを含めることであるが，例えば，再生産による出生数の確率的変動については，$N_t < K_{1+}$ のとき，正規分布に従う誤差を u_t とおき

$$R_t = \frac{1}{1+\exp(\text{logit}\,b_t + u_t)}\tilde{N}_t^{(F)}, \quad u_t \sim N(0, \tau^2) \tag{11}$$

とすれば，再生産率の値域を $(0, 1)$ の区間に動きを制限しつつ，確率変動を含めることができる[1, 11]。ただし，$\text{logit}\,p$ は $\log(p/(1-p))$ で定義されるロジット変換である。このように，決定論的な時間変化モデルに加えた確率変動を過程誤差と呼び，観測誤差と区別する。

4 プロダクションモデル production model（PM）

　3節まではASSMとその拡張について述べた。年齢構造を考慮した個体群動態モデルを構築することは，野生生物では標準的であり，かつ雌雄別に扱うことも哺乳類では必然的と考える。しかしながら，モデルが複雑であればあるほど，モデルを定めるための情報量や仮定に対する比重が大きくなる。そこで，生態学の教科書で通常真っ先に出てくるモデルであるプロダクションモデル（production model：PM）について，その特徴と利点および欠点について述べる。なお，PMはASSMと対比して英語で表現すればage-and-sex aggregated modelと表せるが，これに対応する日本語表現が一般的でないため，ここではPMという用語を用いる。

　PMの典型的な形は以下の表記である。

$$N_t = N_{t-1} + rN_{t-1}\left\{1-\left(\frac{N_{t-1}}{K}\right)^z\right\} - C_{t-1} \tag{12}$$

ここでN_tおよびC_tは0歳も含めた雌雄合計の個体数および人為的死亡数をそれぞれ表す。このモデルは，水産資源解析では有名なペラ・トムリンソン型モデルと呼ばれ，rは内的自然増加率，Kは個体群全体としての環境収容力，そしてzは形状パラメータである。zと最大持続生産量との関係は明示的に表現できる[12]。例えば，$z=2.39$のとき，環境収容力の60%の個体数レベルで最大持続生産量となる。なお，このモデルはいわゆる決定論的なモデルであるが，ASSMと同様に硬いモデルであり，構造的柔軟

性をもたせるために次のような過程誤差を取り入れることも多い。

$$N_t = \left[N_{t-1}+rN_{t-1}\left\{1-\left(\frac{N_{t-1}}{K}\right)^z\right\}-C_{t-1}\right]e^{u_t},$$
$$u_t \sim N\left(0, \tau^2\right) \tag{13}$$

ただし，対数正規分布の性質から，この過程では期待値$E[N_t]$が式（12）の右辺よりも常に大きくなり，この影響はτの値が大きいほど強くなるため$u_t \sim N\left(-0.5\tau^2, \tau^2\right)$として調整することもある。このような過程誤差モデルよりも踏み込んだモデルとしては，ASSMのようにKやrのパラメータにランダムな変動（例えば，パラメータが年をまたいで変化するが，前年の値を基準にランダムな変化を許すランダムウォークなど）を構造として入れることや，あるいは環境などの共変量を積極的に取り入れて環境変化のインパクトをモデルの中で説明することも考えられる。

　なお，PMが利用される背景には，少ないパラメータでモデルが表現できる点にある。資源管理との関係で2点，ふれておく。1点めは，アメリカの海棲哺乳類保護法（MMPA）で採用された potential biological removal（PBR）[13] という人為的死亡頭数の上限を定める基準は，実は$z=1$を想定したPMをベースに開発されていることである。これは，当時海棲哺乳類の個体数調査結果が，今ほど充実していなかった時代背景もあるが，現在でもその考え方は利用できる。2点めは，国際捕鯨委員会（International Whaling Commission：IWC）で採用された捕獲限度量アルゴリズム（catch limit algorithm）[14, 15]

において，PMのようなシンプルな個体群動態が採用されている点であるが，これは無理をしてASSMを用いて個体群動態を同定したうえで捕獲頭数を算出するよりも，PMを用いて頑健なモデルを同定するほうが，資源状態として長期にわたり安全で，かつ安定的に大きな捕獲頭数を導けるということが理由である。

5　個体群動態モデルの推定

前節までに紹介したASSMやPMのいずれにおいても，モデルを構成するためにはパラメータの推定が不可欠である。パラメータの推定方法としては，最尤法やベイズ法がよく利用される。ここでは，その一般的なアイデアについて述べることにする。ただし，単一資源の場合に限定する。

まず，海棲哺乳類の個体群動態モデルの推定で利用できる観測データについてまとめてみると，大きく分けて次の6つに分類できる。

・【データ1】人為的死亡頭数の時系列（総数）
・【データ2】人為的死亡頭数の時系列（性別，年齢別，サイズ別，生活史段階別など内訳に関する情報）
・【データ3】個体数推定値とその不確実性の時系列（総数）
・【データ4】個体数推定値とその不確実性の時系列（性別，生活史段階別など）
・【データ5】そのほかの生物学的パラメータに関する情報（性成熟年齢など）
・【データ6】パラメータなどについての事前情報（例えば，大型鯨種の場合にはrが0.025や0.04程度であろうという知識）

次に，データ1からデータ6を用いたPMとASSMの典型的な推定方法について，簡単なモデルから順に概説する。なお，水産資源解析分野では，virtual population analysis（VPA），statistical catch-at-age（SCAA）法，statistical catch-at-size（SCAS）法など個体群動態モデル，データ，推定方法をすべてパッケージにした呼び名も定着しているが（例えば，http://kokushi.fra.go.jp/index-1b.html［アクセス日：2023年2月1日］），本章では，基礎となる個体群動態モデルとその推定法という一般的な枠組みで述べることにする。

5.1.　PMにおける推定

ここでは，データ1，データ3のみの利用を想定した推定について説明する。データ3のように今，個体数調査によりn年分の個体数推定値$\hat{N}_t$とその変動係数cv_tが得られているとする。また，調査海域のカバレッジが完全でない場合もあるからα_tをカバー率（既知）とし，$\hat{N}_t$に対して次のような観測モデルを考える。

$$\log \hat{N}_t \sim N\left(\log\left(\alpha_t N_t\right), cv_t^2 + \sigma^2\right)$$
$$\text{for } t \in T_N = \left\{t_1, t_2, ..., t_n\right\} \quad (14)$$

ここで，σ^2は資源量の推定誤差cv_tだけでは説明できないモデルの誤差分散を表す。例えば，生息域内での資源密度が毎年空間的に均一ではなくランダムに変動する場合には，それに起因した分散と考えればよい。また，対数正規分布を利用した理由は，資源量推定値が正であること，誤差が必ずしも平均値に対して対称で

はないこと，および平均値が大きいほど分散も大きくなる構造が自然に入るためである。なお，対数正規分布の仮定のもとでは，$\hat{N}_t$ の変動係数 cv_t が近似的に $\log \hat{N}_t$ の標準偏差と等しいことに注意する。このほか，正規分布の仮定のもとで標準偏差が平均値に比例する構造を入れることもできる。

　過程誤差を考慮しない決定論モデルでは，パラメータと人為的死亡数 C_t を与えれば，N_t は PM の漸化式で順に決定できる。例えば，$t = 1$ を資源利用の初年度とし，$t = 1$ のとき $N_t = K$ と仮定すると，未知のパラメータは r, K, z, σ^2 の4つである。もし，データの初年度の段階ですでに環境収容力を下まわっていると考えられるときには，$N_1 = D_1 K$ のように新たに初期枯渇レベル D_1（$0 < D_1 < 1$）をパラメータに加えればよい。後者の場合に，パラメータを推定するために尤度関数を定義すると

$$L\left(r, K, z, D_1, \sigma^2\right) =$$
$$\prod_{t \in T_N} p\left(\log \hat{N}_t; \log\left(\alpha_t N_t\right), cv_t^2 + \sigma^2\right) \quad (15)$$

となり，この尤度関数を最大化するようなパラメータの組み合わせを探索することになる。ただし，p は正規分布の確率密度関数である。実際には，対数尤度関数をニュートン法などで最大化し，その（負の）ヘッシアンの逆行列とデルタ法を利用して，パラメータ推定の不確実性を近似的に評価する。不確実性の評価にはブートストラップ法を用いてもよい。

　上述のモデルは，資源量推定に対する観測誤差のみを考慮したが，過程誤差を考慮した場合はどうであろうか。（13）式も含めてモデルを改めて記述してみると，次のような2つの方程式でモデルが表現されていることがわかる。

　状態方程式

$$N_t = \left[N_{t-1} + rN_{t-1}\left\{1 - \left(\frac{N_{t-1}}{K}\right)^z\right\} - C_{t-1}\right]e^{u_t},$$
$$u_t \sim N\left(0, \tau^2\right) \qquad t = 1, 2, ..., T$$

　観測方程式

$$\hat{N}_t = \alpha_t N_t e^{v_t},$$
$$v_t \sim N\left(0, cv_t^2 + \sigma^2\right) \quad t \in T_N = \{t_1, t_2, ..., t_n\}$$
$$(16)$$

このようなモデルの表現を状態空間モデルと呼ぶ。このモデルでは，状態が観測できないので，そのまま状態方程式に基づく尤度を追加することはできず，積分を伴う尤度関数を扱わなければならない。最尤法ではこの積分がネックとなるが，現在では u_t のような潜在変数を伴う尤度関数の推測は，詳細は省略するが，例えばラプラス近似を実装した TMB パッケージ[16]を用いることにより，計算が格段と容易になっている。

　また，このような状態空間モデルと相性のよいのがベイズ推測法で，内的自然増加率 r などのように，パラメータに事前情報がある場合には，積極的に取り入れることも可能であるが（データ6），事前情報がなくてもある種の無情報事前分布をすべてのパラメータに想定すれば，パラメータも潜在変数もすべてマルコフ連鎖モンテカルロ（MCMC）法によって，事後分布がシミュレートでき，一括して状態空間モデルの推定が可能となる。MCMC を実装するためのソフトウエアも伝統的にはギブスサンプリングを利用した WinBUGS や JAGS が利用されて

きたが，最近ではハミルトニアンモンテカルロ法のような事後分布を効率よく生成できるソフト（Stanなど）の開発も行われている。TMBやMCMCの各パッケージは，ラプラス近似やMCMCに関する深い知識がなくても統計解析言語Rなどのインターフェイスを通して簡単に利用することができるため，水産資源分野や生態学分野でも利用されるようになってきている。

　話はやや脱線するが，個体数に関する情報が乏しい状況において，あえて保守的な推測を行いたい場合がある。ベイズ法の枠組みで無情報あるいはやや不利な事前分布を仮定して，推定値の下限5%などを評価対象とすれば，必然的に推測が保守的となるような仕掛けを取り入れることができる。前述した捕獲限度量アルゴリズムでは，プロダクションモデルが利用されているが，ここではまさにこのような安全弁が効いている。

5.2. ASSMにおける推定

　ASSMのパラメータの推定も，PMのように状態空間を考えるかどうかで構造の難しさが違ってくる。また，モデルの記述も複雑になるため，詳細を述べることはできないが，基本的には観測値に基づく尤度を構成することはPMの場合と同じである。ただ，年齢や生活史段階に依存した観測値も利用するため，尤度は統合的となる。ここでは，鰭脚類と鯨類で用いられた方法について，詳細には立ち入らず，その概略を紹介する。

　鰭脚類のなかには，生息範囲がそれほど広くなく，かつ陸上にいる間は直接観察できるため，個体数の動向のモニタリングが可能な個体群が

ある。Skaug *et al.*[9] では，バレンツ海のタテゴトアザラシの観察データを解析しているが，そこでは捕獲個体の年齢組成（データ2に相当）や雌の性成熟年齢に関する情報（データ5に相当），当歳（pup）のモニタリング結果（データ4に相当）などを用いて尤度を構成し，最尤法によるパラメータの推定を行っている。その中で，環境収容力変化の有無や，再生産・自然死亡・性成熟年齢における密度効果も別々に検討し，情報量規準によりモデル選択を行っている。なお，興味深いことに，ここでは性成熟年齢に対する密度効果モデルがデータによって支持された。ただし，1歳以上であればどの個体も年齢に関わらず捕獲される確率が等しいと仮定している。また，この論文[9]のモデルには過程誤差は含まれていないが，再生産に過程誤差を考慮し，かつパラメータへの事前情報（データ6に相当）を積極的に利用する状態空間モデルに拡張した研究も報告されている[11]。このように，得られる情報をバランスよく統合することで推定性能の向上も期待される。なお，筆者も襟裳岬のゼニガタアザラシ観察データ解析で類似したモデルを利用しているが，そこでは当歳に加え1歳以上の個体数のモニタリングデータも利用でき，かつ繁殖期と換毛期の異なるタイミングの観察結果も利用できるため，1年をいくつかの時期に区分したさらなる統合解析となっている。

　鯨類に対する適用例のなかでももっとも成功した例の1つとしては，南極海に生息するクロミンククジラの解析があげられる[1]。解析の対象は，日本が実施した南極海鯨類捕獲調査（JARPA），および第2期南極海鯨類捕獲調査

（JAPRAII）の海域（35°E ～ 145°W）に生息する個体群であり，遺伝や形態の情報を用いたこれまでの知見から，同海域には2つの系群が混合していることが示唆されている[17]。そこで，2つの系群の存在のほか，再生産の確率変動，年齢別死亡率，そして環境収容力の年変化を取り入れたモデルが提案され，パラメータの推定が行われた。タテゴトアザラシの解析[9]との違いは，個体数は海域の総数しか利用できないが，体長組成や年齢組成の情報が充実していること，また，モデルの節で述べたように，環境収容力や自然死亡係数に時間的変化を許していること，商業捕鯨時代と捕獲調査時代で年齢別捕獲選択性の違いを考慮していること，そして複数の集団を同時に解析していることがあげられる。なお，先に示した図2はこの方法をもとにしたものであるが，この結果により，先述のように大型鯨種が軒並み急激な枯渇に導かれ，その間隙をぬってクロミンククジラの環境収容力が増加し，それを追うように資源量も1960～1970年代に増加したことが示された。その一方で，推定されたMSYRの推定結果には多少の不自然さが残った。筆者はPuntと協力し図2に記載したように，妥当なMSYRの値を想定したパラメータ値をプログラム内部で数値的に解くように修正し，より自然な個体群動態結果を導いた[2]。

5.3. パラメータ推定における諸注意

　ASSMやPMの解析法について，利用するデータとともに概観してきたが，ここではいくつかの注意点をあげる。

　データ1は基本的な情報であるが，長寿命の鯨類のような場合には，資源利用初期からの正確なデータがそろっているとはかぎらない。例えば，コククジラ東部北太平洋系群の例では，1846年以降の捕獲頭数には正確な記録があるとされているが，それ以前はおおまかな記録しかない。そこで，そのおおまかな記録を用いる代わりに，1600年の個体数が環境収容力に等しいと仮定しパラメータを1つ減らすか，それを使わずに1846年以降のデータのみを用い，D_{1846}（環境収容力に対する1846年の枯渇レベル）を推定するかという，2つのアプローチが考えらえる。図3は，報告書[18]に記載されていたデータをもとに筆者が簡易的にPMを用いて解析をした結果であるが，初期の捕獲統計を使うか使わないかで個体群動態の解釈が大きく異なることがわかる。赤池情報量規準を用いると後者のモデルが選ばれるが，この結果によれば過去の商業捕鯨により個体数が相当に枯渇していたことが示唆される。このように，客観的なモデル選択方法の適用を通して，モデルの妥当性を評価し結論に結びつけなければ，資源管理や保全において大きな過ちを犯しかねない。

　データ2のように年齢データが利用できる場合にはその利点を活かし，年齢別の選択性や死亡率に関するパラメータを推定できる場合もある。ただし，野生生物の年齢査定結果には誤差がつきものであり，例えば，クロミンククジラの場合には，合計4名の査定者間で年齢の読み方が大きく異なることが確認された[19]。分散などの精度はある程度許容できる場合もあるが，偏りは誤った解釈の温床となる。そこで，年齢査定のバイアスと精度も含めた推定方法[1]や，年齢査定結果が尤度の中であまり影響を与えな

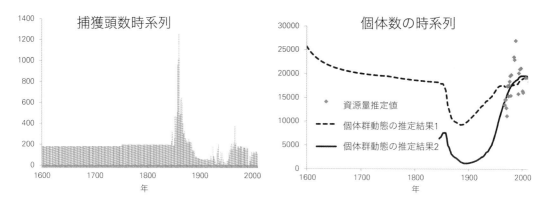

図3　コククジラ東部北太平洋系群の個体群動態推定結果（縦軸はいずれも頭数）
　右図の推定結果1は17世紀初頭からの捕獲統計がおおむね正しいと仮定し，1600年の個体数が環境収容力に等しいと仮定した場合であり，一方で，推定結果2は1846年以前の捕獲統計を利用しない代わりに1846年の枯渇レベルもあわせて推定した場合である。推定結果1は，過去の乱獲で枯渇を経験した個体群が商業捕鯨の停止により個体数を大きく回復させた経緯を示している。

いように尤度の重みを落とす方法[9]などが提案されている。

　データ6のように事前情報を積極的に利用することもできる。資源量推定値の情報量が限られている場合，r, K, D_1の3つのパラメータを同時に推定することができない場合もある。例えば，北海道日本海に来遊するトドの資源評価（http://www.jfa.maff.go.jp/j/sigen/todohigaitaisaku.html［アクセス日：2023年2月1日］）では，目視によって信頼できる資源量推定値が2年分しか得られなかったため，PBRなど鰭脚類の管理でしばしば利用される値（r = 0.10〜0.14）を仮定し，そのほかのパラメータが推定された。このように，あるパラメータの値を既知として扱うほか，ベイズ的手法の事前分布の考えを用いれば不確実性の評価も同時に改善されるだけでなく，将来，データが蓄積された場合に，突然に既知から未知として扱うという大きな変化ではなく，スムーズな移行が可能となる。また，同種の他個体群の先行研究

情報を積極的に取り入れることもベイズ法では可能となる。ただし，事前分布間に矛盾がないことも重要であり，そのような不整合性を避けるためのcoherent joint prior[20]（複数の生物学的パラメータに対する事前分布間に矛盾がないよう調整するよう提案された事前分布で，これは著者の造語であり，あえて日本語訳をするならば「一貫性のある同時事前分布」となる）がホッキョククジラやセイウチで利用されている。

6　まとめと今後の展望

　本章では，海棲哺乳類の個体群動態モデルとモデル内のパラメータの統計的推測法を駆け足で概観してきた。実際には，モデルはさらに多種多様であり，適材適所でよりよいモデルをオーダーメードのように構築する必要があるが，ここで紹介した2つのモデル，ASSMとPMが基本形であることに間違いはなく，これから新たにモデリングを試みる場合には，大変参考になる

と考える。このほか，年齢まで細かく分割せず，雌雄ごとに当歳，未成熟，成熟という生活史段階を構造とするモデルも利用されている[21]。

　PMの項でも述べたが，モデリングの対象となる種についての知見や観測データが乏しい場合もあるだろう。このような場合，ベイズ法の援用，特に，メタ解析（ほかの類似の研究結果を包括的に利用する解析）を通して同種，あるいは類似種の情報を取り入れて解析することも最初のステップとしては許されるであろう。解析，あるいは管理を始めた当初はデータが不足していても，10年後も同様であるとはかぎらない。スムーズな手法の遷移，スムーズな結果の更新にもベイズ法は適切なアプローチとなるであろう。このほか，パラメータの時間的な変化など柔軟なモデルを構築するために（ベイズ的）階層モデリングを今後積極的に取り入れるべきである。なお，年齢構成モデリングの適用例としてあげたクロミンククジラでは，環境収容力の変化を通して種間関係の有無が明確となったが，個体群間の相互作用を取り入れた生態系モデリングにおける統計推測は，単一種の場合と比べものにならないくらい難しい。ここでも，種間で生物・生態に関するパラメータを共有するためにランダム効果モデルが有効であり，収束の困難さを回避するためにもベイズ階層モデリングが有効な手立てになると思われる。

引用文献

1)　Punt A. E., T. Hakamada, Bando T. and Kitakado T.: Assessment of Antarctic minke whales using statistical catch-at-age analysis, J. Cetacean Res. Manage., 14: 93-116, 2014.

2)　Government of Japan: Results of the analytical work on NEWREP-A recommendations on sample size and relevance of age information for the RMP, Paper SC/66b/SP10 presented to the Scientific Committee of the International Whaling Commission. 23pp., 2016.〔Available from the IWC Secretariat〕.

3)　田中昌一: 鯨資源の改定管理方式（II），鯨研通信, 392: 1-7, 1996.

4)　International Whaling Commission: Report of the Scientific Committee, J. Cetacean Res. Manage.（Suppl.）, 15: 1-75, 2014.

5)　Siler W.: A competing-risk model for animal mortality, Ecol., 60: 750-757, 1979.

6)　Mori M. and Butterworth D. S.: A first step towards modelling the krill-predator dynamics of the Antarctic ecosystem, CCAMLR Sci, 9: 175-212, 2006.

7)　Tulloch V. J. D., Plagányi E. E., Brown C., Richardson A. J. and Matear R.: Future recovery of baleen whales is imperiled by climate change, Glob. Change Biol., 25: 1263-1281, 2019.

8)　Tulloch V . J. D., Plagányi E. E., Matear R., Brown C. and Richardson A. J.: Ecosystem modelling to quantify the impact of historical whaling on Southern Hemisphere baleen whales, Fish Fish., 19: 117-137, 2018.

9)　Skaug H . J., Frimannslund L. and Øien N. I.: Historical population assessment of Barents Sea harp seals（Pagophilus groenlandicus）, ICES . J. Mar. Sci., 64: 1356-1365, 2007.

10） Thomas. L., Russell D . J. F., Duck C. D., Morris C. D., Lonergan M., Empacher F., Thompson D. and Harwood J.: Modelling the population size and dynamics of the British grey seal, Aquat. Conserv., 29（S1）: 6-23, 2019.

11） Øigard T. A. and Skaug H. J.: Fitting state-space models to seal populations with scarce data, ICES J. Mar. Sci., 72:1462-1469, 2015.

12） 河邊　玲, 北門利英, 黒倉　寿, 酒井久治, 阪倉良孝, 高木　力, 日本水産学会 水産教育推進委員会（編）: 農学・水産学系学生のための数理科学入門, 恒星社厚生閣, 148pp., 2011.

13） Wade P. R.: Calculating limits to the allowable human-caused mortality of cetaceans and pinnipeds, Mar. Mamm. Sci., 14: 1-37, 1998.

14） International Whaling Commission: Report of the Scientific Committee, Annex D. Report of the Sub-Committee on Management Procedures, Rep. Int. Whal. Comm., 42: 87-136, 1992.

15） International Whaling Commission: Report of the Scientific Committee. Annex N. The Revised Management Procedure（RMP）for Baleen Whales, J. Cetacean Res. Manage.（Suppl.）, 1: 251-258, 1999.

16） Kristensen K., Nielsen A., Berg C. W., Skaug H. J. and Bell B. M.: TMB: Automatic Differentiation and Laplace Approximation, J. Stat. Softw., 70:1-21, 2016.

17） Pastene L. A. and Goto M.: Genetic characterization and population genetic structure of the Antarctic minke whale *Balaenoptera bonaerensis* in the Indo-Pacific region of the Southern Ocean, Fish. Sci., 82: 873-886, 2016.

18） Punt, A. E. and Wade P. R.: Population Status of the Eastern North Pacific Stock of Gray Whales, NOAA Technical Memorandum NMFS-AFSC-207, 2010.

19） Kitakado, T., Lockyer C. and Punt A. E.: A statistical model for quantifying age-reading errors and its application to the Antarctic minke whales, J. Cetacean Res. Manage., 13: 181-190, 2013.

20） Brandon, J. R., Breiwick J. M., Punt A. E. and Wade P. R.: Constructing a coherent joint prior while respecting biological realism: application to marine mammal stock assessments, ICES . J. Mar. Sci., 64: 1085-1100, 2007.

21） Gerber, L. R. and White E. R.: Two-sex matrix models in assessing population viability: when do male dynamics matter? J. Appl. Ecol., 51: 270-278, 2014.

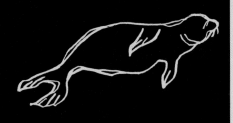

Column.11

最新機器を使用しながら
鰭脚類の研究者も進化する！

小林万里
東京農業大学

動物の生態調査で基本となるのは，その個体につきまとい（ストーキング）観察することである。海棲哺乳類は浮力を得るため進化した大型の体，また呼吸のため浮上しなければならいという特徴は，観察調査には便利な手がかりである。一方で，生態を詳細に解明するためには，特定個体をストーキングする必要があり，自然標識（第2章）や電子標識（第3章）によって個体識別を行うことが一般的である。海棲哺乳類は，体の一部しか水面に出さず自然標識として用いることができる部位が限られること，また生体捕獲が困難であるという点が生態調査を難しくしている。

私の専門であるアザラシ類は，生活史の一部で陸上を利用すること，また毛皮の斑紋模様で個体識別できることから，鯨類に比較すると個体識別が容易といえよう。しかし，実際は，すべての個体が観察容易な場所に上陸しているわけでなく，上陸個体数の把握や個体識別用の写真撮影も困難であることが多い。さらに，一旦海へ入ってしまえばまったく何をしているのかわからない。これらを克服すべく，最新の機器を駆使し試行錯誤しながら長年にわたり調査を行ってきたので，その失敗談もふくめて研究者の進化を紹介したい。

まず，ドローン（第1章）が使えるようになった時は「これで上陸個体の研究は完璧！」とも思った（図1）。しかし，実際はドローンの羽音に反応し上陸個体が海に入ってしまうことが頻発し，上陸個体数も正確に計数できず，また個体識別用の写真撮影が可能になる距離までドローンが接近できないなど，導入した当初は

図1　ドローンからのアザラシの上陸の様子（能取湖におけるゴマフアザラシの例）。

成果をあげることはできなかった。このような経験を通じて，アザラシ類は非常に上空の音に敏感であることを学んだ。その後，ドローンのカメラにズーム機能が付加されるなどの開発が進み，またこれを使う研究者も進化し，風向きや地形などを考慮して動物に気がつかれないようにドローンを飛ばす技術を習得した。さらに，得られた画像を用いた個体数の見落し率推定や，オルソ画像などの幾何補正を行うことによる体長計測が可能になってきた。新たな技術を導入した結果，正確な個体数推定や上陸岩礁ごとの利用個体の特徴把握などができるようになり，さらに近年では，妊娠個体も推定できるようになった。このように，現在，ドローンは，野外調査に欠かせない道具の1つとなった。将来的に水中ドローンも駆使し，水中でも行動把握に役立てることを計画している。

「海の中の行動」，それは海棲哺乳類の研究者にとってもっとも知りたい情報でもある。アザラシ類は，海に入ってしまったらどこにいるのか，何をしているのかまったくわからない。そこで「電子標識を付ければわかるだろう！」と考えた。しかし，これを装着するためには，当たり前のことであるが生体捕獲が必要であった。たも網をもって上陸場を走って捕まえる，水中に箱罠，建て網，刺し網の設置などなど，考えられるすべての方法を漁師の協力のもと試行錯誤してきた。しかし，生体捕獲の壁は高く，いまだに確実な方法を確立できていない。個体の再捕獲は，これこそありえないので，利用できる電子標識も限られる。電波を用いる衛星標識などのバイオテレメトリを利用するしかない。しかし，これでも水中での位置情報は取得できないという制約がある。さらに，生体捕獲した個体に衛星標識を装着するまでの過程でも想定外のことが起こった。例えば，当初は麻酔で完全に眠らせてから衛星標識の装着を試みたが，特に成獣（成熟）個体では麻酔が完全に効かず，追注すれば死亡することもあった。麻酔下で朦朧としている個体でも，馬乗り保定には力が必要で，かつローリングを繰り返しながら後退し抜け出すなどアザラシ類特有の行動もあり，個体の

保定にも苦労した。このような経験を通して，行動の特徴を学び，現在では，個体の大きさによって調整が自由で，朦朧とした状態の個体を長時間保定できる保定機を開発して，発信機を好きな部位へ着実に装着できるようになった（図2）。装着は，毛皮を樹脂で固めた面と衛星標識を樹脂で張り付けることにより行う。保定機の導入前はすぐに脱落してしまうことも多かったが，長時間安定的に保定できるようになり，かなり改善されてきた。このような試行錯誤を繰り返しながら衛星標識を装着することにより，ゴマフアザラシの繁殖場や採餌戦略，ゼニガタアザラシの行動圏や対網行動など，多くのことが明らかになってきている。

新たな調査への道を開く最新の機器は素晴らしいものであるが，その性能を最大限利用するためには研究者も進化することが求められている。

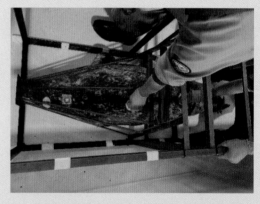

図2　アザラシ用保定機（上からの撮影した120kgのゼニガタアザラシ）。

第14章 海洋生態系モデル

村瀬弘人

1 はじめに

　海棲哺乳類の生活史は海洋生態系に依存している。例えば，水温などの非生物環境は，海棲哺乳類やその餌生物の生理に影響を与え，それらの生息範囲を決める1つの要因となりうる（第11章）。海棲哺乳類の個体数（第10章）は，プランクトンなどの餌生物（第8章）やサメ類などの捕食者の個体数増減に影響を受ける。同じ餌生物を捕食する種間では，餌をめぐる競合が生じることも考えられる。海棲哺乳類の排泄物や死体は，海洋の物質循環に寄与する。海洋生態系を利用する人間と海棲哺乳類の関係も，水産業（捕鯨，餌生物をめぐる漁業との競合，漁具への混獲など），船舶との衝突，海洋構造物（洋上風力発電など），海中騒音，気候変動など多岐にわたる。海棲哺乳類の保全・管理では，人間活動も含めこのように複雑な海洋生態系全体の把握も必要となる。

　海棲哺乳類も含め，海洋生物の保全・管理には従来から単一種（Single Species : SS）モデル（対象種のみを考える資源（個体群）動態モデル）が用いられ，現在でも主流である（第13章，第15章）。しかしながら，近年になり水産学の分野では漁業（管理）への生態学的アプローチ（Ecosystem Approach to Fisheries (management) : EAF/EAFM）[1] や，生態系に基づく漁業管理（Ecosystem-Based Fisheries Management : EBFM）[2] といった考えに基づいた水産資源管理も試みられるようになってきている。前者は漁業，後者は生態系に重きを置いている概念である。EAF・EBFMの考え方自体は新しいものではなく，150年以上前から存在している[3]。さらに，漁業も含め包括的な海洋生態系管理をめざす生態系に基づいた管理（Ecosystem-Based Management : EBM）[4] という考えもある。アメリカの海洋大気

Survey and analysis methods for conservation and management of marine mammals (14) : Marine ecosystem models

Hiroto Murase / Tokyo University of Marine Science and Technology （国立大学法人東京海洋大学）

Abstract : Information on the structure and process in the marine ecosystem is important to conserve and manage marine mammal populations, because they play key roles as apex-predators in the system. Marine ecosystem models are briefly reviewed in the context of ecosystem-based management (EBM). Building objectives and targets in consultation with stakeholders are the first step of the process. A wide variety of models (e.g. Ecopath with Ecosim, Atlantis and MICE) have been applied in practice.

Keywords : ATLANTIS, Ecopath with Ecosim, ecosystem model, MICE

庁海洋漁業局（National Marine Fisheries Service, National Oceanic and Atmospheric Administration：NOAA NMFS）ではこれらをSS，EAFM，EBFM，EBMの順で階層的にとらえている[5]。

EAFM，EBFM，EBMを実現するためには，海洋物理・化学環境，生息する生物，漁業といった人間活動など，多岐にわたる相互関係を統合し，海洋生態系の構造やその時系列変化をとらえる仕組みが必要となる。また，保全・管理には科学者（大学，研究所など），市民，利害関係者（漁業者，観光業者，環境NGOなど），管理者（官公庁など），政治家といった多くの人が携わるため，これらの関係者が海洋生態系に対し，共通の認識をもつ仕組みも必要である。生態系モデルは，EAFM，EBFM，EBMを実現するための重要な道具の1つである。ここでは，実際の海洋生態系の一部または全体を抽象化（一般化）した数理モデルを海洋生態系モデルと定義する。

現在までに，さまざまな海洋生態系モデルが開発されており，これらの概要[6]やその一般的な構築方法を解説[7, 8]した資料は多数ある。また，世界的には保全・管理を目的に海洋生態系モデルが実際に用いられる事例も増えてきている[9]。これらを鑑み，海洋生態系モデルの全体像に関する入門的な内容を目指した。詳細は，それぞれに特化した資料を参照していただきたい。

本章では，最初に海洋生態系の保全・管理における目的・目標設定，および海洋生態系の把握に必要となる定性的な相関関係の抽出などの基礎的な背景を述べる。続いて，食物網も考慮したモデルである Ecopath with Ecosim, Atlantis および MICE の概要を説明する。これらは世界各地で利用されており，海洋生態系を対象とした数理モデルの特徴を把握するのに適した例である。最後に海洋生態系モデルにかかわる現状の課題をまとめ，今後の方向性を述べる。

2　海洋生態系モデル構築に向けた構想

2.1.　海洋生態系の保全・管理における目的と目標

単一種の場合，対象種のみを焦点に，「資源の枯渇リスクを最小限にしながら漁獲量を最大化」，あるいは「枯渇した資源を可能なかぎりすみやかに回復させる」などがしばしば保全・管理の目的として用いられる（第13章）。これらの目的のしたに「持続的な漁獲量」や「適正な個体数」といった具体的な目標が設定される。いずれの場合も対象種あるいは個体群のみに注目すればよいので，合意形成の過程では意見の相違はあるかもしれないが，目的・目標は比較的単純であり理解しやすい。

一方，海洋生態系の保全・管理となると目的と目標の設定は容易ではない。例えば，クジラ，その餌となるイワシ，およびそれらを対象とした漁業だけを考えてみても，クジラあるいはイワシのどちらの漁獲量を最大化すればよいのか，また，クジラが枯渇している場合，その回復のためイワシ漁業を規制すべきかなど，複数の選択肢から目的・目標を絞り込む必要がでてくる。さらに，対象海域において貨物船の往来が急増し，船舶がクジラに衝突する回数が増加した場

合，漁業だけでなく貨物船の交通量も考慮する必要がでてくる。実際には，対象となる生物種や漁業などの人間活動はもっと多く，その関係はさらに複雑である。

海洋生態系の保全・管理における目的・目標には多くの選択肢があり，また，それらは地域や時代により異なるであろう。海洋生態系の保全・管理の必要性が求められている場合，すでに人々が海洋生態系に何らかの問題を感じている可能性が高い。このため，海洋生態系の保全・管理に関わる目的・目標を決めるためには，現状の生態系を把握し，その問題点を抽出する作業が必要となる。

2.2. 相互関係および問題点の抽出

海洋生態系の数理モデルを構築する前段階として，海洋生態系内の相互関係を定性的に抽出する必要がある。定性的な相互関係は，Hollowed *et al.*[10] の Figure 1 に示されているアラスカ周辺の人間活動も考慮した海洋生態系概念図のように，生態系内の相互関係を抽出した模式図（相互関係図）として示したものが多い。このような模式図は，概念モデル（conceptual model）と呼ばれることもある。対象としている海洋生態系の構成種やその関係の複雑さ，また，人間がどのように生態系に関わっているのかを1つの図にまとめることにより，全体像を容易に把握することができる。

このような相互関係図を用い，関係者間でどこにどのような問題があるのか，その問題はどのように解決すべきかといった課題抽出を行い，目的・目標を具体化していく。また，この過程で，海洋生態系を構成する要素について，どの

ようなデータが蓄積されているか確認する必要もある。漠然と海洋生態系モデルには，海洋生態系のすべての要素を取り込む必要があると考えがちであるが，目的・目標によっては問題となっている部分だけを抽出したモデルもありうる。また，実際に用いることができるデータは，漁業対象種だけであったり，地域や年代に偏りがある場合も多く，当初，理想としていた海洋生態系モデルを構築できないこともありうる。抽出した定性的な相互関係や問題点を基に，それぞれの目的・目標やデータの制約を考慮し，数理モデルをあてはめることになる。

2.3. 不確実性のトレードオフ

海洋生態系モデルにおける不確実性は，主にパラメータ（モデルで用いられる個体数の増加や死亡に関する値など）と構造（モデルで扱う種数など）の2つに起因する[8]。この2つはトレードオフの関係にある。例えば，クジラ，イワシ，漁業を対象とした海洋生態系モデルでは，これら3つに関わるパラメータだけを扱うため，パラメータに起因する不確実性は低くなる。一方で，上述では水温などの海洋環境，イワシの餌となるプランクトン，あるいはクジラ以外のイワシを捕食する生物など，その他の要素を考慮していないため，構造的な不確実性は高くなる。当然，海洋生態系全体を対象としたモデルでは，この反対のこと（パラメータ起因：高，構造起因：低）が起きる。目的・目標を設定する際には，関係者が許容できる不確実性についても考慮する必要がある。このようなトレードオフを考慮し，一般的に対象種の多いモデルは長期的（英語では strategical（戦略的）とも呼ばれる），

対象種が少ないモデルは短期的（tactical（戦術的）などとも呼ばれる）な目的・目標に適しているとされている[11]。

3　海洋生態系モデルの例

　冒頭でふれたように現在，さまざまな海洋生態系モデルが開発されており，本章でそれらすべてを紹介するのは困難である。ここでは，世界各地での適用事例が多く，また，海棲哺乳類がモデルに含まれることの多い生態系全体モデルである Ecopath with Ecosim, Atlantis, ならびに，扱う構成種の少ない海洋生態系モデルであるMICEの概要を説明する。

3.1.　生態系全体モデル

3.1.1　Ecopath with Ecosim

　Ecopath with Ecosim（EwE：エコパス・ウィズ・エコシム）は海洋生態系全体モデルの1つであり，1980年代から現在まで開発が進められている[12]。EwEは，特定の解析を行う多数の追加機能（モジュール・プラグイン）から構成されるソフトウエアであるが，その基本となるモデルがEcopathである。Ecopathは，対象とする海洋生態系における被食・捕食関係について，物質収支の量的バランスが釣り合った状態を推定するマスバランスモデルである。量的バランスを簡単に表すと「生産量－漁獲量－被食量－その他の死亡＝0」のようになる（ここでは簡略化のため，移出入などの詳細は省いている）。これらのパラメータは，漁業対象種であれば入手が比較的容易な場合が多い。物質の単位は，単位面積あたりの重量（現存量）が用いられるこ

とが多いが，炭素量といったほかの単位も選択できる。Ecopathでは，基礎生産から高次捕食者までをモデルに含むことができるため，生態系全体モデル（英語ではwhole ecosystem model あるいはend-to-end model）とも分類される。ただし，後述するAtlantisのように，海洋物理など非生物環境や人間活動なども含む生態系モデルも一般的に生態系全体モデルと呼ばれる。Ecopathでは，海棲哺乳類のような高次捕食者はほかの捕食者のパラメータを制約するため，重要な要素とされている[13]。本モデルには，グラフィカル・ユーザ・インターフェース（GUI）を備えたソフトウエアがあり，プログラミングの知識がなくても基礎的なモデリングを行える手軽さも手伝い，事実上，標準の海洋生態系モデルとして世界中で広く使われている[14]。EwEの構築方法を一般的に解説した資料もある[13]。ソフトウエアはインターネットを介して無償でダウンロードできる（https://ecopath.org/ [アクセス日：2023年2月1日]）。

　EcosimはEcopathをもとに，現存量の時系列変化モデリングを行うモジュールでソフトウエアの大きな柱の1つであり，時系列データへの自動あてはめも実行可能になっている[15]。このほか，空間モジュールのEcospace[16]，社会経済モジュールのValue Chain[17]，資源管理方策評価法（Management Strategy Evaluation : MSE）モジュール[18]，化学物質モデルのEcotracer[19]などが目的・目標に応じて使用されている。

　これまでに海棲哺乳類を主対象として構築されたEwEがいくつか報告されている[20~25]。Baudron et al.[20] はEwEを用い，スコットランド西側海域において，増加しているハイイロア

ザラシの捕食量が底魚資源に与える影響について検討した。この研究では，ハイイロアザラシの捕食の影響は全体としては小さいが，タイセイヨウダラとホワイティングの資源量回復時期に影響するなどの結果が示された。Murase *et al.*[22] は，北西太平洋広域に生息する鯨類と小型浮魚類を主対象にしたEwEを構築し，主にこれらの関係についての予備的な検討を行った。この研究では，ヒゲクジラ類の捕食は小型浮魚類の現存量に影響を与えているものの，その程度は大きくないこと，一方で，小型浮魚類は餌生物として生態系内の多くの生物種に影響を与えていることを明らかにした。これらの研究のように，EwEは海棲哺乳類の捕食が生態系にどのような影響を及ぼすか，といった研究に活用されている。

3.1.2. Atlantis

Atlantis（アトランティス）[26] も海洋生態系全体モデルの1つであるが，3次元の空間配置（海域および深度）を最初から考慮する必要がある点で，空間的な考慮を必須としないEwEと大きく異なる。3次元空間を考慮するため，流れ場，水温および栄養塩などの海洋物理・化学データ，また生物の移動に関するデータも必要となるなど，EwEよりも入力するデータ量が格段に多くなる。Atlantisは，1990年代から開発が進められており，物理サブモデル，生物サブモデル，漁獲サブモデル，評価サブモデル，経済サブモデルから構成されるが，中核となるのは物理・生物サブモデルである。世界的に広く使われているが[27]，使用するデータ量，モデリングに必要となるプログラミング，さらにEwE

に比べモデルの校正（入力データの妥当性検討など）[28] が難しいなど，モデル構築には高度な知識や経験が必要となるため，EwEに比べると構築されたモデルの数は少ない。汎用ソフトウエアはないが，プログラムのソースコードや説明書がGitHub（ギットハブ）で公開されるなど，近年になり一般向けの資料整備も進んでいる（https://github.com/Atlantis-Ecosystem-Model［アクセス日：2023年2月1日］）。

Atlantisは，海洋生態系の管理という広い目的のために構築されているが，海棲哺乳類と他の生物との関係に着目した解析にもしばしば用いられている。Sturludottir *et al.*[29] は，アイスランド海域を対象として構築されたAtlantisにおいて，ハクジラ類がほかの脊椎動物に大きな負の影響を与えること，また，植物プランクトンがヒゲクジラ類とミンククジラに大きな影響を与える可能性を示唆した。Hansen *et al.*[30] は，ノルウェー海およびバレンツ海を対象として構築されたAtlantisにおいて，シャチが餌生物としてニシンに強く依存していることを示唆したが，シャチの餌切り替えに関するさらなる知見拡充の必要性も指摘している。これらの研究では，主要な漁獲対象種やプランクトンの現存量変化といった，さまざまな将来シナリオを設定しているため，シナリオによって結果が大きく異なる点に留意が必要である。

3.2. MICE

中程度に複雑なモデル群（models of intermediate complexity：MICE）は，海洋生態系全体ではなく，対象となる主要な関係のみに着目したモデルである。一般的に扱う生態系

の要素は 10 要素以下であり，MICE は単一種モデルと海洋生態系全体モデルの中間という位置づけにある。MICE は比較的単純な単一種モデル（余剰生産モデルなど）の特徴，および標準的な統計手法が適用可能な機能を組み合わせ，限られた生態系要素を考慮することを試みている。このような特徴から，EwE や Atlantis のように特定のソフトウエアやプログラムは存在せず，MICE はそれぞれの目的・目標に応じてモデルが構築されている。

Tulloch *et al.* は [31]，南半球のヒゲクジラ類を対象とした MICE を構築した。MICE で考慮した海洋生態系の要素はヒゲクジラ類 5 種，ナンキョクオキアミ，およびカイアシ類であるが，動物プランクトンは NPZD モデルと連携させている。NPZD は栄養塩（nutrient），植物プランクトン（phytoplankton），動物プランクトン（zooplankton），およびデトリタス（detritus）の頭文字であり，NPZD モデルも海洋生態系モデルの 1 種である。さらに NPZD モデルを気候モデルと連携させることにより，将来の気候変動も考慮している。したがって，MICE といっても，それなりの多要素を考慮したモデルとなっている。この研究では，構築したモデルを用い，将来における気候変動がヒゲクジラ類に与える影響評価を行う。例えば，太平洋区のシロナガスクジラは 2100 年に絶滅するなどといった悲観的な結果も示している。

4 海洋生態系の保全・管理に向けて

4.1. 世界の動向

上述した例にもあるように，世界各国で海洋生態系モデルを用いた保全・管理が検討されており，実際に適用される事例も増えてきている。海棲哺乳類も海洋生態系の重要な構成要素であることを考えれば，海洋生態系全体の管理についても目を向ける必要がある。

北大西洋周辺国で構成される国際海洋探査委員会（International Council for the Exploration of the Sea：ICES）のしたには複数種評価法作業部会（Working Group on Multispecies Assessment Methods：WGSAM）が設けられ，海洋生態系モデルに関する検討が行われている。WGSAM では海洋生態系モデルのキー・ランズ（key-runs）を精査している [32]。キー・ランズとは，WGSAM によって承認されたモデルのパラメータおよびその出力のことであり，その結果は質が保証された科学的情報として，ICES が行う助言に用いられる。例えば，北海を対象とした EwE を用いた MSE のキー・ランズが行われている [18]。2014 年に改訂された欧州連合（EU）の共通漁業政策（Common Fisheries Policy：CFP）では単一種管理から EBM への移行が謳われており [33]，この点を意識した海洋生態系モデル研究も行われている [20]。アメリカで公式に EBFM に向けた動きがあったのは，1996 年のマグナソン・スティーブンス漁業保存管理法改正からであり，以降，海洋生態系モデルを用いた EBFM の実行事例が増えつつある [9]。ヨーロッパやアメリカにおける生態系モデルの活用は，海洋生態系の保全・管理に向けた制度の発展と密接に関係していると言える。

一方，国際捕鯨委員会科学委員会（IWC/SC）のしたには，2007 年から生態系モ

デル作業部会が設立[34]されているが，海洋生態系モデルによる鯨類資源管理手法はまだ開発されていない。日本の場合，海洋生態系モデルの構築事例[35~37]はあるが，保全・管理に向けた公的機関によるモデル精査などの仕組みは整備されておらず，途上段階にあると言える。

4.2. 今後の課題

今回，食物網を考慮した海洋生態系モデルの例としてあげたEwE，Atlantis，およびMICEの3種類でもそれぞれ特徴が異なるため，仮に同じ海洋生態系を対象としたモデルを構築したとしても異なる結果が得られることも考えられる。一方で，いずれか1つのモデルで得た結果の妥当性の判断も必要となってくる。このようなことをふまえ，近年では同じ海洋生態系に複数のモデルをあてはめ，それらの結果について比較を行う試みも行われている[38, 39]。モデル間の比較は，今後，標準的な手法となっていくものと思われる。

Kaplan *et al.*[40]は，モルモット（ここでは実験動物のことを指す）の話と題した随想録の中で，アメリカでの経験をもとに管理を目的とした海洋生態系モデリングの難しさを述べている。例えば，外部の専門家によるモデルや使用するデータに関する検討会合の結果は，専門雑誌に投稿した際に行われる数名の査読よりも難易度が高いといった点を指摘している。本章の筆者を含む研究者グループが北西太平洋を対象に構築したEwE[22, 41]もIWC/SCの関連会合で国際的な専門家による検討を受け[42, 43]，この際も同様に高度な指摘を受けた経験がある。一方で，海洋生態系モデルでは複数の分野を横断した大量のデータを扱ううえ，利害関係者も多いことをふまえると，モデルを構築した研究者だけではすべてを点検できない可能性も考えられる。そのため，保全・管理に適用する前に外部専門家がモデルの精査を行うことは重要であると考える。規模の大小はそれぞれの目的・目標に合わせるとしても，今後，このようなモデルの精査に関する制度設計も必要になってくるであろう。

単一種モデルと比較すると，海洋生態系モデルを構築するためにはモデル開発やデータ収集なども含め人的・経済的負担が大きい。そのため，海洋生態系モデルを保全・管理に適用することに躊躇する面もあると思われる。しかしながら，上述したような世界的な流れもふまえると，海洋生態系モデルを用い，海棲哺乳類も含め海洋生態系を俯瞰した保全・管理にも積極的に取り組んでいく必要がある。

引用文献

1) FAO: The ecosystem approach to fisheries. FAO Technical Guidelines for Responsible Fisheries. No. 4, Suppl. 2. FAO, Rome. 112pp.

2) Pikitch E. K., Santora C., Babcock E. A., Bakun A., Bonfil R., Conover D. O., Dayton P., Doukakis P., Fluharty D., Heneman B., Houde E. D., Link J., Livingston P. A., Mangel M., McAllister M. K., Pope J. and Sainsbury K. J.: Ecology: ecosystem-based fishery management, Science, 305: 346-347, 2004.

3) Link J. S.: System-level optimal yield: increased value, less risk, improved stability, and better fisheries, Can. J. Fish. Aquat. Sci., 75: 1-16, 2018.

4) McLeod K. and Leslie H.: Ecosystem-Based Management for the Oceans, Island Press, Washington DC, 2009, 368pp.

5) Patrick W. S. and Link J. S.: Myths that continue to impede progress in ecosystem-based fisheries management, Fisheries, 40: 155-160, 2015.

6) Plaganyi E.: Models for an ecosystem approach to fisheries. FAO Fisheries Technical Paper 477. FAO, Rome. 108pp.

7) FAO: Fisheries management. 2. The ecosystem approach to fisheries. 2. 1 Best practices in ecosystem modelling for informing an ecosystem approach to fisheries., FAO Fisheries Technical Guidelines for Responsible Fisheries. No. 4, Suppl. 2, Add. 1. FAO, Rome. 78pp.

8) Geary W. L., Bode M., Doherty T. S., Fulton E. A., Nimmo D. G., Tulloch A. I. T., Tulloch V. J. D. and Ritchie E. G.: A guide to ecosystem models and their environmental applications, Nat. Ecol. Evol., 4: 1459-1471, 2020.

9) Townsend H., Harvey C. J., deReynier Y., Davis D., Zador S. G., Gaichas S., Weijerman M., Hazen E. L. and Kaplan I. C.: Progress on implementing ecosystem-based fisheries management in the United States through the use of ecosystem models and analysis, Front. Mar. Sci., 62019, 2019.

10) Hollowed A. B., Holsman K. K., Haynie A. C., Hermann A. J., Punt A. E., Aydin K., Ianelli J. N., Kasperski S., Cheng W., Faig A., Kearney K. A., Reum J. C. P., Spencer P., Spies I., Stockhausen W., Szuwalski C. S., Whitehouse G. A. and Wilderbuer T. K.: Integrated modeling to evaluate climate change impacts on coupled social-ecological systems in Alaska, Front. Mar. Sci., 6: 18, 2020.

11) Plaganyi E. E., Punt A. E., Hillary R., Morello E. B., Thebaud O., Hutton T., Pillans R. D., Thorson J. T., Fulton E. A., Smith A. D. M., Smith F., Bayliss P., Haywood M., Lyne V. and Rothlisberg P. C.: Multispecies fisheries management and conservation: tactical applications using models of intermediate complexity, Fish. Fish., 15: 1-22, 2012.

12) Pauly D., Christensen V. and Walters C.: Ecopath, Ecosim, and Ecospace as tools for evaluating ecosystem impact of fisheries, ICES J. Mar. Sci., 57: 697-706, 2000.

13) Heymans J. J., Coll M., Link J. S., Mackinson S., Steenbeek J., Walters C. and Christensen V.: Best practice in Ecopath with Ecosim food-web models for ecosystem-based management, Ecol. Model., 331: 173-184, 2016.

14) Colleter M., Valls A., Guitton J., Gascuel D., Pauly D. and Christensen V.: Global overview of the applications of the Ecopath with Ecosim modeling approach using the EcoBase models repository, Ecol. Model., 302: 42-53, 2015.

15) Scott E., Serpetti N., Steenbeek J. and Heymans J. J.: A stepwise fitting procedure for automated fitting of Ecopath with Ecosim models, SoftwareX, 5: 25-30, 2016.

16) Walters C., Pauly D. and Christensen V.: Ecospace: Prediction of mesoscale spatial patterns in trophic relationships of exploited ecosystems, with emphasis on the impacts of marine protected ereas, Ecosystems, 2: 539-554, 1999.

17) Christensen V., Steenbeek J. and Failler P.: A combined ecosystem and value chain modeling approach for evaluating societal cost and benefit of fishing, Ecol. Model., 222: 857-864, 2011.

18) Mackinson S., Platts M., Garcia C. and Lynam C.: Evaluating the fishery and ecological consequences of the proposed North Sea multi-annual plan, PLOS ONE, 13: e0190015, 2018.

19) Walters W. J. and Christensen V.: Ecotracer: analyzing concentration of contaminants and radioisotopes in an aquatic spatial-dynamic food web model, J. Environ. Radioact., 181: 118-127, 2018.

20) Baudron A. R., Serpetti N., Fallon N. G., Heymans J. J. and Fernandes P. G.: Can the common fisheries policy achieve good environmental status in exploited ecosystems: The west of Scotland demersal fisheries example, Fish Res., 211: 217-230, 2019.

21） Morissette L., Christensen V. and Pauly D.: Marine mammal impacts in exploited ecosystems: Would large scale culling benefit fisheries?, PLoS ONE, 7: e43966, 2012.

22） Murase H., Tamura T., Hakamada T., Watari S., Okazaki M., Kiyofuji H., Yonezaki S. and Kitakado T.: Ecosystem modelling in the western North Pacific from 1994 to 2013 using Ecopath with Ecosim（EwE）: Some preliminary results. Paper SC/F16/JR28 presented to the JARPNII special permit expert panel review workshop（unpublished）. 69pp.

23） Ruzicka J. J., Steele J. H., Ballerini T., Gaichas S. K. and Ainley D. G.: Dividing up the pie: Whales, fish, and humans as competitors, Prog. Oceanogr., 116: 207-219, 2013.

24） Surma S., Pakhomov E. A. and Pitcher T. J.: Effects of whaling on the structure of the Southern Ocean food web: Insights on the "krill surplus" from ecosystem modelling, PLoS ONE, 9: e114978, 2014.

25） Surma S. and Pitcher T. J.: Predicting the effects of whale population recovery on Northeast Pacific food webs and fisheries: an ecosystem modelling approach, Fish. Oceanogr., 24: 291-305, 2015.

26） Audzijonyte A., Pethybridge H., Porobic J., Gorton R., Kaplan I. and Fulton E. A.: Atlantis: A spatially explicit end-to-end marine ecosystem model with dynamically integrated physics, ecology and socio-economic modules, Methods Ecol. Evol., 10: 1814-1819, 2019.

27） Weijerman M., Link J. S., Fulton E. A., Olsen E., Townsend H., Gaichas S., Hansend C., Skern-Mauritzen M., Kaplan I. C., Gamble R., Fay G., Savina M., Ainsworth C., van Putten I., Gorton R., Brainard R., Larsen K. and Hutton T.: Atlantis Ecosystem Model Summit: Report from a workshop, Ecol. Model., 335: 35-38, 2016.

28） Pethybridge H. R., Weijerman M., Perrymann H., Audzijonyte A., Porobic J., McGregor V., Girardin R., Bulman C., Ortega-Cisneros K., Sinerchia M., Hutton T., Lozano-Montes H., Mori M., Novaglio C., Fay G., Gorton R. and Fulton E. A.: Calibrating process-based marine ecosystem models: An example case using Atlantis, Ecol. Model., 412: 13, 2019.

29） Sturludottir E., Desjardins C., Elvarsson B., Fulton E. A., Gorton R., Logemann K. and Stefansson G.: End-to-end model of Icelandic waters using the Atlantis framework: Exploring system dynamics and model reliability, Fish Res., 207: 9-24, 2018.

30） Hansen C., Drinkwater K. F., Jahkel A., Fulton E. A., Gorton R. and Skern-Mauritzen M.: Sensitivity of the Norwegian and Barents Sea Atlantis end-to-end ecosystem model to parameter perturbations of key species, PLOS ONE, 14: e0210419, 2019.

31） Tulloch V. J. D., Plaganyi E. E., Brown C., Richardson A. J. and Matear R.: Future recovery of baleen whales is imperiled by climate change, Glob. Change Biol., 25: 1263-1281, 2019.

32） Bentley J., Bartolino V., Kulatska N., Vinther M., Gaichas S., Kempf A., Lucey S., Baudron A., Belgrano A., Bracis C., DeCastro F., O'Neill T. D. S., Lehuta S., McGregor V., Neuenfeldt S., Panzeri D., Soudijn F. H., Spencer M. S. and Trijoulet V.: Working Group on Multispecies Assessment Methods（WGSAM）. ICES Scientific Reports. 1: 91. 320pp.

33） Prellezo R. and Curtin R.: Confronting the implementation of marine ecosystem-based management within the Common Fisheries Policy reform, Ocean Coastal Manage., 117: 43-51, 2015.

34） IWC: Annex K1 Report of the Working Group on Ecosystem Modelling, J. Cetacean Res. Manage., 10: 293-301, 2008.

35) Watari S., Murase H., Yonezaki S., Okazaki M., Kiyofuji H., Tamura T., Hakamada T., Kanaji Y. and Kitakado T.: Ecosystem modeling in the western North Pacific using Ecopath, with a focus on small pelagic fishes, Mar. Ecol. Prog. Ser., 617-618: 295-305, 2019.

36) 米崎史郎, 清田雅史, 成松庸二: Ecopath アプローチによる三陸沖底魚群集を中心とした漁業生態系の構造把握, 水産海洋研究 (Bulletin of the Japanese Society of Fisheries Oceanography), 80: 1-19, 2016.

37) 亘真　吾: 瀬戸内海周防灘における Ecopath with Ecosim による多魚種・多漁業を一括対象とした資源解析, 水産海洋研究 (Bulletin of the Japanese Society of Fisheries Oceanography), 79: 255-265, 2015.

38) Bauer B., Horbowy J., Rahikainen M., Kulatska N., Muller-Karulis B., Tomczak M. T. and Bartolino V.: Model uncertainty and simulated multispecies fisheries management advice in the Baltic Sea, PLOS ONE, 14: e0211320, 2019.

39) Kaplan I. C., Francis T. B., Punt A. E., Koehn L. E., Curchitser E., Hurtado-Ferro F., Johnson K. F., Lluch-Cota S. E., Sydeman W. J., Essington T. E., Taylor N., Holsman K., MacCall A. D. and Levin P. S.: A multi-model approach to understanding the role of Pacific sardine in the California Current food web, Mar. Ecol. Prog. Ser., 617: 307-321, 2019.

40) Kaplan I. C. and Marshall K. N.: A guinea pig's tale: learning to review end-to-end marine ecosystem models for management applications, ICES J. Mar. Sci., 73: 1715-1724, 2016.

41) Mori M., Watanabe H., Hakamada T., Tamura T., Konishi K., Murase H. and Matsuoka K.: Development of an ecosystem model of the western North Pacific. Paper SC/J09/JR21 presented to the IWC Scientific Committee Expert Workshop to review the JARPN II Programme (unpublished). 49pp.

42) IWC: Report of the expert workshop to review the ongoing JARPNII programme, Journal Cetacean Research and Management: 405-449, 2010.

43) IWC: Report of the expert panel of the final review on the western North Pacific Japanese special permit programme (JARPN II), J. Cetacean Res. Manage., 18 (suppl.): 529-592, 2017.

第15章 個体群の保全と管理の方法

北門利英

1 はじめに

　鯨類，鰭脚類などの海棲哺乳類の多くは，かつて人為的な死亡によって数を減らし，なかには今も絶滅の危機に瀕している個体群もある。その人為的な死亡にもいくつかのタイプがある。例えば，その個体群を能動的に捕獲する場合もあれば，海棲哺乳類個体が漁具により受動的に混獲される場合もある。したがって，海棲哺乳類の保全を考えるうえで，許容できる人為的死亡の程度が議論の対象となる。本章では，海棲哺乳類の個体群の保全と管理の手法のうち，まず国内外で幅広く利用されている潜在的間引可能量（Potential Biological Removal：PBR）[1]について解説する。そして，PBRの考え方とその開発過程を個体群管理方式の評価法（水産資源管理分野でよく使われる言葉で表すと資源

管理方策評価法，Management Strategy Evaluation：MSE）の枠組みで整理する。さらに，MSE開発のパイオニア的成果として，国際捕鯨委員会（International Whaling Commission：IWC）が開発した改訂管理方式（Revised Management Procedure：RMP）とその中で用いられている捕獲限度量算定の計算方法について簡単に紹介し，最後に当該分野の最近の話題と今後の展望について述べる。

2 潜在的間引可能量（PBR）の考え方とその定義

2.1. 管理目標の設定

　個体群の管理を実践する際の最初のステップは，管理目標（management objectives）の設定である。例えば，「個体群の枯渇をまねかない」あるいは「枯渇した個体群の資源的回復」など

Survey and analysis methods for conservation and management of marine mammals (15): Conservation and management of population

Toshihide Kitakado / Tokyo University of Marine Science and Technology （国立大学法人東京海洋大学）

Abstract : Scientific frameworks for conservation and management are based on two main paradigms: "estimation of population status" and "evaluation of management procedure", in which model-based management procedures have been playing a central role. In this paper, two well-known management approaches for marine mammals, the Potential Biological Removal (PBR) and Revised Management Procedure (RMP), were introduced and reviewed by a mainstream framework of the Management Strategy Evaluation (MSE). Some recent topics on this field were also overviewed.

Keywords : management procedure, management strategy evaluation, potential biological removal, revised management procedure, uncertainty

が質的な管理目標として設定される。さらに一歩進んで量的な管理目標とするために，具体的な目標となる個体数のレベルなどを設定する。実際，PBR開発の際にも，いくつかの目標があわせて考えられているが，「個体数を最適なレベル以上に保つこと」が第一義的な管理目標である。その最適な個体数のレベルとして，アメリカ海洋哺乳類保護法[注1]では対象種によって異なるものの，環境収容力の50～85%が考えられている[2]。また，バルト海，北東大西洋，アイリッシュ海および北海の小型鯨類の保全に関する協定（Agreement on the Conservation of Small Cetaceans of the Baltic, North East Atlantic, Irish and North Sea : ASCOBANS）では，小型鯨類種に対して，個体数のレベルを環境収容力の80%以上に保つことを目標としている[注2]。管理目標が明確に定まれば，それを達成するための手段，すなわち管理方式（management procedure）を策定することが次のステップとなる。

2.2. 管理方式を評価するための仮想現実モデル（オペレーティングモデル）の構築

　管理方式を提案・開発する際，実際の個体群にいきなり適用することはしない。まず，コンピュータを用いた仮想的個体群を用意する。それに対して候補となる管理方式を適用し，本当に目標を達成できるかどうかを徹底的に調べる。このようなシミュレーション実験をとおして，い

く度もテストを重ね，管理方式の性能（パフォーマンス）や安全性などを評価する。複数の管理方式の候補がある場合にも，同様に比較検討する。

　シミュレーション実験を実施する場合，できるだけ現実に近い仮想的個体群動態モデルと，将来得られると想定されるデータを生成する必要がある。このようなモデルを，MSEの研究分野ではオペレーティングモデル（operating model : OM）と呼ぶ。できるだけ現実に近い仮想的個体群動態と述べたが，どのような個体群動態が真であるかがあらかじめわかっているのであれば，管理を失敗することはほぼないであろう。しかし，実際には正確に個体群動態を把握するのは困難なため，想定される範囲の生物学的パラメータの値に加えて，多種多様な不確実性を考慮したモデルを考えることになる。また，管理方式では個体数の推定値やその動向を観測情報として利用する。不確実性を考慮しながら将来の観測データを生成することも，OMの重要な役割の1つとなる。管理方式によって用いる情報やデータが異なってもよい（例えば，個体数の推定値が毎年得られるが精度が悪い場合と，5年おきではあるが精度が良い場合など）。また，どのような観測データを取得すれば管理のパフォーマンスを向上させることができるかを，MSEの枠組みで評価することもできる。

　PBR開発の際に用いられた個体群動態モデルは，年齢と性別を考慮しないプロダクション

注1）　Marine Mammal Protection Act：https://www.fisheries.noaa.gov/topic/laws-policies#marine-mammal-protection-act（アクセス日2023年2月1日）

注2）　https://www.ascobans.org/sites/default/files/document/MOP3_2000-3_IncidentalTake_1.pdf（アクセス日2023年2月1日）

モデル（production model：PM，余剰生産モデルとも呼ぶ）で，ここでは以下の（1）式のように記載する。

$$N_{t+1} = N_t + rN_t \left\{ 1 - \left(\frac{N_t}{K} \right)^z \right\} - C_t \qquad (1)$$

ここでN_tとC_tは，それぞれt年開始時の個体数およびt年における人為的死亡数とし，r，K，およびzは管理対象となる個体群特有の生物学的パラメータで，それぞれ内的自然増加率，環境収容力，そして密度効果に対する形状パラメータとする。（1）式のようなモデルを決定論モデルと呼ぶ。また，この決定論モデルでは説明できない確率的変動（環境や種内・種間関係などの影響による変動）を含んだ以下の（2）式のようなモデルを過程誤差（process error）モデルと呼ぶ。

$$N_{t+1} = \left[N_t + rN_t \left\{ 1 - \left(\frac{N_t}{K} \right)^z \right\} - C_t \right] e^{u_t},$$
$$u_t \sim N\left(-0.5\log(1+\tau^2), \log(1+\tau^2) \right) \qquad (2)$$

ただし，過程誤差u_tは年をまたいで独立に正規分布に従うとし，τは過程誤差u_tの変動係数を表す。なお，u_tに対して少々複雑な仮定をしたのは，e^{u_t}の期待値が$E[e^{u_t}]=1$を満たすようにするためである。τの値が小さければ期待値に対する補正はほとんど無視されるが，大きな過程誤差を考える場合はその限りではない。そのため，ここでは（1）式を用いる。このプロダクションモデルはN_tに関する漸化式なので，数列の初項のような資源の初期状態が必要となる。その値はシミュレーションのシナリオによるが，ここでは話を簡単にするため，個体群の管理開始時の個体数レベルは環境収容力の30％であると想定する。ただし，管理する側は個体群が

枯渇している状況を想定するものの，この具体的な枯渇レベルを知らないとする。

2.3. 管理方式の定義

次に，1年間で許容される捕獲頭数の上限を設定する方式について述べる。PBRの対象は海棲哺乳類である。沿岸域に生息するトドや，岩礁で観測されるアザラシ類が管理の対象であれば想定できるだろう。しかしながら，広域を回遊する鯨類に対してそのような高頻度の調査を実施することは難しい。むしろ，今後も数年に一度の間隔で個体数推定値が得られることを想定しておくほうが自然である。極端な例では，管理を開始する際に直近年の個体数推定値しかないような場合も考えられる。このようなことをふまえると，なるべく少ない情報量で計算可能であり，なおかつ管理パフォーマンスが優れている管理方式を選択するのが理想である。そこで，「調査などを通したデータ取得の仕方」と「捕獲頭数などを算出する計算方法（アルゴリズム）」をまとめたもの（パッケージ）を管理方式として定義する。

PBRとして定義された管理方式は，捕獲頭数を計算する際にもっとも直近の個体数推定値と，内的自然増加率の想定値（R_{max}）をもとに，

$$\text{PBR} = \frac{1}{2} R_{max} N_{min} F_R \qquad (3)$$

のような簡単な式で定義される。ただし，R_{max}は既知として扱われ，鯨類の場合は$R_{max}=0.04$，鰭脚類の場合には$R_{max}=0.12$が既定値として推奨されている。また，N_{min}は個体数推定の不確実性を考慮した個体数の下限値であり，F_Rは管理対象や管理目的に応じて制御するパラメータ

で回復係数とも呼ばれ，通常$0 \leq F_R \leq 1$の範囲の値で設定する。この式の背景として，プロダクションモデルにおいて$z=1$を仮定するとき，最大持続生産レベル（Maximum Sustainable Yield Level : MSYL）[3]の捕獲強度が$(1/2)R_{max}$であり，これに直近の個体数として安全を見越したN_{min}を掛け合わせることで許容捕獲頭数を計算する。N_{min}は個体数として入力する下限値である。これをどのように与えるかも選択肢の1つである。PBRの定義では個体数推定値の下限$100\alpha\%$を用い，以下（4）式で計算する。

$$N_{min} = \hat{N} \exp\left\{ z_\alpha \sqrt{\log(1+CV^2)} \right\} \qquad (4)$$

ただし，z_αは標準正規分布の下側$100\alpha\%$点で，CVは個体数推定値の変動係数である。個体数の60%信頼区間における，下限値20%がN_{min}としてよく利用されている。この時，$\alpha=0.2$となる。

PBRによる管理は，個体数の不確実性を考慮し，安全を見越しながら行われ，PBRで算出される捕獲頭数の上限は，一定の期間ごとに最新の個体数推定値に基づいて更新していく。一方で，過去の調査で得た個体数推定値は使わずに捨て去ることになる。R_{max}が既知として扱われる理由はそこにもある。なお，ヒゲクジラ類用のRMPでは，情報の蓄積によってR_{max}をアップデートしていく方法が用いられている。

2.4. PBRに基づく管理方式のパフォーマンステスト

PBRの式は単純であるが，これを実践する際は事前に決めるべき項目がいくつかある。例え

ば，調査の頻度，個体数の下限水準α，そして回復係数F_Rである。このほか，シミュレーション実験を実施する場合にも，個体数推定値の精度としてCVの値を変更することや，さまざまなバイアス要因を加えたいくつかのシナリオがPBRの原著[1]では考えられている。ここでは説明の都合上，原著[1]で取り上げていない過程誤差や形状パラメータをシナリオとして取り入れてみる。表1に管理方式のパラメータ候補値，表2にPBRシミュレーションにおけるOMの仮定をそれぞれ示した。

なお，ここでは仮想的個体群動態モデルと，非明示的ではあるがPBRの導出でもともと想定されている個体群動態モデルが同一のプロダクションモデルという点に注意する。ただし，PBRの式におけるR_{max}は管理する側が設定する値であるのに対して，rはシミュレーションで想

表1　PBR管理方式のパラメータ候補値

*の表示は図1〜図4で示したシミュレーションで用いられるパラメータ値（特に記載のない場合は＊を添えた値を利用）。

項目	仮定
調査頻度	4年*，10年
調査の精度	$CV=0.2$*，0/8
個体数下限値	$\alpha=0.2$*（下限20%）
PBRで仮定する内的自然増加率	$R_{max}=0.04$*
回復係数	$F_R=0,0.1,\ ...,\ 1$

表2　PBRシミュレーションにおけるOMの仮定

*の表示は表1と同様。

項目	仮定
個体群動態モデル	プロダクションモデル
形状パラメータ	$z=1$*
管理開始個体数レベル	$D_0=0.3$*
仮想個体群における真の内的自然増加率	$r=0.03$，0.04*，0.05
環境収容力	$K=10000$*
過程誤差	$\tau=0$，0.02*，0.04
管理期間	$T_m=100$年*

定する個体群のパラメータで，実際には一致しているとはかぎらない。また，通常は管理方式で想定する個体群動態を含むより広範囲なモデルをOMとして考える。そこで，ここでは過程誤差を加え，さらにR_{max}とrが，くい違っている場合の影響も評価した。

PBRとOMの設定は先述のとおりであるが，さらにシミュレーションの詳細として，個体数調査は年のはじめ（捕獲が行われる前）に実施されるとする。例えば，4年間隔の場合には0年目，4年目，8年目のように順次行われ，結果がただちにその年の捕獲枠から適用されるものとする。ここでは，個体数推定値として，以下のような観測誤差（ここでは調査でデータを収集する際に生じる誤差を想定）モデル（5）式を仮定した。

$$
\hat{N}_t = N_t e^{v_t}, \\
v_t \sim N\left(-0.5\log\left(1+CV^2\right),\ \log\left(1+CV^2\right)\right) \tag{5}
$$

ただし，v_tは正規分布に従う観測誤差で，過程誤差のときと同様に，偏りが生じず，かつ個体

数推定値 $\hat{N}_t$ の変動係数が正確に $\sqrt{V\left[\hat{N}_t\right]}\Big/ E\left[\hat{N}_t\right] = CV$ となるように仮定している。

統計解析言語Rで行った簡単なシミュレーション結果を以下に示す。図1は，3種類の回復係数 $F_R = 0$，0.5，1の下でPBRを100年間の管理期間を通して適用した結果である。個体群動態と個体数推定の不確実性（すなわち確率的変動）を考慮するため，この試行をそれぞれの仮定の下で1,000回繰り返した。この個体群動態の仮定では，真の個体群の内的増加率が $r = 0.04$ と小さく資源の回復が非常に遅いが，$F_R = 0$（すなわち捕獲頭数が0）の場合には100年後に資源が環境収容力近くまで回復することがわかる。一方で，$F_R = 1$ の場合には，資源回復レベルがやや下まわるものの，それでも十分に個体数レベルがMSYLの $N/K = 0.5$ に近づくことがわかる。

さらに F_R の値を変化させて計算した結果を比較するために，最終年の枯渇率をまとめると図2のような結果となる。ここでは，過程誤差

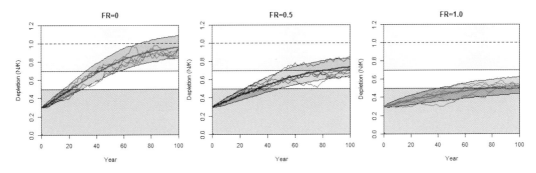

図1　PBRを用いた資源管理のシミュレーション結果（1）

回復係数に $F_R = 0$，0.5，1.0 の3通りを用いた管理シミュレーションに基づく資源動態の軌跡。縦軸は個体群の枯渇レベル（N/K）を示し，シミュレーション1,000回の繰り返しによる90%の範囲を区間として，またランダムに選択した5回の結果の軌跡もあわせて表示している。縦軸 N/K = 0.5 がMSYLに対応。N/K = 0.7 の線は個体群回復の目安のために挿入，また N/K = 1.0 の点線は環境収容力レベルを表す（図2～図4も同様）。

の影響もあわせて比較しているが，過程誤差が大きくなるとそのぶんだけ資源レベルも変動する。その中央値を見る限り，管理の性能はF_Rの値に依存しないが，下限5%の値はF_Rの設定によっては大きくMSYLを下まわり，枯渇のリスクも高まることがわかる。なお，ここでは過程誤差の変動係数として0，0.02，および0.04を仮定した。魚類と異なり海棲哺乳類での過程誤差はかなり小さいと考えらえるが，10%と算出される場合もある。したがって，個体数の時系列データがある場合には個別にデータから推定して利用するのが望ましい。

　ここからは$F_R = 0.5$と回復係数を固定し，別の観点からPBRの性能を評価してみる。図3は，調査の精度と頻度を変化させたときの資源レベルとPBRで算出される許容捕獲頭数の変化を示している。この図からもわかるように，調査の精度が低いときでも，そのことを正しく把握できていれば，N_{min}の値が自動で保守的に計算される。そのため許容される捕獲頭数が自動的に低く抑えられ，むしろ資源水準が安全に保たれることがわかる。一方で，この回復シナリオの設定では，調査頻度が低いと情報が古く，かつ小さい個体数の状態をPBRが参照することになり，捕獲頭数の年変動は大きくなるが，調査の精度に比べると影響が小さいことがわかる。この点は，調査に費やせる予算に限度があることを考えると重要な点でもあるが，餌環境や疫病の発生など個体群をとりまく環境が変わる場合にはその限りではない。

　ところで，回復係数F_Rと並んでPBRにおける重要な要素としてR_{max}の値があげられる。図1~3で示したシミュレーション実験では，OMで仮定している内的自然増加率rの値と，PBRにおけるR_{max}が完全に一致した理想的な場合を想定している。図4では，その仮定が成り立たないときの影響を，頑強性を確認するための事例（ロバストネスケース）として示した。内的自然増加率rの値がPBRで想定しているR_{max}＝0.04より小さい場合には，$F_R = 1$という選択はかなり大きなリスクを被ることが示唆される。

2.5.　管理方式の最終化

　2.3項で述べたように，管理方式を調査などを通したデータの取得と捕獲限度量を定めるアルゴリズムのパッケージと定義した。2.4項のシミュレーションで，調査の頻度や精度に加えて，回復係数F_RがPBRの管理性能に大きな影響を与えることがわかる。例えば，管理目標を枯渇している個体群が100年以内に95%以上の確率でMSYL以上に回復させることとする。このとき，τの値に不確実性を想定しても，CV＝20%が想定できるなら$F_R = 0.5$としておけば，それが達成できることがわかる。

　なお，Wade[1]では，2.4項のようなシミュレーション結果をもとに，F_Rに対して以下のようなガイドラインを与えている。

・F_R＝0.1：情報が乏しく絶滅が危惧される種に適用

・F_R＝0.4：個体数推定やR_{max}に信頼がおけるとき，「200年後に95%の確率で環境収容力の80%を達成」が成り立つ

・F_R＝0.5：情報にバイアスがあっても，「100年後に95%の確率で環境収容力の50%を達成」が成り立つ

・F_R＝1.0：個体数推定やR_{max}に信頼がおけると

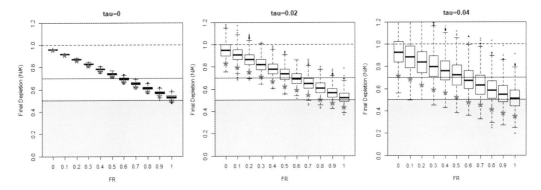

図2 PBRを用いた資源管理のシミュレーション結果（2）

回復係数を 0 〜 1 まで 0.1 刻みで変化させた場合の最終年の資源枯渇レベルの箱ひげ図。図中の★印は下限 5% の値を示す。tau（τ）は過程誤差 u_t の変動係数。

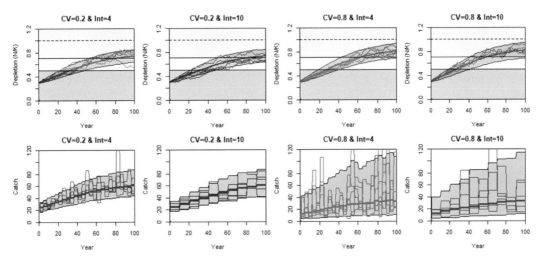

図3 PBRを用いた資源管理のシミュレーション結果（3）

調査精度（$CV = 0.2$ または 0.8）と調査間隔（Int ＝ 4 年または 10 年）の組み合わせを変えた場合の資源動態と捕獲許容頭数の違い。

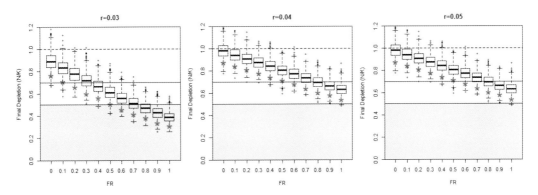

図4 PBRを用いた資源管理のシミュレーション結果（4）

OM における真の内的自然増加率（r）と PBR で仮定する R_{max} が異なっているとき。

き，$F_R = 1.0$でも「100年後に95％の確率で環境収容力の50％を達成」が成り立つ

　このようなガイドラインを参考にすることも1つの手段ではあるが，保全や管理の対象種によって条件も異なる。例えば，予算に制限がある場合，調査の精度や頻度の組み合わせが変わるだろう。あるいは，管理計画立案に向けて個体数調査の設計をする自由度があり，個体数と許容捕獲頭数の変動を抑えたい場合には，シミュレーション実験を通してCV値を小さくすることの効果を評価し，調査の費用対効果も検討することができるだろう。また，個体群モデルで仮定するパラメータ値についても，これまでの観測情報をもとに想定されるパラメータ値の絞り込みを行うほうがよい。したがって，個別の状況にあわせたシミュレーション実験を実施することで管理方式の選択を行うことが望ましい。

3　**資源管理方策評価法（MSE）に基づく資源管理方式の開発**

　ここまでPBRを題材に，MSEのなかでも非常に簡単な部類にあたる個体数管理シミュレーションを紹介した。なぜシミュレーション実験による検討が必要か。それは，実際に起こりうる不確実性などを包括的に考慮した，解析的な資源管理方式の評価が難しいからである。例えば，個体数推定値はデータの観測誤差やサンプリング調査に起因する推定誤差がつきものである。また，（2）式で挿入したように想定した数学モデルで表現できないランダム変動（過程誤差）や，そもそも想定している生産量（プロダクション）に誤りもあるかもしれない（モデル誤差）。

図4で例示したようなパラメータの特定ミスも起こりうる（パラメータ誤差）。さらに，PBRで捕獲の許容量が定められても，それが守られない場合もある（実施誤差）。このような不確実性を考慮しつつ，可能な限り現実的な設定の下で管理方式のテストを事前に行う。それに加え，複数の管理方式の候補を用意し，最適あるいは不確実性に対して頑健な方式を選ぶ。このような枠組みが国内外の資源管理機関で用いられ始めている。そのシミュレーション実験に基づく資源管理方式の開発の歴史は，IWCが創り上げたRMPがそのパイオニア的存在である。そして，2節で紹介したPBRも現在の視点からすると不十分な点があるもののMSEの枠組みによる成果と考えられる。なお，MSEの定義やその構成はいくつか提案されているが，ここでは**表3**にまとめた1～7を構成要素としてMSEを定義する（**図5**も参照）。

4　**改訂管理方式（RMP）**

4.1. 限られた情報での個体群動態の推測と管理

　南極海にはシロナガスクジラ，ナガスクジラをはじめ数種のヒゲクジラ類が生息している。そのなかでも，クロミンククジラは，1970年代以降の商業捕鯨における主対象種であり，かつ1987年の商業捕鯨モラトリアム以後，2019年まではいわゆる調査捕鯨の対象種であった。鯨類の個体数推定は，調査船を利用した目視調査（ライントランセクト法）をもとに行うことが多い。調査捕鯨の一環として，目視による個体数調査も南極海の一部では実施された。しかし南極海

表3　MSEの構成要素に対する説明とPBR開発ではたす役割

項目	説明	PBRの事例[1]
1. 資源管理目標の設定（質的または量的）	資源管理目標を当該資源の現状をもとに，資源のあるべき姿を資源状態とその時間軸に関して可能な限り具体的に定義。例えば，資源の保全を優先事項として，その前提の下で捕獲頭数がなるべく大きくなるようにする，など質的かつ階層的でも構わない。	資源レベルがMSYLを下まわらないように管理する，あるいは回復をめざす。
2. 資源管理目標の評価尺度のリストアップ	資源管理目標の達成度を具体的に測るための評価尺度をリストアップし，項目1の資源管理目標と結びつける。例えば，事前に定めた管理期間内に資源を回復させることを最優先としつつ，あわせて捕獲することも目的とする場合には，保全に関する尺度と捕獲成績の尺度をあわせて列挙する（資源の枯渇レベル，管理最終年枯渇レベル，管理期間中の最小枯渇レベル，捕獲頭数の総数，捕獲頭数の年変動など）。	資源の枯渇レベル（N/K）
3. オペレーティングモデル（OM）の構築	真の資源の動態，捕獲などを考慮したコンピュータ上における仮想現実モデルを構築。海棲哺乳類の場合，年齢・性構成モデル（ASSM）を用いることが望ましいが，ASSMを同定する情報が不足している場合には，プロダクションモデル（PM）を用いることもある。また必要に応じて，環境の影響，系群構造，そして種間相互作用などをOMに仮定。鍵となるパラメータに複数の候補値を仮定するなどOMの不確実性を考慮することも必要。このようにして構築するOMはシナリオともよばれ，基礎となるベースシナリオのほかに，突然の想定外の環境変化や疫病の発生などを考慮するロバストネスシナリオもしばしば利用。	PM，個体数生成モデル，シナリオの絞り込み（ベースシナリオ，ロバストネスシナリオ）。
4. 資源管理方式（MP）の提案	管理方式は，データの取得と捕獲頭数の上限を定めるアルゴリズムのパッケージ。資源状態に応じた捕獲頭数設定法を事前に数学的に記述。一定の資源レベルを下まわった場合には捕獲頭数を自動的に減らす，あるいは捕獲をさせない安全弁を設けることもある。OMで想定しているモデルの情報は，現実には知りえないので，なるべく利用しない。	$PBR = (1/2)\,R_{max}\,N_{min}\,F_R$ を基礎式とし許容捕獲頭数を算定。N_{min} や F_R がパラメータとなり，管理方式の候補群を提案。
5. シミュレーションテストの実施	各OMシナリオに対して，PBRシミュレーションのように仮想的に管理方式を資源に逐次適用。資源動態や捕獲の確率性などを考慮するため，同じOMでも繰り返し計算を行う。このシミュレーションの結果をまとめ，候補となる管理方式の管理目標達成度を評価。	(4)式に基づく最小個体数の推定値を乱数で生成し，PBRに基づいた人為的死亡を(2)式に適用。これにより個体群動態の変化をシミュレート。
6. 複数の個体群管理方式のパフォーマンスを検討	個体群管理方式のパフォーマンスの比較検討が容易になるよう，詳細な数値情報だけでなく，グラフィカルなアウトプットや簡易な表もあわせて用意。科学者間の議論のためだけでなく，行政担当者や漁業・捕鯨の従事者とも誤解なく協議する際に重要。	個体群動態と許容捕獲頭数などの計算結果のとりまとめ。
7. 定めた個体群管理目標を達成する管理方式の選択	個体群管理方式の適用結果をもとに，定めた管理目標を達成する管理手法を選択。指標に対する優先順位を事前に決めておく必要があるのは，通常，保全指標と捕獲指標のパフォーマンスはトレードオフの関係となるため。	ベースシナリオに基づいて，適切な回復係数などを選択（PBRの場合には最終的には著者の一般的なガイドラインとしてとりまとめ）。

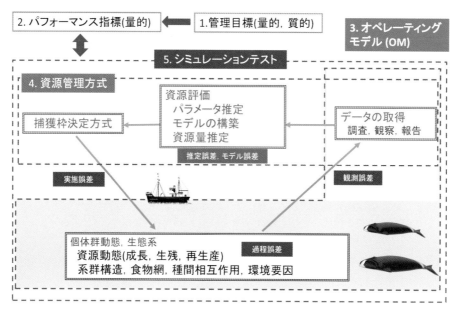

図5　MSEの概念図
　　　OMやシミュレーション中に各種の不確実性（誤差）が組み込まれて，不確実性に対して頑健な管理方式を選択することが試みられる。

全体となると，IDCR/SOWERというIWCの国際調査の個体数推定結果が過去に2回分あるのみで[4]，十分な個体数情報とは言えない。

　PBRは，クロミンククジラのような限られた個体数情報下でも，直近の個体数推定値とその推定誤差だけで計算が可能であるため，適用できる。しかし言い換えると，この先にいくら個体数情報が加わっても最新の値しか利用されず，過去の履歴やトレンドの情報がまったく活かされないことになる。また，PBRの基本形ではR_{max}の値が仮定されるが，図4で示したように，その値が正しくない場合はPBRによる管理も当然リスクを被る。したがって，個体数の観測データが得られる状況では，それらをうまく活用してR_{max}に関する値を引き出すことが望ましい。また，PBRでは，個体数の状況がよくない場合に

は保守的に小さなF_R値を用い，逆に回復している場合には大きなF_R値を使うなど，主観的な判断が要求されることになる。このように，未知のパラメータに関してデータから情報を取り入れ，かつ個体数の状態に応じた強度で捕獲の限度量を設定できる仕組みが管理方式として望ましい。このような概念を取り入れたのが，改訂管理方式のCatch Limit Algorithm（CLA）という捕獲限度量算定アルゴリズムである[5]。

　ところで，概念はそれでよいが，クロミンククジラの例のように個体数推定値が2回分しかないなど，情報が乏しい場合にはどうすればよいだろうか。プロダクションモデルで重要なパラメータは，内的自然増加率rのほか，環境収容力K，そして過去の捕獲頭数の時系列が初期個体数の時代から得られなければならない。個体

数推定値の年が推定すべきパラメータの数より も少ないなど，限られたデータにおいてパラメータの推定と不確実性の評価を行い，枯渇のリスクを避けながら管理していくにはどのようにアプローチしていけばよいだろうか。実際，このようにデータが限られている状況は野生生物の個体群解析ではよく起こり，パラメータの推測，特に最尤法における最適化も難しいことがある。そのような場合，4.2項で紹介するように，パラメータに関した事前情報を利用できるベイズ推測法がしばしば用いられる。

4.2. MSEの観点から見たRMP

IWCでは，大型のヒゲクジラ類に対してRMPと呼ばれる個体群管理方式を1994年に採択した。RMPは，管理方式という名前がついているが，管理方式そのものであることに加え，CLAと，その運用を含めたシミュレーションの枠組みともとらえることができる。RMPをMSEの観点から見直すと，枯渇率（環境収容力に対する個体数の比）が一定のレベルを下まわらないこと，そして継続的かつ高い値の捕獲頭数を得られること，という2つの異なるタイプの管理指標をあげている。枯渇の定義も，管理最終年だけでなく，管理期間中の最小値も指標として検討される。また，捕獲頭数の総数に加えて捕獲頭数の年変動など，鯨類を利用する側の観点からも指標が用意される。これらの指標のうち，枯渇リスクを避けることが第一義的な目的となる。

MSEのOMで用いる真の個体群動態には，海棲哺乳類の特性を考慮するために年齢・性構成モデルが利用される。この点がPBRのシミュレーションとは大きく異なる点である。RMPを適用する際には，初期個体数や自然死亡係数のほか，個体群の反発率（MSYR＝MSY/MSYLと呼ばれるパラメータ）などが結果に大きく影響を与えるため，さまざまなOMのシナリオ群をベースケースとして構築する。そして，その下で管理方式の頑健性も確認しながら最適な選択をしていく。これに加えて，突然個体数が半減するなどのロバストネスケース用のシナリオも安全性検証のために利用される。

個体群管理方式としてRMPで利用されるのが，主に個体数の情報とCLAである。鯨類の捕獲限度量は，小海区という管理ユニット（単一個体群が占めていると仮定する生息域）に対して，CLAというルールを適用して計算される。このCLAは次のプロダクションモデル（6）をもとにしている。

$$N_{t+1} = N_t + 1.4184\mu\left\{1-\left(\frac{N_t}{N_0}\right)^z\right\} - C_t \quad (6)$$

なお，CLAでは$z=2$が利用される。（1）式にあわせると$1.4184\mu=r$，$N_0=K$となる。ここで1.4184の意味を説明する。鯨類資源管理で慣例的に利用されてきたzの値が$z=2.39$である。この値の下では，個体数レベルが環境収容力の60%のときMSYLとなり，MSYRがちょうどμと等しくなる。その名残りで，$z=2$のときでもこの表記が使われている。実際，この値では0.9456μがMSYRとなる（一般に，MSYR＝rz/（$1+z$）であり，$z=2$のときrz/（$1+z$）＝$1.4184\mu\cdot2/3=0.9456\mu$となる）。

パラメータの推定方法には（厳しい枯渇を経験した）鯨類個体群に対する管理ならではの工

夫がなされている。CLAでは，CLAを適用する年（T）の枯渇率D_T，生産率に関するパラメータμ，そして個体数推定値のバイアス（偏り）を表すパラメータbの3つがベイズ推定法により推定される。ここで，$D_T=N_T/N_0$であるから，初期個体数は未知パラメータD_Tを用いて，$N_0=D_T N_T$としてモデル内で計算される。なお，小文字の添え字tと大文字のTがまぎらわしいが，例えば初期から100年目の段階でCLAを適用するときには，$T=10$は固定された値であり，tは$t=0, 1, …, T=100$のように年の進みを表す値である。個体群動態のパラメータ推定に使われる観測値は，調査が行われた年の個体数推定値$\hat{N}_t$とその推定精度cv_t^2であり（本章では簡略化のために相関を割愛），

$$\log\hat{N}_t = \log\left(bN_t\right)+\varepsilon_t, \ \varepsilon_t \sim N\left(0, cv_t^2\right) \quad (7)$$

を想定する。ここで，バイアスを表すパラメータbが含まれているのは，鯨類調査から得られる個体数推定値に一定の偏りが生じている可能性を考慮し，それがもしあればモデル内で補正するためである（ライントランセクト法のように，潜水中の個体の見逃しや，生息域の調査が十分にカバーできていないこともある）。推定する3つのパラメータD_T，μ，bに対して，次のような事前分布（8）を想定する。

$$D_T \sim U\left(0,1\right)$$
$$\mu \sim U\left(0,0.05\right) \quad (8)$$
$$b \sim U\left(0,5/3\right)$$

ここで$U\left(a,b\right)$はaからbまでの一様分布を表す。（8）式では，未知パラメータに十分広い事前分布を想定し，この中にはかなり保守的な値も含んでいることに注意する。また，実際に

IWCで行っているパラメータの推定ではさらに尤度に1/16乗のダウンウエイト（下方重み付け）を施す。したがって，調査が継続され，かつその精度が高くないと調査結果が反映されない仕組みになっている。このような措置はCLAの事後分布の使い方とも関係している。そして最終的な捕獲限度量（CL）を計算するCLAの計算式は以下（9）で与えられる。

$$CL_T = \begin{cases} 0 & if \ D_T \leq 0.54 \\ 3\mu\left(D_T - 0.54\right)N_T & if \ D_T > 0.54 \end{cases} \quad (9)$$

ただし，N_Tはモデル内で推定されるT年の個体数である。（9）式からもわかるように，このルールでは個体数の水準が環境収容力の54％以下の場合には捕獲枠ゼロとし，それよりも高い場合には，個体数レベル，環境収容力，そして生産率が考慮されて捕獲限度量が計算される。PBRのF_Rのような考えを個体群の状況に応じて自動的に，より保守的な選択をする仕組みを取り入れていることがわかる。

なお，このCL_T自身もパラメータの関数であるから，CL_Tの事後分布を生成することができる。その確率分布の下側α％値としてどの値を用いるかは，100年後の枯渇率の中央値の目標値（これをチューニングレベルと呼ぶ）に応じて定められる。この目標値には環境収容力の60％ないし72％がよく利用されるが，例えば72％のときには$\alpha=41.02$％となることが調べられている。αは，OMのシナリオによって変動するため，管理初年度は個体数レベルが環境収容力の99％で，成熟個体に対する最大持続生産率が$MSYR_{mat}=1$％というシナリオを設定し，そのOMの下で管理シミュレーションを実施し

計算された。CLAは包括的なシミュレーションによって，安全性を確保しつつ，捕獲量を大きくできる方式として評価され，採用された[6]。

4.3. RMPによる管理の利点

RMPで管理が安全に実施可能なのは，CLAとその仕掛けに理由がある。

・現行のRMPでは目視調査に対するガイドラインが設けられ，科学委員会で承認された調査によるデータのみが個体数推定に利用可能である。推定精度が悪いとパラメータ値やCL自体の事後分布も不確実性を増すため，大きな捕獲頭数が出ない。

・調査を怠ると，CLAを計算する際に用いる個体数の情報が古くなるが，最新の個体数推定から8年が経過すると，CLAで計算される値から毎年20％ずつ減じた（ディスカウント）値しか捕獲を許さないことになる。これは逆に調査を継続的に行う奨励（インセンティブ）としてもはたらく。

・実際のRMPの適用においては，単一個体群のみを管理できる状況は少なく，むしろ複数の個体群が混合していることが多いので，小海区と呼ばれる管理の便宜上の海域定義を行い，単一系群を想定して作成されたCLAを運用していくことになる[7]。ここで述べたRMPはあくまでその基本形で，RMPは系群構造や生態系を考慮した形へと絶えず進化し続けている[8]。

4.4. クロミンククジラへの仮想的な適用例

ここではRMPにおけるCLAの適用のイメージがつかめるよう，クロミンククジラに実施した計算の適用例について紹介する。実際にクロミンククジラの商業捕鯨に適用するための計算ではないことはあらかじめ断っておく。ここで，クロミンククジラへのRMPの適用を例として取り上げたのにはわけがある。それは，RMPに備わっているCLA自体も，クロミンククジラを対象に行われた捕獲調査の情報を駆使すれば，MSEのシミュレーションを通して改善や改良が可能であるという点である。

現行のCLAは，過去の捕獲頭数と個体数推定の時系列だけで計算できるため，鯨類を捕殺して生物学的な情報などとる必要がないと誤解されることがある。CLAが安全な管理をもたらすことを保証するシミュレーション実験では，仮想的な個体群を想定して行われる。しかし，仮定する動態が管理の対象となる個体群ごとに異なる。そのため，それに応じて想定するOMのシナリオも個別に構築し，シミュレーションを行う必要がある。**表3**で述べた系群構造や，生態系を考慮する場合などがまさにそれにあたる。したがって，現実的かつ妥当なOMシナリオ作りのためにも，CLAで利用している情報以外の生物学的な情報はある意味必須と言える。

しかしながら，捕殺によって得られる情報も捕獲限度量の計算自体に使えないものだろうか。年齢組成というデータを用いて捕獲限度量算定アルゴリズムを改良することで，管理方式の性能を向上させることはできないだろうか。これが有効に機能する可能性をMSEを通して独自のRMPシミュレーションで検証した例を紹介する。CLAを用いると個体数が大きく枯渇しないことが担保されている。ただ，新規の加入が阻害されるような特別な環境変動が実際に起

こっている場合にはその限りではない。もしその
ような予期していないことが生じた場合は，そ
のときの個体数に関わらず捕獲頭数を抑えるは
たらきが管理方式には必要となる。しかしなが
ら，CLAでは一定の環境収容力と一定の増加
率を時間的に不変に仮定するため，このような
仕組みを取り入れにくい。一方で，捕殺を行う
と個体の年齢査定が可能となる。捕獲個体の年
齢組成を観察したときに，徐々に若齢の個体が
減っている場合には個体群として想定していな
い現象が起きている可能性がある。逆に，その
ように若齢個体の減少を捕獲個体の年齢組成を
観測していち早く察知できれば，CLAを補正し
て個体群を安全に，かつ有効に利用できる可能
性があるだろう。そこで，年齢組成情報をもと
にCLAを補正する修正CLA（modified CLA：
MCLA）

$$MCL_t = 0.9\min\left(\max\left(I_t, 0.8\right), 1.2\right)^2 \cdot CL_t \quad (10)$$

を捕獲調査と一体化させた新しい管理方式とし
て提案し，MSEを通して現行のCLAとMCLA
の性能比較を行った[9]。ここで，I_tは年齢組成
の変化を観測する指数で，それを変換する式と
パラメータをシミュレーションにより探索的に求
めた。

　クロミンククジラのインド洋個体群に対して
OMを構築し，CLAとMCLAを適用した結果
を図6に示した。このシミュレーションでは，個
体群管理20～40年目の間だけ最大繁殖率を
表すパラメータが突然1/2に下がるという設定
をしている（いかなる個体群状態であろうと，
加入率が1/2に減少する）。現行CLAに比べて
MCLAが加入率の減少にやや遅れてであるが柔
軟に対応して捕獲数を下げ，かつ加入率が復帰
し個体群状況も改善したところで捕獲頭数を増
加させていることがわかる。図7には，上述の
加入率がいったん減少するシナリオ（Trial 2）と，
CLAにとって都合の良いまったく変化しないシ
ナリオ（Trial 1）において，性能評価の結果を
示している。横軸は保全指標として最小枯渇率
の下限5%を，縦軸には捕獲指標として捕獲頭
数の年平均の中央値を示している。中央のCの
位置がCLAの性能を，Mの位置がMCLAの
性能を示している。Trial 2でMCLAの性能が
良くなるように（10）式のようにMCLAの補正
項を調整したため，Trial 1ではMCLAの保全

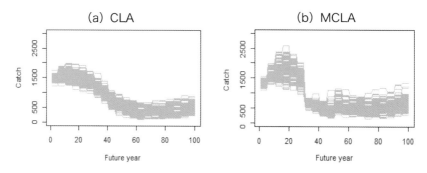

図6　クロミンククジラのインド洋系群に対するTrial 2におけるCLAとMCLAの適用例

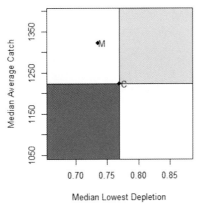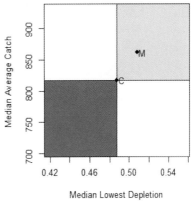

図7　クロミンククジラのインド洋個体群に対するCLA（Cの印）とMCLA（Mの印）の性能評価
横軸は最小枯渇率の下限5%，縦軸は捕獲頭数の年平均の中央値を示している。
Trial 1（左）とTrial 2（右）はそれぞれ，加入率に変化がない場合，加入率が管理21年目から40年目までの20年間は1/2に減少するシナリオ。

性能がCLAに比べて劣る結果となっている（それと引き換えに捕獲性能は上がる）。Trial 2ではどちらの指標の意味でもMCLAの性能が優越することがわかる。

　ここで紹介した例はMSEを用いた管理方式の開発例であり，ここでは個体数に加え年齢組成というデータを捕獲限度量算定アルゴリズムに追加することで性能の向上が期待される結果を得た。このように，状況にあわせた工夫を組み入れてより良い管理方式を模索することのほか，条件を満たす管理方式を探索することにもMSEは利用できる。

5　まとめ

　本章では，海棲哺乳類に対する個体群管理方式について，簡単な概念であるPBRからIWCで利用されているRMPの概略まで駆け足で述べてきた。個体群管理方式が管理目標を達成可

能か，また目標を満たす管理方式の候補のなかで最適な方式はどれか，あるいは不確実性の下で頑健な方式は何か，など解析的な評価が難しい検証の場面で，MSEというシミュレーション実験を通して評価するフレームワークが威力を発揮することを概観した。一方で，OMの構築自体が難しく，数あるOMの候補からのシナリオを取捨選択しなければならない場合もある。また，計算とプログラミングにも多大な時間を要することもあるなど，実際の運用面では困難を伴うのも事実である。しかしながら，MSEを利用することで，個体群管理方式の効果，利点，リスクの客観的な評価が可能となる。これに加え，数学的な記述をすることで管理方式を選択するまでの過程の客観性と透明性も担保される。このようなシミュレーションを行うことで既存の情報整理と，今後の調査で埋めていくべき項目も浮き彫りにできる。また，既存の管理の仕方を検証することや，あるいは現状の課題を克服

した新しい管理方法の提案も不可能ではない。今後，国内の個体群管理の実施場面においても，管理方式とそのシミュレーションによる評価がいっそう進むことを期待したい。

最後に，本章では扱いきれなかったMSEの活用事例について，以下に簡単に紹介するので，ぜひ参考にしてほしい。

・現行のCLAは，100年後の個体数レベル目標に応じたチューニングパラメータをCLAの事後分布の下側パーセント点で規定している。だが，ノルウェーの研究者が，これよりも安定するチューニング法があることを管理シミュレーションで示している[10]。短い論文であるが，CLAのことを深く理解することに役立つ。なお古い本ではあるが，桜本ら[11]は鯨類に対する近代的な個体群管理の芽生えの様子が読める貴重な和書である。最近の話題とあわせて，手に取ってもらいたい。

・Punt and Donovan[8]は，RMPの開発の概略に加え，その実施の手続きと，系群や生態系をも考慮した拡張の考え方，そして先住民生存捕鯨管理で利用される方式との比較を述べている。また，Punt[12]は，CLAでも利用されている事前分布の設定に対する考察をMSEの観点から述べている。

・MSEのOMにおいて，あえて資源量の急激な減少のような現象を想定し，管理方式の頑健性をチェックすることがある。実際にRMPの開発においても資源量の急激な減少が取り入れられた。また，4.4項ではクロミンククジラのRMPにおいても，加入に大幅な変化が生じるシナリオを想定した。このような特異的なイベントは，アメリカのキタオットセイの個体群動態モデルでも想定されており[13]，国内ではゼニガタアザラシ襟裳個体群の絶滅危惧確率評価の際に，疫病の突然の発生がシミュレーション実験に取り入れられている（北門，未公表資料）。

・PBRについてはWade[1]のほか，Lonergan[14]でもIWCのCLAなどとの比較でよく整理されている。PBRは，現在でもアメリカの海棲哺乳類管理で利用されているが，その包括的なレビューがPunt et al.[15]で行われており，そこではWade[1]では扱われなかった年齢・性構成モデルがOMとして利用されている。またBrandon et al.[16]では，直近の個体数だけでなく，過去の個体数を活かすN_{min}の与え方について，同様に年齢構成モデルをOMとして用いている。

引用文献

1）Wade P. R.: Calculating limits to the allowable human-caused mortality of cetaceans and pinnipeds, Mar. Mamm. Sci., 14: 1-37, 1998.

2）Taylor B. L. and De Master D. P.: Implication for non-linear density dependence, Mar. Mamm. Sci., 9: 360-371, 1993.

3）河邊 玲, 北門利英, 黒倉 寿, 酒井久治, 阪倉良孝, 高木 力, 日本水産学会 水産教育推進委員会（編）: 農学・水産学系学生のための数理科学入門, 恒星社厚生閣, 2011.

4）北門利英: クロミンククジラの資源量推定法と最近の話題, 鯨研通信, 453: 10-19, 2012.

5）International Whaling Commission: Report of the Scientific Committee, Annex N. The Revised Management Procedure（RMP）for Baleen Whales, J. Cetacean Res. Manage.（Suppl.）, 1: 251-258, 1999.

6) International Whaling Commission: Report of the Scientific Committee, Annex D. Report of the Sub-Committee on Management Procedures, Rep. Int. Whal. Comm., 42: 87-136, 1992.

7) 田中栄次: IWC改訂管理方式. 加藤秀弘・大隅清治 (編) 鯨類資源の持続的利用は可能か. 生物研究社, 45-49, 2002.

8) Punt A. E. and Donovan G. P.: Developing management procedures that are robust to uncertainty: lessons from the International Whaling Commission. ICES J. Mar. Sci. 64: 603-612, 2007.

9) Government of Japan: Results of the analytical work on NEWREP-A recommendations on sample size and relevance of age information for the RMP, Paper SC/66b/SP10 presented to the Scientific Committee of the International Whaling Commission. 23pp, 2016. [Available from the IWC Secretariat].

10) Aldrin M., Huseby R. B. and Schweder T.: A note on tuning the Catch Limit Algorithm for commercial baleen whaling, J. Cetacean Res. Manage., 10: 191-194, 2008.

11) 桜本和美, 加藤秀弘, 田中正一: 鯨類資源の研究と管理, 恒星社厚生閣, 1991.

12) Punt A. E.: A note regarding conditioning simulation trials for data-poor management strategy evaluations. J. Cetacean Res. Manage., 20: 81-92, 2019.

13) Ward E. J., Hilborn R., Towell R. G. and Gerber L.: A state-space mixture approach for estimating catastrophic events in time series data. Can. J. Fish. Aquat. Sci., 64:899-910, 2007.

14) Lonergan M.: Potential biological removal and other currently used management rules for marine mammal populations: A comparison, Marine Policy, 35: 584-589, 2011.

15) Punt A. E., Moreno P., Brandon, J. R. and Mathews M. A.: Conserving and recovering vulnerable marine species: a comprehensive evaluation of the US approach for marine mammals. ICES J. Mar. Sci., 75: 1813-1831, 2018.

16) Brandon J. R., Punt, A. E., Moreno P., and Reeves R. R.: Toward a tier system approach for calculating limits on human-caused mortality of marine mammals. ICES J. Mar. Sci., 74s:877-887.

海棲哺乳類を対象とした
調査と動物福祉

村瀬弘人
東京海洋大学

海棲哺乳類を対象とした野外調査や実験では，直接あるいは間接的に対象動物へ苦痛を与える可能性があり，これを軽減するため動物福祉への配慮が必要となる。また，成果を公表する際，学術雑誌によっては調査における動物の取り扱い方法の明示を求められることがある。動物福祉はその適用範囲や解釈により一義とするのは困難であるが，一般的には「人間が動物を所有や利用することを認めた上で，その動物が受ける痛みや苦しみを最小限にすること」と，定義できる[1]。また，動物福祉と混同されやすい動物の権利という用語があるが，人間による動物の所有や利用を認めていない点が動物福祉と大きく異なる点に注意が必要である[1]。ここでは，上述にある動物福祉の一般的な定義を前提とするが，この是非を問うことは目的としておらず，また，これは専門的な学問分野[2]でもあるため，適用範囲や解釈は読者の判断に委ねる。さらに，本書の主対象である野生動物を念頭に置く。

動物福祉には主要な理念が2つある。1つは家畜を対象とした5つの自由（空腹と渇きからの自由，不快からの自由，痛み・損傷・疾病からの自由，恐怖と苦悩からの自由および正常行動発現の自由）である。もう1つは実験動物を対象とした3Rの原則（代替[Replacement]，削減[Reduction]および洗練[Refinement]）である。いずれも野生動物は対象ではないが，基本理念は適用できる部分もあり，これらは以下で述べる指針にも反映されている。

国内でも日本哺乳類学会や日本野生動物医学会などが野生動物の取り扱いに関する指針を示しているが，アメリカの海棲哺乳類学会が調査を目的とした海棲哺乳類の取り扱い方法に関する指針[3]を包括的に取りまとめているので，ここではこれを概観する。本指針は，(1)背景，(2)法規，(3)基準順守，(4)調査設計の原則，(5)手順から構成される。

(1)背景では研究の動機，倫理的価値観，法規などの多様性を認めつつも，それらにまたがっている科学的・倫理的な基本原則を基礎として本指針がまとめられたことが述べられている。(2)法規では，動物福祉に関する法規と国・地方自治体などの管理当局が設け

る法規の2種類に分けて説明されている。(3) 基準順守では，海棲哺乳類学会としては法規順守を確認する立場にはないが，研究者に本指針に沿って調査を行うことを求めていることが述べられている。(4) 調査設計の原則では，得られる科学的成果の最大化と動物への影響の最小化を前提として，対象種・年齢・性段階，調査の場所・時期，標本数，調査方法・機材および調査員への教育に分け，それぞれの注意点が説明されている。(5) 手順では野外で用いられる様々な調査手順が挙げられている。具体的には行動観察調査，生体捕獲，拘束，自然標識・装着型標識・凍結標識・焼印，測器装着，血液・組織採取，暴露実験，致死調査のそれぞれについて注意点が述べられている。このうち，致死調査については否定をしていないものの，法規が国により異なり論争の的であることを認め，非致死的手法での代替，致死時間の短縮，個体群への影響の最小化などを求めている。一方で科学の活動外で起こる漁業，混獲，漂着などから得られる致死的標本は積極的に利用すべきとされている。

　日本の場合，野生動物を対象とした動物福祉に関する法規はないため，大学や研究機関によっては内規を定め，それに従って調査を実施している。そのような内規がない場合は，海棲哺乳類学会などが示す指針に準拠して調査を行っている場合もある。それぞれの場合に適した形で動物福祉への配慮を行う必要があろう。

　今日，ここで述べた動物福祉の基本原則は，おそらく多くの研究者に受け入れやすい考え方であると思われる。一方でこの適用範囲や解釈は，個人，国，文化などによって異なるところが多く，仮に科学的に動物福祉の程度を数値化できたとしても，どの値までを許容するのかを決めるのには困難がともなう。私の個人的な経験となるが，致死的調査で得られた標本や衛星標識を用いた研究成果を科学雑誌に投稿した際，動物福祉について編集者や査読者から問われたことがある。様々な考えに触れることができ貴重な経験であった一方，考え方が大きく異なると合意するのは容易でないことも学んだ。特に海棲哺乳類を対象とした調査では動物福祉も注目される場合が多いので，研究者も動物福祉について十分に理解した上で調査を実施する必要がある。

引用文献

1) 石川　創：動物福祉とは何か，日本野生動物医学会誌, 15:1-3, 2010.

2) 新村　毅（編）：動物福祉学, 昭和堂, 京都, 2022, 304pp.

3) The Society for Marine Mammalogy: Guideline for Treatment of Marine Mammals, available from https://marinemammalscience.org/about-us/ethics/marine-mammal-treatment-guidelines/, accessed on 10 June 2022.

編著者・著者紹介

1　村瀬　弘人
2　北門　利英
3　服部　薫
4　田村　力
5　金治　佑
6　赤松　友成
7　石名坂　豪
8　磯野　岳臣
9　木白　俊哉
10　木村　里子
11　小林　万里
12　後藤　陽子
13　佐々木　裕子
14　中村　玄
15　西田　伸
16　坂東　武治
17　船坂　徳子
18　堀本　高矩
19　前田　ひかり
20　松岡　耕二
21　三谷　曜子
22　南川　真吾
23　安永　玄太
24　吉田　英可

1

村瀬　弘人
Hiroto Murase

　1971年生まれ。1998年，オレゴン州立大学農学部水産・野生動物科学学科卒。2010年に論文を提出し，北海道大学大学院環境科学院生物圏科学専攻より博士（環境科学）学位を取得。財団法人日本鯨類研究所（現，一般財団法人日本鯨類研究所，1998〜2011年），独立行政法人水産総合研究センター国際水産研究所（現，国立研究開発法人水産研究・教育機構水産資源研究所，2011〜2019年）を経て，現在，国立大学法人東京海洋大学学術研究院海洋環境科学部門鯨類学研究室准教授。

2

北門　利英
Toshihide Kitakado

　1968年生まれ。大阪市立大学理学研究科前期博士課程修了，博士（農学，東京大学）。東京水産大学助手，東京海洋大学准教授を経て，2017年より同大学学術研究院海洋生物資源学部門教授。2003年オスロ大学客員研究員，2007〜2008年ワシントン大学客員研究員，2012〜2015年国際捕鯨委員会科学委員会議長。

3

服部　薫
Kaoru Hattori

　1974年生まれ。北海道大学大学院獣医学研究科獣医学専攻博士課程修了，博士（獣医学）。日本エヌ・ユー・エス株式会社嘱託職員を経て，独立行政法人水産総合研究センター北海道区水産研究所（現，国立研究開発法人水産研究・教育機構水産資源研究所）勤務。広域性資源部鰭脚類グループに所属。

4

田村　力
Tsutomu Tamura

　1968年生まれ。北海道大学大学院水産学研究科博士後期課程修了，博士（水産学）。1998年に財団法人日本鯨類研究所（現，一般財団法人日本鯨類研究所）に入所し，現在，資源管理部門および資源生物部門の部門長。

5

金治 佑
Yu Kanaji

　1983年生まれ。2007年に東京大学大学院農学生命科学研究科修士課程修了後，独立行政法人水産総合研究センター遠洋水産研究所（現，国立研究開発法人水産研究・教育機構水産資源研究所）勤務。現在，同研究所主任研究員。2016年に論文提出による博士（農学）学位取得。2019～2020年にワシントン大学海洋水産科学部客員研究員として派遣。

6

赤松　友成
Tomonari Akamatsu

　1989年に東北大学大学院理学研究科物理学修了後，水産庁水産工学研究所勤務。同研究所より1997年国立極地研究所客員研究員，1999～2000年にケンタッキー大学生物科学科客員研究員として派遣。改組に伴い2000年独立行政法人水産総合研究センター水産工学研究所主任研究員，2015年国立研究開発法人水産総合研究センター中央水産研究所主任研究員を経て，2020年1月より現職。

7

石名坂　豪
Tsuyoshi Ishinazaka

　1973年生まれ。北海道大学大学院獣医学研究科博士課程修了，博士（獣医学）。専門学校講師，日本大学生物資源科学部獣医学科助手，環境省臨時職員，公益財団法人知床財団などを経て，2023年より野生動物被害対策クリニック北海道を開業。

磯野　岳臣
Takeomi Isono

　1970年生まれ。北海道大学大学院水産学研究科博士後期課程修了，博士（水産学）。株式会社エコニクスを経て，現在，国立研究開発法人水産研究・教育機構水産資源研究所水産資源研究センター広域性資源部に勤務。

木白　俊哉
Toshiya Kishiro

　1964年生まれ。九州大学農学部研究科博士前期課程修了，博士（海洋科学）。水産庁遠洋水産研究所外洋資源部大型鯨類研究室研究員に配属以降，組織改変により水産総合研究センター遠洋水産研究所鯨類管理研究室長，国際水産資源研究所鯨類グループ長，水産研究・教育機構研究推進部研究開発コーディネーター，国際水産資源研究所外洋資源部長，水産資源研究所広域性資源部副部長を経て，現在，国立研究開発法人水産研究・教育機構水産資源研究所研究管理部長。

10

木村　里子
Satoko Soen Kimura

　1984年生まれ。京都大学農学部・大学院情報学研究科卒，博士（情報学）。日本学術振興会特別研究員（DC1京都大学大学院情報学研究科，PD名古屋大学大学院環境学研究科），京都大学フィールド科学教育研究センターなどを経て，現在，京都大学東南アジア地域研究研究所准教授（農学部・農学研究科，野生動物研究センター兼担）。

11

小林　万里
Mari Kobayashi

　1968年生まれ。北海道大学獣医学部獣医学科卒業。2001年に北海道大学大学院獣医学研究科にて，論文提出による博士（獣医学）学位取得。その後，日本学術振興会特別研究員PDを経て，2006年に東京農業大学生物産業学部アクアバイオ学科講師，2010年に准教授，2014年に教授，2018年から学校法人東京農業大学生物産業学部海洋水産学科（名称変更による）教授となり現在に至る。

12

後藤　陽子
Yoko Goto

　1971年生まれ。北海道大学大学院水産学研究科博士後期課程修了，博士（水産学）。東京大学医科学研究所実験動物研究施設技術補佐員を経て北海道職員に。組織改編により地方独立行政法人北海道立総合研究機構職員となる。現在，水産研究本部稚内水産試験場に勤務。

13

佐々木　裕子
Hiroko Sasaki

　1983年生まれ。北海道大学大学院水産科学院生物資源科学専攻修了，博士（水産学）。国立極地研究所研究員などを経て，現在，国立研究開発法人水産研究・教育機構水産資源研究所研究員。

14

中村　玄
Gen Nakamura

　1983年生まれ。東京海洋大学大学院博士後期課程応用環境システム学専攻修了，博士（海洋科学）。一般財団法人日本鯨類研究所博士研究員などを経て，現在，国立大学法人東京海洋大学学術研究院海洋環境科学部門鯨類学研究室助教。

15

西田　伸
Shin Nishida

　1976年生まれ。九州大学大学院比較社会文化学府博士後期課程修了，博士（理学）。九州大学大学院比較社会文化研究院学術研究員，同グローバルCOE特任助教，2012年宮崎大学教育文化学部講師，改組などを経て，現在，国立学校法人宮崎大学教育学部准教授。

16

坂東　武治
Takeharu Bando

　1971年生まれ。京都大学大学院農学研究科博士前期課程修了，博士（海洋科学）。1997年に財団法人日本鯨類研究所（現，一般財団法人日本鯨類研究所）に入所し，現在，資源生物部門鯨類生物チーム長。

17

船坂　徳子
Noriko Funasaka

　1978年生まれ。三重大学大学院生物資源学研究科博士後期課程修了，博士（学術）。太地町立くじらの博物館研究員などを経て，現在，国立学校法人三重大学大学院生物資源学研究科准教授。

18

堀本　高矩
Takanori Horimoto

　1988年生まれ。北海道大学大学院水産学研究院博士後期課程修了，博士（水産科学）。学振特別研究員（DC2北海道大学大学院水産学研究院）を経て2016年から地方独立行政法人北海道立総合研究機構職員となる。現在，水産研究本部稚内水産試験場に勤務。

19

前田　ひかり
Hikari Maeda

　1983年生まれ。東京海洋大学大学院博士後期課程応用環境システム学専攻修了，博士（海洋科学）。東京海洋大学博士研究員などを経て，現在，国立研究開発法人水産研究・教育機構水産資源研究所水産資源研究所広域性資源部鯨類グループ主任研究員。

20 松岡　耕二
Koji Matsuoka

　1967年生まれ。一般財団法人日本鯨類研究所理事。東海大学海洋学部海洋科学科卒業後，財団法人東京水産振興会を経て，1992年4月財団法人日本鯨類研究所入所。2010年に論文提出し東京海洋大学より博士（海洋科学）学位取得。2023年6月より現職。IWC（国際捕鯨委員会）科学委員会委員（IWC-北太平洋鯨類生態系調査（POWER）コンビーナー）。2007年以降，南極海と北西太平洋における鯨類捕獲調査事業の調査団長（南極海調査へは15回参加）。2010年から2020年まで毎年IWC-POWER調査のクルーズリーダーを務める。

21 三谷　曜子
Yoko Mitani

　京都大学農学部水産学科（卒論：海棲哺乳類の歯の微量元素分析），大学院農学研究科（修論：ミンククジラのひげ板中安定同位体分析）を経て，生きている個体の研究をしようと総合研究大学院大学極域科学専攻に入学，南極にてバイオロギングを用いたウェッデルアザラシの潜水行動研究を行う。国立極地研究所，東京大学附属海洋研究所の非常勤研究員，学振特別研究員（Texas A&M大学，東京工業大学，国立極地研究所），北海道大学北方生物圏フィールド科学センター助教，准教授を経て，現在，京都大学野生動物研究センター教授。

22 南川　真吾
Shingo Minamikawa

　1967年生まれ。京都大学大学院理学研究科博士後期課程終了，博士（理学）。日本学術振興会特別研究員（国立極地研究所），科学技術特別研究員（遠洋水産研究所）などを経て，2006年より遠洋水産研究所職員となる。現在，国立研究開発法人水産研究・教育機構水産資源研究所水産資源研究所広域性資源部鯨類グループ長。

23 安永　玄太
Genta Yasunaga

　1968年生まれ。愛媛大学大学院連合農学研究科生物環境保全学修了，博士（農学）。2000年に財団法人日本鯨類研究所（現，一般財団法人日本鯨類研究所）に入所，2019年より，同研究所資源生物部門環境化学チームチーム長。

24 吉田　英可（故人）
Hideyoshi Yoshida

　1995年に長崎大学大学院海洋生産科学研究科博士課程修了，博士（学術）。財団法人日本鯨類研究所（現，一般財団法人日本鯨類研究所）などを経て，現在，国立研究開発法人水産研究・教育機構水産資源研究所水産資源研究センター広域性資源部に勤務。

索引

第 4 章

第 5 章

索引

海棲哺乳類の管理と保全のための調査・解析手法

2023 年 9 月 30 日　初版第 1 刷発行

村瀬弘人　北門利英　服部 薫　田村 力　金治 佑　編著

発行所　　株式会社生物研究社
　　　　　〒108－0073　東京都港区三田 2 丁目 13 番 9 号
　　　　　　　　　　　　三田東門ビル 201 号室
　　　　　　電 話　（03）6435－1263
　　　　　　FAX　（03）6435－1264

印刷・製本　　株式会社エデュプレス

ISBN978-4-909119-39-1　C3045